Jetzt helfe ich mir selbst

Rudolf Hüppen/Dieter Korp

Elektrik am Auto

Zündung/Batterie
Lichtmaschine/Anlasser
Instrumente/Geräte
Beleuchtung

Jetzt helfe ich mir selbst

Motorbuch Verlag Stuttgart

Umschlagentwurf und Buchgestaltung: Siegfried Horn/Peter Werner
Titelbild: Albrecht G. Thaer.

ISBN 3-87943-490-5

Auflage Nr. 104974

Die in diesem Buch enthaltenen Ratschläge werden nach bestem
Wissen und Gewissen erteilt, jedoch unter Ausschluß jeglicher Haftung.
Fotos und Zeichnungen: Hüppen 150, Thaer 26.
Werksfotos und -zeichnungen: Blaupunkt 1, BMW 2, Bosch 36, Danner 2, Fein 1, fuba 1,
Gossen 1, Hella 11, ingtronic 1, Osram 3, Philips 1, Sonnenschein 1, Varta 1, VDO 2, VW 2.
Buchherstellung: Verlagsdruckerei Carle, Vaihingen/Enz.
Buchbinderische Verarbeitung: Verlagsbuchbinderei Wilhelm Nething, Weilheim/Teck.
Printed in Germany.

Sie finden in diesem Buch

Was zum Teil sein muß

Drumherum

Vorher gesagt

„Für fast alle Automobilisten sind Elektrizität und Verzweiflung gleichbedeutende Begriffe."
Die Feststellung stammt von dem französischen Fachschriftsteller Baudry de Sounier, der um 1900 eine Kapazität für Verbrennungsmotoren war.
Sie sehen, der Kummer mit der „Elektrik am Auto" ist so alt, wie das Auto selbst. Auch Karl Benz wußte schon: „Das Problem der Probleme tritt uns in der Zündung entgegen; bleibt der Funke aus, dann ist alles umsonst, dann helfen die geistreichsten Konstruktionen nichts."
„Bon allumage" = „gute Zündung" begrüßten sich die Autofahrer der Pionierzeit. Heute ist die Zündung kein „Problem" mehr. Elektroärger gibt es aber noch mehr als genug, dafür sorgen die gehobenen Ansprüche, die die Autofahrer selbst und der Gesetzgeber an die elektrische Ausrüstung stellen.
Nicht alle „Kupferwürmer" lassen sich mit Bastelmitteln beheben, doch mit etwas Einfühlungsvermögen und wenigen Hilfsmitteln können Sie sich unterwegs meist soweit helfen, daß Sie nicht auf das Eintreffen eines „gelben Engels" des Straßenhilfsdienstes warten müssen. Die Wartung der Elektrik und kleine Verbesserung daran, werden am Schluß des Buches vielleicht sogar zu Ihrem Hobby.

Rudolf Hüppen

„Wie der Ochs vorm Scheunentor", das ist ein geflügeltes Wort. Davon, daß er auch vor der Elektrik im Motorraum verzweifelt, wußte man bislang noch nichts. Würde er dieses Buch lesen, dann hätte er keine Angst mehr davor, ein elektrischer Weidezaun wäre ihm viel unheimlicher.

Drei gute Eigenschaften

Der Strom läßt sich nicht sehen, doch seine Wirkungen lassen sich erkennen. Die drei wichtigsten Stromwirkungen finden sich auch im Auto.

Die Wärmewirkung

Sie wird hauptsächlich in den Glühlampen und Heizscheiben genutzt. Beim hellen Glühen von Lampenfäden strahlen sie Licht und (leider ungenutzte) Wärme aus. In heizbaren Heckscheiben bewirkt der Stromfluß das Abtauen von Feuchtigkeits- und Eisbeschlag.

Die magnetische Wirkung

Von ihr leben u. a. Zündung, Lichtmaschine, Anlasser und Motoren. Daneben kommen Hörner, Relais und Instrumente auch nicht ohne sie aus. Denkt man an die Zündung, so scheint die magnetische Wirkung die wichtigste Elektroerscheinung im Auto.

Die chemische Wirkung

Im Auto ist sie auf die Batterie beschränkt. Dort übernimmt sie bei der Ladung und der Entladung den Transport der Elektronen.

Treibende Kraft

Die magnetische Wirkung

Hier gibt es für uns drei praktische Möglichkeiten: Kraftentfaltung, Stromerzeugung und Spannungsumformung. Jede dieser Nutzwendungen läßt sich durch viel Theorie belegen und durch Formeln berechnen. Das aber ist eine Sache der Konstrukteure beim Entwurf der elektrischen Anlage. Die Praktiker in einer Autoelektro-Werkstatt brauchen sich ebensowenig damit herumzuschlagen wie Sie. Wesentlich ist nur: ohne magnetische Wirkung erhält man keinen Stromfluß in Motoren, Generatoren und Spulen. Andererseits ist die elektromagnetische Wirkung vom Stromfluß in einer Wicklung abhängig.

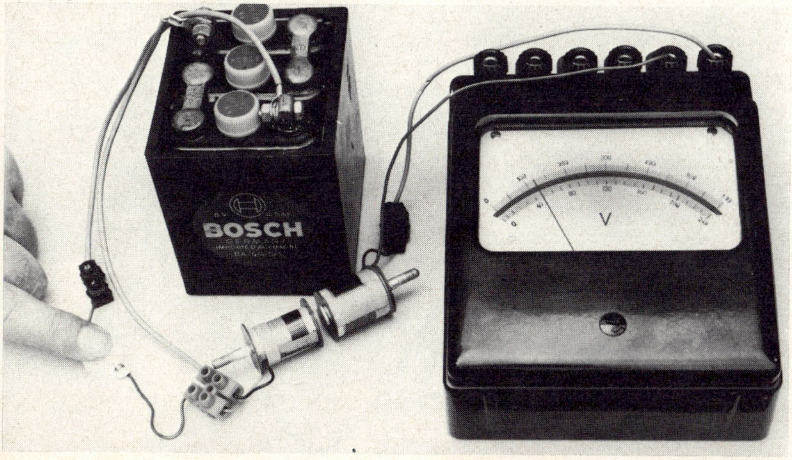

Das Prinzip der Induktion, wie es in der Zündspule verwirklicht ist. Wird durch den Druckknopf in der einen Spule der Strom eingeschaltet, so baut sich in ihr ein Magnetfeld auf. Dieses durchsetzt auch die zweite Spule und induziert in ihr – wie man am Zeigerausschlag des an ihr angeschlossenen Meßinstruments erkennt – eine Spannung. Ob die Spulen – wie hier – nebeneinanderliegen, oder wie in der Zündspule übereinander, spielt keine Rolle.

Leider lassen sich nur einige Stromwirkungen faßlich im Bild zeigen. Die Kraftwirkung durch Magnetismus ist eine davon. Hier ein aufgeschnittenes Horn mit der Magnetspule, die den Anker A anzieht und die daran sitzende Membran in Schwingungen versetzt. Bei stromloser Magnetspule ist der Abstand zwischen dem Magnetwicklungskern und dem Anker ziemlich groß (Pfeil).

Um die drei Möglichkeiten zu verstehen, brauchen Sie keine Formeln; Bilder zeigen Ihnen das jeweilige Prinzip.

1. Kraft durch Strom

Ein Draht wird vom Strom durchflossen. Dadurch wird er zum Magnet und kann Eisen anziehen. Die magnetische Wirkung, die ein gerader Draht – ein einfacher stromdurchflossener Leiter – aufbringt, ist verschwindend gering. Wickelt man eine Kupferleitung zu einer Spule auf, so nimmt die Magnetkraft mit der Zahl der Windungen zu. Steckt man noch einen Eisenkern in die

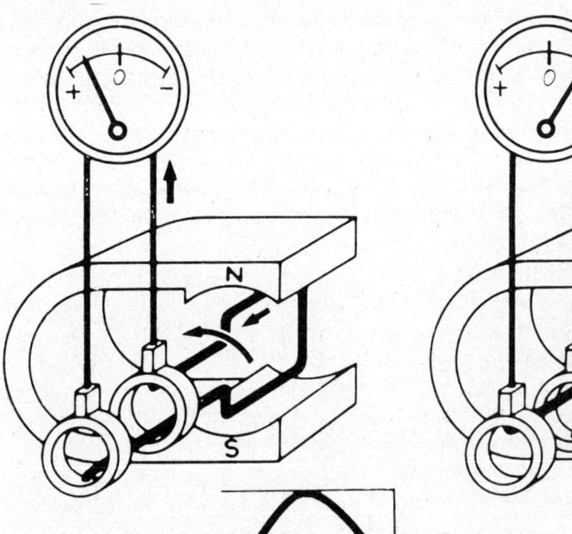

Dreht man eine Wicklung in einem Magnetfeld, so kann man an den Anschlüssen einen Strom abgreifen. Ob das Magnetfeld von einem Dauermagnet stammt, oder – wie bei den Lichtmaschinen – von einem Elektromagnet, spielt keine Rolle. Es ist praktisch nur die Umkehrung des Motorprinzips, wie im Anlasser gebräuchlich.

Wird die Magnetspule bei gedrücktem Signalring vom Strom durchflossen, so wird der Anker angezogen, der Abstand wird kleiner (Pfeile). Ein selbsttätiger Unterbrecher sorgt für das schnelle Ein- und Ausschalten des Stroms in der Magnetwicklung, wodurch der Anker in kurzen Abständen immer wieder angezogen wird und abfällt. Er schwingt in schneller Folge mit seiner Membran vor dem Magnetwicklungskern und erzeugt so den Schall. Das gleiche Magnetprinzip findet sich bei Motoren (z. B. beim Anlasser), doch wird hier ein runder Anker in Drehung versetzt.

Spule, so wird die Magnetkraft noch wesentlich vervielfältigt. Die praktische Anwendung haben wir beim Anlasser, den Elektromotoren, Hörnern und Relais.

2. Stromerzeugung – Induktion der Bewegung

Ein Draht wird in einem Magnetfeld bewegt. Jetzt fließt in diesem „Leiter“ ein Strom. Da es nur ein sehr kleiner Strom ist, wickelt man wiederum eine Kupferleitung zu einer Spule auf. Je mehr Windungen die Spule hat, umso stärker wird der Strom; die vom Magnet in der Spule „induzierte“ Spannung wird höher. Eine schnellere Bewegung der Spule im Magnetfeld erhöht die Spannung gleichfalls. Außerdem läßt sich die erzeugte Spannung noch dadurch erhöhen, daß man das Magnetfeld kräftiger macht. Ob es sich dabei um einen Dauer- oder um einen Elektromagnet handelt, ist für die Spannungshöhe gleichgültig; das ist nur eine Frage der technischen Auslegung. Praktische Anwendung des Prinzips in Lichtmaschinen bzw. Generatoren.

3. Spannungsumformung – Induktion ohne Bewegung

Liegen zwei isolierte Leitungen nebeneinander und schaltet man in der einen Leitung einen Strom ein bzw. aus, so wird in der anderen Leitung dabei jeweils eine Spannung induziert, die allerdings minimal ist.
Wickelt man zwei lange Leitungen zu zwei Spulen auf, die über- oder nebeneinander liegen, so wird – wenn man den Strom in der einen Spule ein- oder ausschaltet – in der zweiten schon eine wesentlich höhere Spannung induziert. Sind die Spulen auf einen Eisenkern gewickelt, so wird die Induktionswirkung nochmals um ein Vielfaches verstärkt. Wie hoch die induzierte Spannung wird, hängt in der Hauptsache von dem Übersetzungsverhältnis – den Windungszahlen der beiden Spulen – ab.

Das wichtigste Werkzeug

Um Störungen in der elektrischen Anlage einzukreisen, brauchen Sie nichts weiter als Ihre Intelligenz, ein paar kleine Hinweise und eine Prüflampe. Leider reichen unsere fünf Sinne nicht dazu aus, das Vorhandensein eines elektrischen Stromes oder einer Spannung festzustellen, und ohne Prüflampe ist wenig zu machen.

Selbst gemacht

Für die Arbeiten an der elektrischen Anlage des Autos besteht die einfachste Prüflampe nur aus einer Glühlampe von etwa 5 Watt (z. B. einer Schlußlicht-Glühlampe) und einem ganz normalen Kabel von etwa 50 cm Länge, dessen beide Enden abisoliert wurden. Das eine Ende hält man an den Sockel der Glühlampe, den Mittelpol der Glühlampe hält man irgendwo an die Masse des Wagens (blanke Stelle, Motorgehäuse usw.) und mit dem anderen Ende des Kabels tastet man die Klemmen ab, an denen „Strom“ vorhanden sein soll. Mit einer solchen provisorischen Prüflampe kann man sich unterwegs helfen, wenn man die eigentliche Prüflampe zu Hause vergessen hat, was einem „Elektro-Experten“ (und das sind Sie ja schon bald) nicht passieren sollte.

Zwar kann man sich eine Prüflampe aus einer Fassung, einer Glühlampe, zwei Kabeln mit Bananenstecker und Krokodilklemmen selbst herstellen, doch gibt es in den besseren Autozubehörgeschäften oder Kaufhäusern fertige Prüflampen zu kaufen.

Bei manchen Prüflampen ist die Glühlampe direkt in einen Abtastgriffel eingesetzt und es ist nur ein freies Kabel mit Krokodilklemme vorhanden. Bei solchen Prüflampen klemmt man die Krokodilklemme an Masse und kann dann mit der Spitze des Abtastgriffels die Klemmen auf Stromführung abtasten. Unter der abschraubbaren Spitze hat der Abtastgriffel vielfach eine Nadel, so daß man isolierte Kabel „anpicken“ und feststellen kann, ob sie „Strom führen“.

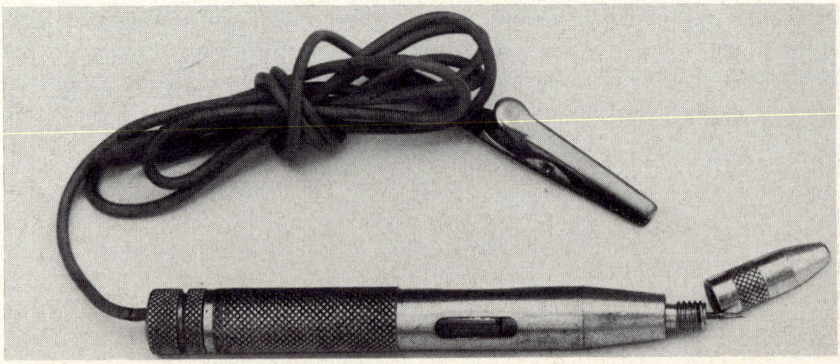

Prüflampen sind häufig als Abtastgriffel ausgeführt, bei denen die Glühlampe geschützt in einem Metallgehäuse sitzt. Unter einer abschraubbaren Spitze sitzt eine Nadel, mit der man die Leitungsisolierung durchpicken kann und so feststellt, ob die Leitung „Strom“ führt. Am anderen Ende des Kabels der Prüflampe sitzt eine Krokodilklemme.

Pannenleuchte als Prüflampe

Manchmal möchte man bei Arbeiten mit der Prüflampe beide Hände freihaben (z. B. beim Einstellen des Zündzeitpunktes). Man kann dann, bei einer Prüflampe mit Abtastgriffel, das Kabel an die stromführende Klemme aufklammern und den Abtastgriffel auf Masse legen, doch rutscht er meist gerade dann ab, wenn man das Aufleuchten der Prüflampe beobachten möchte.
Es ist dann nur eine Frage der Geduld und des Geldbeutels, ob man sich nicht eine zweite Prüflampe anschafft oder baut, deren beide Kabel mit Krokodilklemmen versehen sind.
Am einfachsten ist die Sache mit einer kleinen Magnethaftleuchte zu lösen, wie man sie als Pannenhilfe ja ohnehin haben sollte. Da derartige Pannenleuchten vielfach mit Zentralstecker für die Steckdose des Wagens versehen sind, besorgt man sich eine Zentralsteckerkupplung oder eine gesonderte Steckdose und schließt dort an den beiden Polen etwa 30 bis 40 Zentimeter lange Kabel an, an denen man jeweils eine Krokodilklemme anbringt. Damit man kein Kurzschluß-Feuerwerk macht, muß die Steckdose mit den Anschlüssen der beiden Verlängerungskabel isoliert werden. Beim Gebrauch als Prüflampe wird die Steckdose mit den beiden Verlängerungskabeln auf den Stecker der Magnethaftleuchte aufgesteckt. Die Magnethaftleuchte kann man dann an die Karosserie heften, die Anschluß-Krokodilklemmen an Masse und den entsprechenden Pluspol legen, so daß man beide Hände zum Arbeiten frei hat.

Die „Strom"führung

Kennen Sie den?
Ein Elektromeister soll in einer Wohnung eine Deckenleuchte aufhängen. Dazu nimmt er seinen Lehrling mit, der auf die Leiter steigt.
„Fritz, faß' mal an den linken Draht."
Fritz tut's.
„Spürst du etwas?"
„Nein, Meister."
„Gut, dann führt die andere Leitung den Saft."
Und damit wären wir schon beim Thema. „Strom führen" ist ein oft gebräuchlicher, aber nicht korrekter Begriff. Wenn man mit der Spitze einer käuflichen Prüflampe eine Leitung anpickt, so kann man feststellen, ob diese Leitung „Spannung führt". Geht man mit einer solchen Prüflampe an einen Leitungsanschluß und leuchtet die Prüflampe auf, so sagt man, „hier liegt Spannung an".
Zwar kennen die Elektriker den Unterschied zwischen Strom und Spannung, aber aus Bequemlichkeit sagen sie oft, die Leitung „führt Strom" oder „da ist Saft drin".

Eine Prüflampe kann man sich natürlich auch selbst basteln, wobei man bei der einfachsten Lampe nur zwei Drähte an den Sockel bzw. den Kontakt lötet. Hier wurde eine asymmetrische Biluxlampe verwendet, deren einer Faden durchgebrannt war. Solche Glühlampen mit höherer Leistungsaufnahme sind in vielen Fällen besser, denn sie können nur dann hell aufleuchten, wenn der in der Leitung liegende Schalter oder die Sicherung genügend Strom durchlassen, also kein größerer Spannungsabfall auftritt.

Um es einfach zu erklären:
Wenn in einer Leitung ein Strom fließt, so ist ein Verbraucher an eine Lichtmaschine oder eine Batterie angeschlossen; es fließt ein Strom von der „Stromquelle“ zum Verbraucher.
Tastet man mit einer schwachen Prüflampe die beiden Pole einer Batterie oder der Lichtmaschine an, so stellt man fest, daß dort „Spannung anliegt“, die Prüflampe leuchtet hell auf (oder auch nicht, wenn die Batterie leer ist oder die Lichtmaschine steht). Der Stromverbrauch der schwachen Prüflampe fällt dabei nicht ins Gewicht. Bei einem Voltmeter (Spannungsmesser) ist der Stromverbrauch noch geringer, man stellt die sogenannte „Klemmenspannung“ fest, das ist die Spannung, die eine unbelastete Stromquelle hat.
Legt man ein Voltmeter (bei geöffnetem Unterbrecher) mit dem einen Anschluß an die Klemme 1 einer angeschlossenen Zündspule und mit dem anderen an Masse, so liegt an Klemme 1 praktisch die volle Spannung. Tastet man die Klemme 1 mit einer schwachen Glühlampe ab, so wird sie fast voll aufleuchten. Legt man dagegen eine Scheinwerfer-Glühlampe zwischen Klemme 1 und Masse, so wird diese nur noch dunkel glimmen.
Für uns gilt vorerst ganz einfach: Die Klemme 1 „führt Strom“, sie hat „Saft“.

Fingerzeig: *In diesem Abschnitt und den folgenden ist häufig von „Klemmen“ die Rede. Ein Laie, der das Manuskript des Buches las, stolperte gleich über diesen Ausdruck und fragte: „Was ist eine Klemme? Wo etwas festgeklemmt oder -geklammert wird?“*
Der Ausdruck „Klemme“ wird heute nicht mehr wörtlich verstanden, sondern besagt nur allgemein, daß es sich um einen elektrischen Anschluß handelt, gleichgültig, wie er mechanisch beschaffen ist. Da die elektrischen Anschlüsse eine Nummer tragen, sprechen die elektrisch vorbelasteten Leute einfach von „Klemme 15“, „Klemme 50“ oder ähnlichem, und legen damit fest, welcher elektrische Anschluß gemeint ist.

Arbeitshilfen

Was machen Sie, wenn Sie irgendwo an unzugänglicher Stelle eine Schlitzschraube einsetzen müssen, Ihnen die Schraube aber immer wieder von der Schraubenzieherklinge herunterfällt und Sie die Schraube nicht mit den Fingern der anderen Hand an ihren Platz bringen können?

Kleiner Schraubentrick

Die Elektriker haben dafür einen Schraubenzieher, der sich mit seiner Klinge im Schlitz der Schraube festkeilt, so daß die Schraube nicht abfallen kann. Sie haben einen solchen nicht oder noch nicht!
Und was machen Sie?
Wenn Sie noch eine „altertümliche Batterie" mit vergossenen Zellendeckeln haben, schaben Sie etwas Vergußmasse ab. Zum Kügelchen drehen, auf Schraubenzieherklinge drücken und dann die Schraube drauf.
Mühelos können Sie jetzt die Schraube überall einsetzen. (Sie können sie auch nach unten halten, die Schraube klebt richtig fest.) Anstelle der Vergußmasse können Sie auch einen Kaugummi nehmen, aber der ist selten zur Hand. Bei dem früher gebräuchlichen Gewebe-Isolierband konnte man auch ein Stück Isolierband zwischen Schraubenzieherklinge und Schraubenschlitz klemmen. Trotzdem, so fest wie das Teerkügelchen hielt die Sache nie.
Diesen Trick können Sie leider aber nur bei den Batterien mit vergossenen Zellendeckeln anwenden, die neuartigen Batterien mit geschlossenen Kunststoffgehäusen sind dazu nicht brauchbar.

Das käufliche Werkzeug

Man kann sich zwar eine ganz edle Ausrüstung von hochwertigem Werkzeug im Spezialladen kaufen, doch sehr wirtschaftlich ist das gerade nicht, denn schließlich arbeitet man ja nicht jeden Tag stundenlang an der elektrischen Ausrüstung. Selbst „Edelbastler" kaufen sich nicht in allen Fällen das Teuerste, sondern sind nur bei häufig gebrauchten Werkzeugen etwas wählerischer.

Schraubenzieher

Man sollte wenigstens drei Stück besitzen, mit Klingenbreiten von 4, 6 und 8 mm, weil zu schmale Klingen in breiteren Schraubenschlitzen keine genü-

Mit etwas Batterievergußmasse oder Kaugummi läßt sich eine Schlitz- oder Kreuzschlitzschraube auch an unzugänglichen Stellen einsetzen. Zweckmäßiger ist natürlich ein Festhalteschraubenzieher wie im nächsten Bild.

Ersatzteilzusammenstellung für gehobene Ansprüche: Verteilerkappe mit passenden Zündkabeln und Kerzensteckern, passender Verteilerläufer, ein Satz Zündkerzen (hier in Beru-Kunststoff-Schutzhülsen), Glühlampenersatzkasten, verschiedene Stecker und Abzweigverbinder für Leitungsarbeiten, einige Meter Kupferleitung von 1,5 mm², eine Rolle Isolierband, Sicherungen der im Wagen gebräuchlichen Stärke. Der Lampenersatzkasten und die Sicherungspackung gehören auf jeden Fall ins Auto.

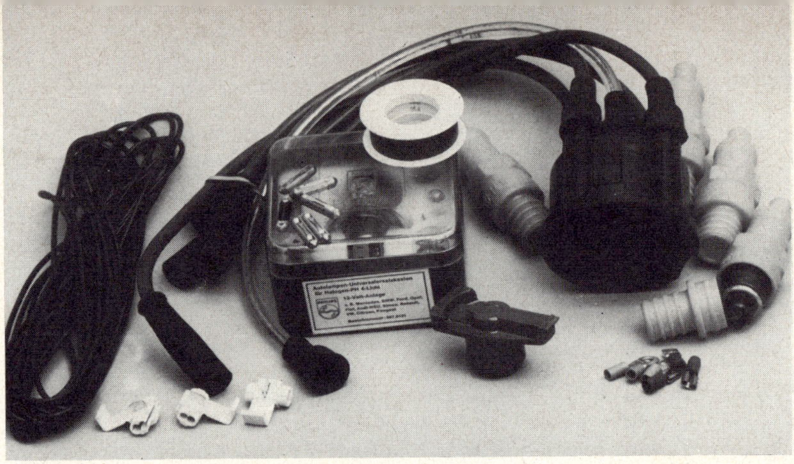

gende Anzugskraft ergeben und sie zerdrücken. Zweckmäßig sind geriffelte oder gewaffelte Klingen, da sie weniger leicht aus den Schlitzen herausrutschen. Einen Radioschraubenzieher mit 3 mm Klingenbreite für Lüsterklemmen kann man häufig auch gebrauchen.
Kreuzschlitzschraubenzieher in den Größen 1 und 2. Ein Schraubenzieher mit Klemmvorrichtung zum Einsetzen von Schrauben an unzugänglichen Stellen ist zwar nicht unbedingt nötig, aber recht praktisch.

Schraubenschlüssel

Für kleinere Muttern kommt man zwar mit den gewöhnlichen Maul- oder Gabelschlüsseln in der Schlüsselweite von 7 bis 14 mm aus, doch mit Steckschlüsseln läßt sich meist besser arbeiten, so daß man sich einen Satz mit 1/4-Zoll-Vierkant besorgen sollte, den es im Werkzeugladen, in Kauf- und Versandhäusern schon recht preiswert gibt.

Ein Trick zu Steckschlüsseln

Kleinere Muttern – etwa bis zu Schlüsselweite 14 – haben beim Abschrauben die unangenehme Eigenschaft in die Tiefe des Steckschlüssels hineinzurutschen. Wenn man sie dann wieder aufschrauben will, sitzen sie entweder am Schlüsselgrund oder haben sich vielleicht sogar quer gestellt. Meist bekommt man sie dann nur mühselig aus dem Steckschlüssel heraus, um sie von Hand wieder ansetzen zu können. Füllen Sie den Steckschlüssel so weit mit Plastilin, Kaugummi oder ähnlichem „Klebstoff", daß die in den Steckschlüssel eingelegte Mutter etwa 2 mm vom Rand des Steckschlüssels liegt. So können Sie die Mutter evtl. auch mit dem Steckschlüssel wieder auf die Schraube aufdrehen.

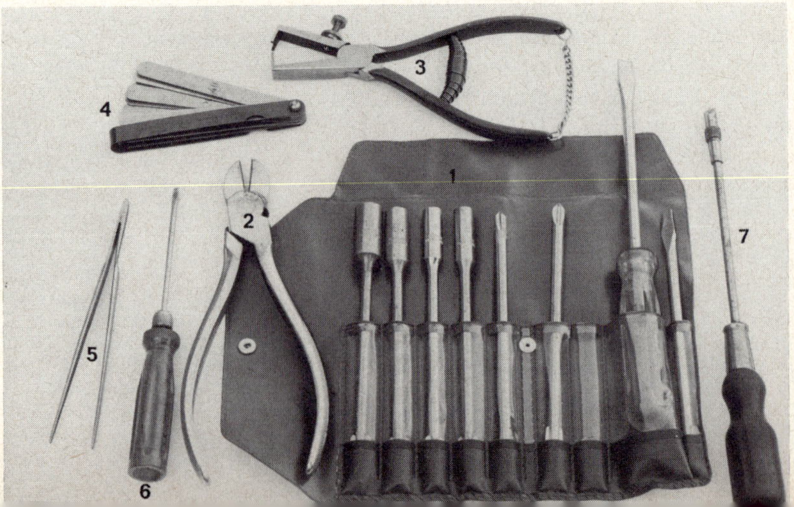

Das wäre so das wichtigste Werkzeug, das man benötigt: 1 – Etui mit mehreren Schraubenzieher- und Kreuzschlitzschraubenzieher-Einsätzen sowie Steckschlüsseleinsätzen; 2 – Seitenschneider; 3 – Abisolierzange (bei etwas Übung kann man darauf verzichten); 4 – Fühlerlehrensatz, wie er zur Einstellung der Unterbrecherkontakte und des Ventilspiels benötigt wird; 5 – einfache Pinzette; 6 – schmaler Schraubenzieher für die Madenschrauben der Lüsterklemmen; 7 – sogenannter Klemmschraubenzieher.

Die Zangen

Als erstes braucht man einen Seitenschneider. Kombizangen haben zwar auch eine Schneide, mit der man Draht abzwicken kann, doch sind sie meist zu stumpf. Die wichtigste Zange ist eine spezielle Zange zum Anquetschen von Flach- und Rundsteckern, denn mit einer normalen Kombizange oder Wasserpumpenzange bringt man den erforderlichen hohen Quetschdruck nicht auf. Quetschzangen gibt es schon in einfacher Ausführung zum Preis von 12 Mark, teurere Ausführungen kosten bis zu 30 Mark. Für unsere Zwecke reicht eine billige. Diese Quetschzangen (siehe Seite 23) haben Abisoliermäuler, eine Abisolierzange ist also nicht unbedingt nötig.

Sonstiges

Zum korrekten Einstellen des Unterbrecher-Kontaktabstandes braucht man noch eine Fühlerlehre, die dem Kontaktabstand Ihres Wagens entspricht, also z. B. 0,4 mm. Da Sie aber vielleicht auch die Ventile an Ihrem Wagen selbst einstellen, ist ein Fühlerlehrensatz günstiger, denn dort hat man meist die Stärken von 0,05 bis 0,5 mm vereinigt.

Welche Ersatzteile mitführen?

Einige Meter Kupferleitung verschiedenen Querschnitts, eine Auswahl der am Wagen gebräuchlichen Flach- und Rundstecker, einige Steckverbinder und Lüsterklemmen sowie mindestens einen der im Leitungskapitel gezeigten Abzweigverbinder.
Beim Isolierband hat man die Wahl zwischen Kunststoffband und dem gewöhnlichen Textilband mit Gummiimprägnierung. Das Kunststoffisolierband ist sauberer, läßt sich aber bei Kälte schlechter verarbeiten.
Einen für Ihren Wagen passenden Sicherungssatz und einen Ersatzkasten mit den passenden Glühlampen.
Das wäre das Notwendigste. Als vorsichtiger Mensch sollten Sie aber einen für Ihren Wagen passenden Verteilerläufer dabei haben, denn wenn er defekt ist, kann man nichts mehr improvisieren.
Mit Uhu oder Nagellack kann man Kriechfunkenstrecken an der Zündspule oder in der Verteilerkappe notfalls isolieren. Ein Zündkerzensatz ist auch empfehlenswert, während ein Unterbrecherkontaktsatz eigentlich nur bei Auslandsreisen unbedingt ratsam ist.

Die Zündkerzenkabel

Eigentlich scheint ein ganzer Zündkerzenkabelsatz überflüssig. Wie aber im Abschnitt „Der Motor hat Zündaussetzer" noch gesagt wird, kann man mit entstörten Zündkabelsätzen die unangenehmsten Überraschungen erleben. Nicht nur die Entstörkabel mit Grafitseele oder Widerstandsdraht können der Zündspannung den Weg zu den Zündkerzen erschweren, auch die normalen Zündkabel mit Entstörstecker, wenngleich die Entstörstecker weniger häufig defekt werden.
Wenn der Motor unter Zündaussetzern leidet, hat man durch Austauschen des Zündkabelsatzes mit wenigen Handgriffen eine Störquelle mit Sicherheit ausgeschaltet.
Einen passenden Zündkabelsatz mit Entstörsteckern kann man meist fertig kaufen, kann ihn sich aber auch selbst anfertigen, wie es im Abschnitt „Arbeiten an Leitungen und Steckern" beschrieben ist.
Zur schonenden Aufbewahrung der Zündkerzen empfehlen sich die Beru-Kunststoffbehälter.

Stromwege der Praxis

Alle Wege führen nach Rom. So sagt man. Im Auto aber führen alle Stromwege vom Pluspol der Batterie zur Masse. Natürlich nur, solange sie nicht unterbrochen sind.
In viele dieser Stromwege sind sogenannte „Sollbruchstellen" eingebaut.
Und die harmloseste Unterbrechung ist das Durchschmelzen einer Sicherung, wenn Sie selbst – z. B. beim unvorsichtigen Hantieren an einer elektrischen Leitung – einen Kurzschluß erzeugen. Und dazu gehört auch schon die einfachste Störungsbehebung, das Ersetzen der Sicherung.

Die Sicherung

Elektrische Sicherungen – fachgerecht als Schmelzeinsätze bezeichnet – sind technisch gesehen sogenannte Sollbruchstellen. Wenn die Gefahr besteht, daß eine Leitung durch Kurzschluß oder Überlastung zu sehr erwärmt und damit zur Brandgefahr wird, muß der Leitungszug für den jeweiligen elektrischen Verbraucher automatisch unterbrochen oder abgeschaltet werden. Und zwar an einer Stelle, die nach Behebung der Schadensursache leicht zugänglich ist.
Die Sicherungen selbst können ebenfalls Störungsquellen sein, denn die meist gebräuchlichen Schmelzeinsätze sitzen mit ihren Kappen zwischen zwei federnden Blechen (Federmessing) oder zwischen einer festen Klemme und einem Federblech. Diese Kontaktstellen sind die schwachen Punkte der

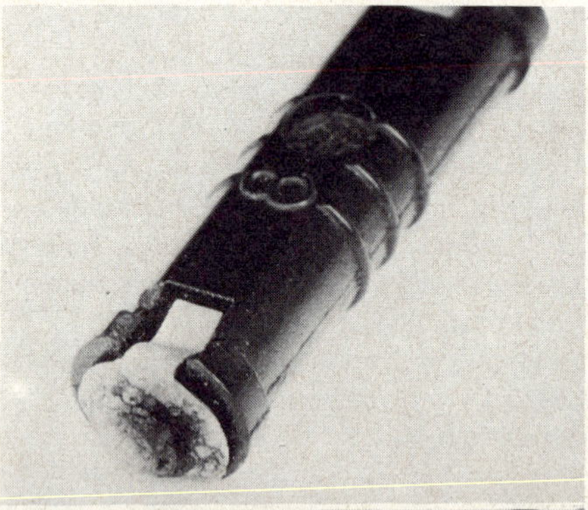

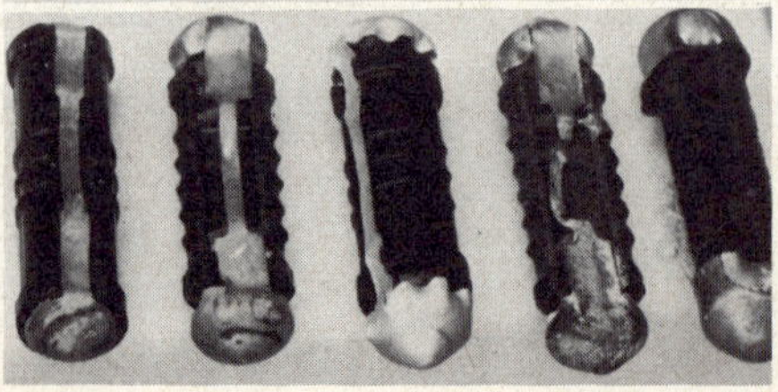

Links: Oxydierte Klemmbleche in Sicherungskästen bringen meist nur einen Spannungsabfall mit sich, können aber auch zum vollständigen Ausfall des angeschlossenen Stromverbrauchers führen. „Kontakt 60" (Spray von der Firma Kontakt-Chemie, Rastatt/Baden, Postfach 52), löst die Oxydschicht. Rechts: Oxydierte Sicherungskappen haben die gleiche Wirkung. Sind die Sicherungskappen angefressen, so können auch Wackelkontakte auftreten. Kontaktspray hilft da nicht mehr, neue Sicherungen einsetzen.

Sicherungseinsätze. Wird eine Sicherung nicht genügend zwischen den Federzungen festgeklemmt, so ist der Stromübergang behindert. Folge: Der an die Sicherung angeschlossene Verbraucher bekommt nicht genügend „Saft“.
Die mangelnde Klemmkraft muß ihre Ursache keineswegs darin haben, daß die betreffende Sicherung schon mehrmals ersetzt wurde und dabei die Klemmbleche zu weit auseinandergespreizt wurden. Mangelnde Klemmkraft der Federbleche kommt auch bei fabrikneuen Autos vor oder sie ergibt sich gelegentlich ohne Grund. Man sollte sich angewöhnen, den Sicherungskasten von Zeit zu Zeit zu öffnen und die Sicherungen auf festen Sitz zu prüfen. Bei losem Sitz nimmt man sie heraus, biegt die Klemmbleche etwas zusammen und setzt sie wieder ein. Vorsicht, manche Sicherungskappen biegen sich dabei leicht weg, und später versagt das angeschlossene Gerät gerade dann, wenn es am dringendsten benötigt wird.
Nach der Sitzkontrolle dreht man die Sicherung mal kurz in ihrer Führung. Dadurch zerreißt eine evtl. vorhandene Oxydschicht, und die Sicherungskappen können nicht als Strombremse wirken. Auch Einsprühen der Sicherungskappen und -bleche mit speziellen Kontaktsprays, z. B. Kontakt 60 (Kontakt-Chemie, Rastatt/Baden), löst die Oxydschicht auf. Der Spannungsabfall, der sich durch Oxydschichten an den Sicherungskappen ergibt, setzt die Leistungsfähigkeit angeschlossener Verbraucher herab.

Sparsamkeit am falschen Platz?

Es gibt Autos, mit nur zwei oder vier Sicherungen, das sind vor allem französische. (Mit Sparsamkeit hat das nichts zu tun, das ist der Standpunkt: Was nicht vorhanden ist, kann nicht zur Störungsquelle werden.) Er ist trotzdem schwer verständlich.

Die ausgefallene Sicherung

Ist ein Stromverbraucher ausgefallen, schaut man zuerst nach der Sicherung. Auch wenn sie nicht durchgebrannt ist, kann der Fehler an ihr liegen. Zwischen den Sicherungskappen und den Klemmblechen der Sicherung kann sich die erwähnte Oxydschicht gebildet haben oder die Kappen haben Auswaschungen.

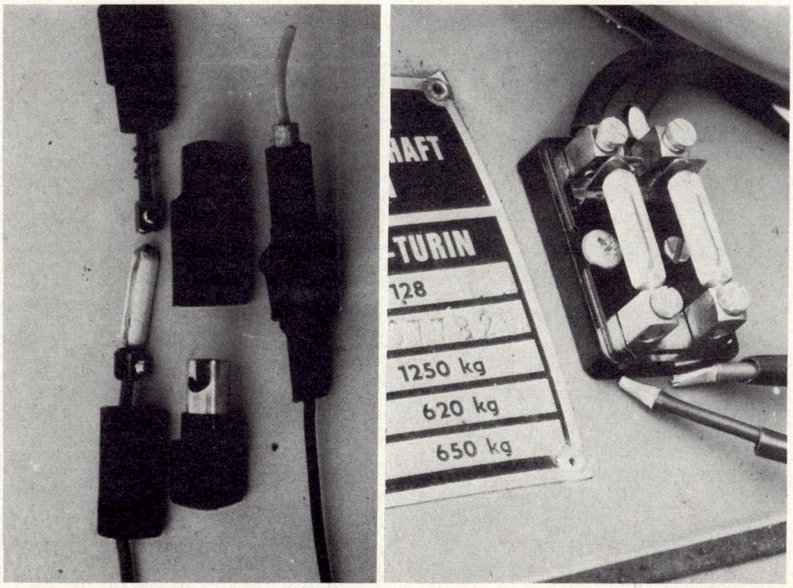

Links: Beim Einbau einer nachträglichen Sicherung nimmt man meist sogenannte „fliegende Sicherungen“ (Sicherungshalter).
Rechts: Der Einbau eines nachträglichen Sicherungskastens macht etwas mehr Arbeit, aber zur Kontrolle der Sicherung muß man den Halter nicht immer zerlegen. Klarsichtdeckel an der Dose sind ratsam.

Liegen mehrere Verbraucher an einer Sicherung, so kann man nur durch gewollten Sicherungsverschleiß feststellen, in welchem Verbraucher der Fehler liegt. Den darf man dann nicht mehr einschalten, damit die anderen Verbraucher wenigstens weiter arbeiten können. Manchmal geht das leider nicht – siehe Text – und dann muß man sich wie dort zu helfen wissen.

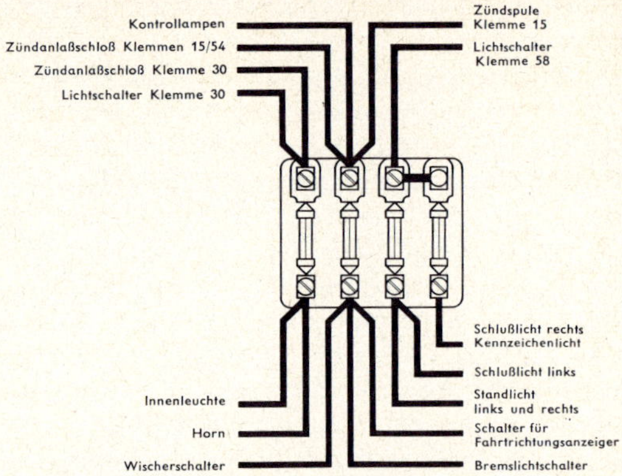

Suche nach dem Sündenbock

Zuerst greift man sich die Betriebsanleitung des Wagens und schaut dort nach, ob an der Sicherung des ausgefallenen Verbrauchers noch ein anderer Verbraucher angeschlossen ist. Bei Glühlampen – z. B. Bremslicht, Standlicht – hängen meist mehrere Lampen an einer Sicherung, man braucht also nur einen Blick auf die andere Lampe zu werfen. Die Glühlampen halten – von den Scheinwerferlampen abgesehen – vielfach länger als der Wagen, ausgefallene Lampen sind also meist Sicherungsärger.

Bei nicht durchgebrannter Sicherung und trotzdem ausgefallenen Verbrauchern, drückt man – wie schon gesagt – die Klemmbleche mit Daumen und Zeigefinger zusammen und dreht die Sicherung etwas hin und her, um eine evtl. Oxydschicht aufzureißen. In vielen Fällen klappt's jetzt wieder. Sicherung herausnehmen, Klemmbleche vorsichtig nachbiegen, Sicherung wieder einsetzen.

Denksport:
Die Sicherung brennt immer wieder durch

Tja, dann muß natürlich der Schaden am Verbraucher oder der Kurzschluß behoben werden. Nur selten wird ein Auto durch eine durchgebrannte Sicherung nicht mehr betriebsbereit sein. Es gibt verzwickte Fälle, doch sie müssen durchaus nicht hoffnungslos sein, wenn Sie nur die Ruhe bewahren.

Als Musterbeispiel:

Dieter Korp hatte an seinem Ro 80 einen Kurzschluß in einer Blinkleuchte, die Sicherung brannte immer wieder durch. Ein ausgefallener Blinker ist weiter nicht schlimm, da fährt man halt vorsichtig.

Aber:

An der Blinkersicherung hing auch das Steuerventil für die Trennkupplung des halbautomatischen Getriebes, wodurch das Schalten während der Fahrt

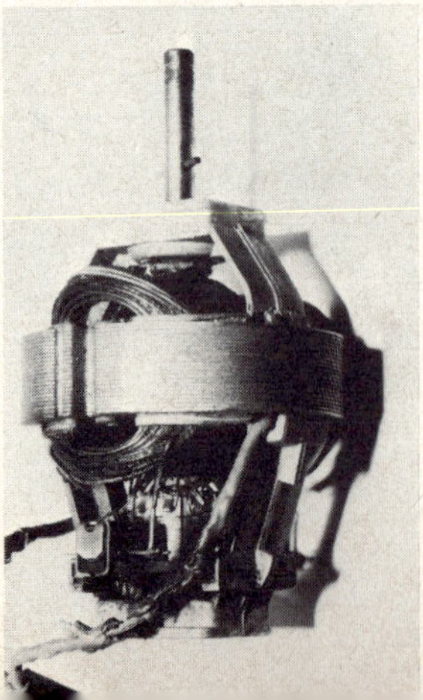

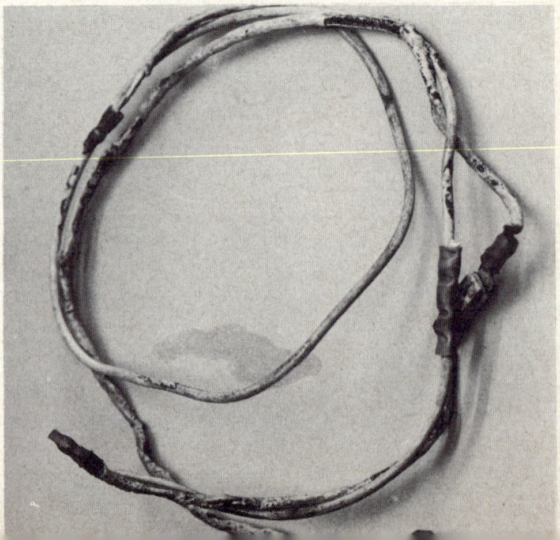

Nie stärkere Sicherungen einsetzen als vorgeschrieben. Wenn die Sicherung nicht rechtzeitig anspricht, dann kann das einmal zur Zerstörung des Verbrauchers führen (wie hier (links) die durchgebrannte Wicklung eines Lüftermotors), zum anderen führt es zur Erhitzung der angeschlossenen Leitung (rechts). Eine verschmorte Isolierung führt dann schließlich zum Kurzschluß und nicht selten zum Brand des Wagens.

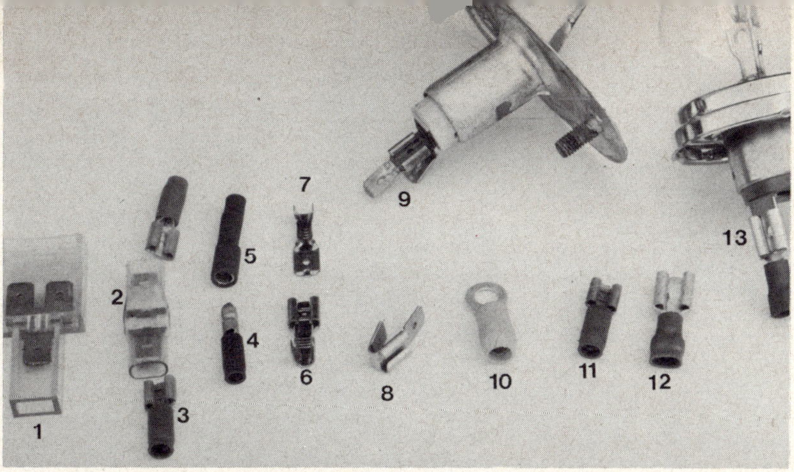

Die gebräuchlichsten Leitungsverbinder: 1 – Dreifachverteiler für 3 Flachsteckhülsen; 2 – Kupplungsstück für 2 Flachsteckhülsen; 3 und 11 – Isolierte Flachsteckhülsen, oft einfach als „Flachstecker" bezeichnet; 4 – Isolierter Rundstecker; 5 – Isolierte Rundsteckhülse; 6 – Blanke Flachsteckhülse („Flachstecker"); 7 – Echter Flachstecker; 8 und 9 – Steckverteiler für ein Zusatzkabel; 10 – Isolierter Kabelschuh („Ringzunge") zum Aufquetschen; 12 und 13 – Breitere isolierte Flachsteckhülse für Kontaktzungen an Scheinwerfer-Glühlampen.

unmöglich gemacht wurde. Korp verfluchte die Elektrik und wählte zum Anfahren die zweite Fahrstufe, die dann bei der Vorwärtsfahrt eingelegt blieb. (Der Drehmomentwandler schafft immerhin eine große Drehzahlspanne aus dem Stand bis 125 km/h, und damit kommt man noch recht gut vom Fleck.)
Und zur Rückwärtsfahrt? Da schaltete Korp den Motor aus, legte den Rückwärtsgang ein und ließ den Motor wieder an. Das Verfahren war zwar etwas lästig, zeigt aber, daß sich auch die heimtückische Elektrik überlisten läßt.

Einbau zusätzlicher Sicherungen

Will man bestimmte Verbraucher einzeln absichern, so verwendet man entweder getrennte Sicherungshalter (sogenannte fliegende Sicherungen), oder Sicherungskästen, die es für zwei bis zehn Schmelzeinsätze gibt. Fliegende Sicherungshalter lassen sich zwar leicht in eine aufgeschnittene Leitung einsetzen, aber zur Kontrolle des Schmelzeinsatzes müssen die beiden Gehäusehälften getrennt werden. Außerdem schwingt der Halter immer etwas herum, er sollte mit Isolierband festgelegt werden. Sicherungskästen nimmt man natürlich mit durchsichtigem Deckel. Lieber mehrere kleine Sicherungskästen in Verbrauchernähe anschrauben, als große Leitungsverlegungen zu einem Sammelkasten.

Leitungsverbinder

Arbeiten am Strippensalat unserer Autos erfordern heute etwas Sonderwerkzeug, denn elektrische Leitungen werden kaum mehr angeschraubt, sondern durch Steckverbindungen an den Geräten angeschlossen bzw. miteinander verbunden.
Die serienmäßige Verkabelung der elektrischen Anlage erfolgt bei den meisten deutschen Fahrzeugtypen durch Flachstecker. Rundstecker sind bei uns weniger gebräuchlich, finden sich aber überwiegend bei französischen, italienischen und englischen Fahrzeugen.
Das Angebot an Steck- und Leitungsverbindermaterial ist groß und die Auswahl fällt oft recht schwer. Gewiß, man kann sich einen Leitungsverbinderkasten im Fachhandel, Versandhandel oder im Kaufhaus kaufen, der außer einer Quetschzange noch eine umfangreiche Auswahl an isolierten Quetschverbindern enthält. In den meisten Fällen stellt man dann nach längerer Zeit fest, daß die Anschaffung doch nicht ganz das Richtige war. Einige Fächer des Kastens sind ganz leer, andere noch wohlgefüllt, denn schließlich finden sich an jedem Wagenmodell immer nur wenige Verbindertypen. Verbinderkästen sind darum etwas für die Werkstatt, dort braucht man eine größere Auswahl für verschiedene Fahrzeugtypen.
In manchen Kaufhäusern findet man Klarsichtbehälter, die nur eine Ver-

Große Leitungsverbinderkästen sind für Heimwerker nicht die richtige Wahl, denn sie enthalten zu viele verschiedene Verbinder, die zwar die Werkstatt für die verschiedenen Autotypen braucht, aber am eigenen Fahrzeug gibt es nur wenige Verbinderausführungen. Den unbrauchbaren Rest hat man aber dann mitbezahlt. Besser sind deshalb Klarsichtpackungen mit jeweils nur einer Sorte Leitungsverbindern, wie man sie in Kaufhäusern und Zubehörgeschäften erhält. Da brauchen Sie nur die für Ihr Auto passenden Arten herauszusuchen und haben keine unverwendbaren Restbestände. Das Bild zeigt von oben nach unten: Blanke Flachsteckhülsen, Ringzungen, halbisolierte Steckverteiler, blanke Flachstecker und Stoßverbinder (letztere zum Verlängern eines zu kurzen Kabels mit einem weiteren Kabel).

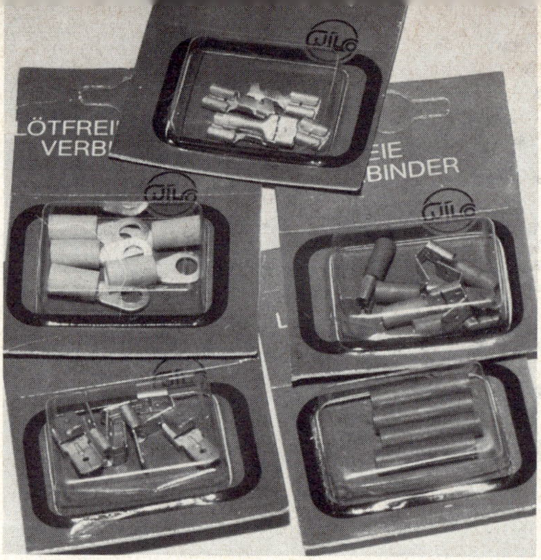

bindersorte enthalten. Man kann sich auf den Kauf der wirklich benötigten Verbinder beschränken. Sie müssen aber auch darauf achten, für welchen Leitungsquerschnitt die Verbinder bestimmt sind. Isolierte Leitungs- bzw. Steckverbinder haben Kennfarben für den Leitungsquerschnitt, an die sie angequetscht werden können. Rot = 0,75–1 mm^2, blau = 1,5–2,5 mm^2, gelb = 4–6 mm^2. Passen Sie auf, daß der Kasten nicht zu viel rote und gelbe Verbinder enthält, vor allem gelbe werden nur wenig benötigt, die meisten Leitungen haben einen Querschnitt von 1–1,5 mm^2.
Für die verschiedenen Stecker besitzen die Quetschzangen dann verschieden große Quetschmäuler, sogenannte Matrizen, die den zugehörigen Steckern entsprechend farbig markiert sind.

Blanke oder isolierte Steckverbinder?

Die Kraftfahrzeughersteller verarbeiten vielfach blanke Steckverbinder, die maschinell „angeschlagen", also mit entsprechenden Geräten auf die blanke Kabellitze gequetscht werden. Trotz dieser blanken Steckverbinder besteht prinzipiell keine Kurzschlußgefahr, denn die Abstände zwischen benachbarten Kontakten sind entsprechend berechnet.
Bei Reparaturen und Nachrüstungen sind dagegen mehr die isolierten Verbinder gebräuchlich, denn dabei wird mal ein Kontakt hierhin oder dahin gebogen oder auf engem Raum ein zusätzlicher Stecker angeklemmt, so daß eher Kurzschlußfunken spritzen können. Das verhindern vor allem vollisolierte Steckverbinder, bei welchen auch die Rund- oder Flachhülse vollständig überdeckt ist. Kurzschlußsicherer sind aber auch schon die teilisolierten Steckverbinder mit überdeckter Litzenklemme.
Aber auch blanke Steckverteiler haben ihre Vorteile: Bei ihnen sieht man genau, ob mit der Quetschzange auch eine einwandfreie Leitungsverbindung zustande gebracht wurde (unter einer Steckerisolierung ist das nur zu ahnen, wenn man nicht am Kabel zerren will) und in blanke Stecker für dickere Leitungsquerschnitte lassen sich auch dünnere Kabel einwandfrei einquetschen. Und schließlich sind blanke Stecker billiger als isolierte. Entscheidend für isoliert oder nicht, ist letzten Endes aber auch, ob die Leitungsverbindung später irgendwo im Verborgenen (etwa hinter dem Armaturenbrett) ruht oder jedem Zugriff (z. B. im Kofferraum) offen ausgesetzt ist.

Kombizange reicht nicht aus

Mit einer normalen Kombizange lassen sich keine gebrauchstüchtigen Steckverbindungen herstellen. Zum ersten sind ihre Schenkel für eine kräftig

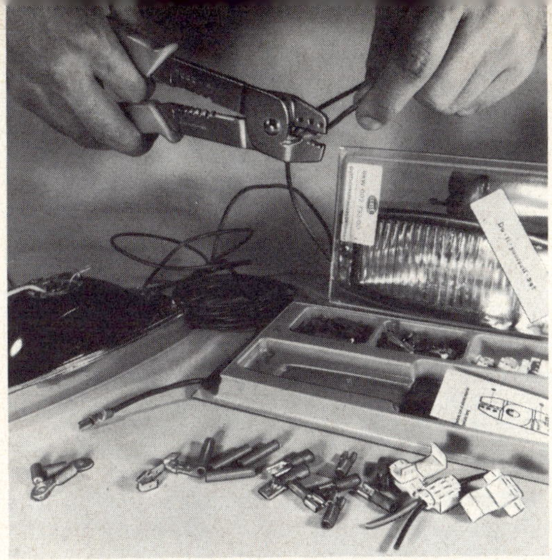

Mit einer gewöhnlichen Kombizange kommen Sie bei Leitungsverbindungen nicht weit. Die Gründe finden Sie im untenstehenden Text. Andrerseits sind die werkstattgerechten Spezial-Quetschzangen der Autoelektriker recht teuer (ab 35 DM aufwärts). Hella hat darum eine einfache, aber trotzdem gebrauchstüchtige Quetschverbinderzange für Heimwerker entwickelt, die zusammen mit einem Sortiment gebräuchlicher Leitungsverbinder (im Kasten und im Vordergrund des Bildes) nur etwa 28 DM kostet (Hella-Bestell-Nr. 8 KW 002 733-001). Mit den Schneidlöchern der Zangenschenkel lassen sich die Isolierungen der Kabel abtrennen, ohne dabei die Metallitze des Kabels zu beschädigen. Im Maul der Quetschzange werden Kabel und Verbinder so kräftig zusammengepreßt, daß sich auch ohne Verlötung die Verbindung nicht mehr lockert oder den Stromdurchfluß hemmt.

quetschende Hebelwirkung zu kurz, zum zweiten ist ihr Seitenschneider zum sauberen Abisolieren ungeeignet, denn stets wird dabei die Kabellitze angebrochen, zum dritten rutscht der Steckverbinder beim Zusammenquetschen garantiert irgendwie seitlich aus dem Maul der Kombizange, so daß, zum vierten, schon beim geringsten Zug das Kabel wieder aus der vermurksten Quetschverbindung rutscht. Und Zug muß die Leitungsverbindung aushalten können, sonst korrodieren die wenigen leitenden Berührungspunkte in ihr. Baldige Folge: Erheblicher Spannungsabfall zum angeschlossenen Stromverbraucher. Die Anschaffung oder Ausleihe einer speziellen Quetschverbinderzange ist deshalb für gute Arbeit unerläßlich.

Arbeiten an Leitungen und Steckern

Es kommt wohl ziemlich selten vor, daß man einen abgebrochenen Stecker durch einen neuen ersetzen muß. Viel häufiger wird es der Fall sein, daß man einen zusätzlichen Verbraucher (z. B. Nebelscheinwerfer, Lüfter usw.) nachträglich am Wagen einbauen und verkabeln will.
Bei den früher gebräuchlichen Schraubverbindungen war es meist ziemlich einfach, eine zusätzliche Leitung unter die Klemmschraube der Sicherungsdose zu bringen.
Die Steckverbindungen scheinen das problematischer zu machen, da meist nur eine Steckzunge an jedem Ende der Sicherung sitzt. Hier braucht man aber nicht dort, wo man eine weitere Leitung anschließen will, den einen Stecker abzuziehen, abzuschneiden und die zusätzliche Leitung mit der

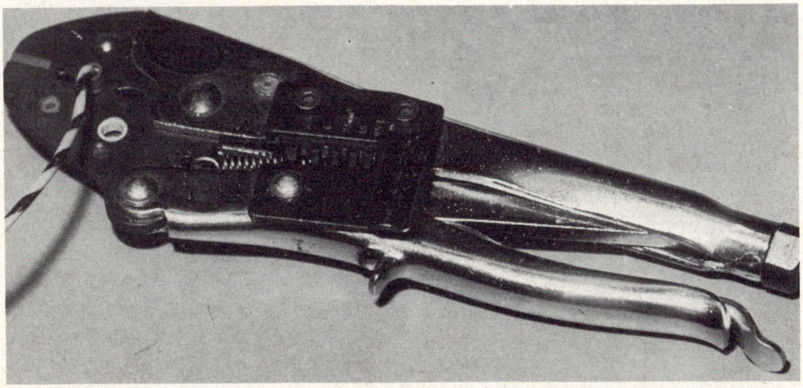

Wesentlich teurer sind natürlich werkstattgerechte Spezial-Quetschzangen, wie die hier von Hella gezeigte für isolierte Leitungsverbinder. Da diese Zange nach dem Kniehebelprinzip die Druckkraft auf die Zangenschenkel an die Quetschbacken überträgt, ergibt dies einen sehr hohen Anpreßdruck und damit sehr kontaktsichere Quetschungen.

ersten in einem gemeinsamen Stecker neu anzuquetschen. Hierfür gibt es sogenannte Steckverteiler, die man auf die Steckzunge aufsteckt, an der eine zusätzliche Leitung angeschlossen werden soll. Dieser Steckverteiler hat dann seinerseits zwei Steckzungen, auf die zwei getrennte Stecker aufgesteckt werden können.

Zwar muß man auf die neu zu ziehende Leitung einen Stecker aufquetschen, so daß es scheinbar keinen Unterschied macht, ob man den einen Stecker abschneidet und beide Leitungen mit einem gemeinsamen Stecker versieht, oder nur einen Stecker an die neue Leitung anquetscht. In Wirklichkeit ist es doch vorteilhafter, einen Steckverteiler zu verwenden. Wollen Sie das zusätzliche Gerät beim Verkauf des Wagens wieder ausbauen und in den neuen Wagen übernehmen, so brauchen Sie bloß den Stecker abzuziehen, statt die Leitungen wieder aufzutrennen.

Gelegentlich möchte man vielleicht eine zusätzliche Leitung mitten an eine andere Leitung anschließen, weil sie gerade so gut zugängig und auch zweckentsprechend ist.

Lüsterklemmen nur bedingt brauchbar

Als Beispiel: Die gut zugängliche Leitung führt vom Zünd-Anlaßschloß zur Klemme 15 der Zündspule. Hieran will man die Pluszuführung zu einem kleinen Ventilator anschließen, damit er beim Ausschalten der Zündung sofort mit ausgeschaltet ist.

Da diese kleinen Ventilatoren nur eine geringe Stromaufnahme haben, ist das möglich, ohne daß die Zündschalterkontakte überlastet werden.

Die durchgeschnittene Leitung kann man nun mit einer Lüsterklemme wieder verbinden, wobei an der einen Seite der Lüsterklemme die Zuleitung zum Ventilator mit eingeklemmt wird.

Dabei muß man verschiedenes beachten. Auf jeden Fall sollte man nur Lüsterklemmen aus Weichplastik oder Gummi nehmen, da die Madenschrauben der Klemmen ziemlich stramm in Weichplastik oder Gummi sitzen und so zusätzlich gesichert sind. Außerdem sollten die Madenschrauben nicht direkt auf die abisolierte Leitung drücken, da sonst einzelne Adern der Leitung abgequetscht werden. Es gibt Lüsterklemmen, die einen kleinen Blechstreifen in der Leitungsbohrung haben, so daß die Madenschrauben auf diesen Blechstreifen drücken und erst der Blechstreifen das Festklemmen der Leitungen übernimmt. Die Lüsterklemme sollte anschließend mit Isolierband an einer festen Stelle aufgehängt werden, damit die Leitungen nicht durch Schwingungen abbrechen können.

Anzapfung einfach gemacht

Der Lüsterklemmenanschluß ist nicht das Wahre. Zum Anzapfen einer elektrischen Leitung verwendet man heute Abzweig-Leitungsverbinder. Damit arbeitet man nicht nur schneller, man erspart sich auch den Ärger mit dem Einfieseln der abisolierten Leitung in die Lüsterklemme.

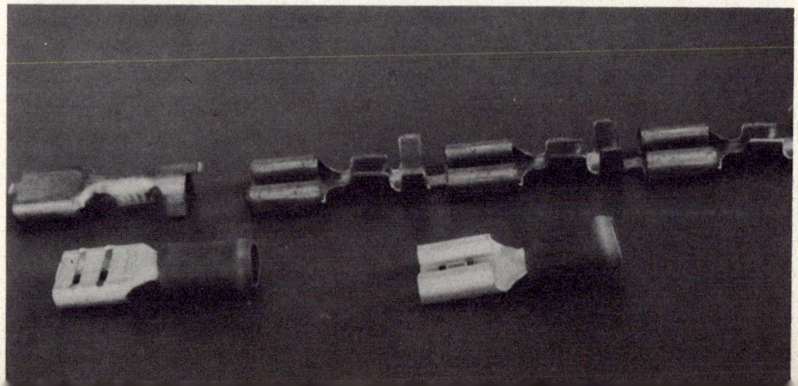

Die nicht isolierten Flachsteckhülsen werden vielfach als Reihenmaterial verkauft. Was man braucht, wird mit dem Seitenschneider vom Strang geknipst. Darunter zwei halbisolierte Flachsteckhülsen.

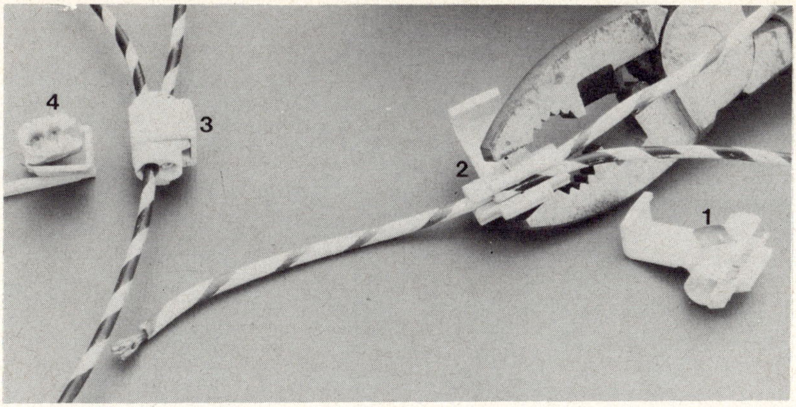

Anzapfen einer Leitung mit Hella-Abzweigverbindern: 1 – Kontaktsteg im geöffneten Verbinder, der mit seinen zwei Aussparungen die Kabelisolationen durchschneidet und zwischen den blanken Kabellitzen Kontakt herstellt. 2 – Beide Leitungen in den Abzweigverbinder einlegen, schließen und mit der Kombizange Kontaktsteg eindrücken. 3 – Verbinder durch Aufdrücken des Arretierungslappens schließen. 4 – Der Abzweigverbinder kann ohne weiteres wieder geöffnet und wieder verwendet werden.

Da man die Abzweigverbinder nicht überall bekommt, sollte man sich 5–10 als Vorrat halten, man braucht sie immer wieder.

Zündleitungen

Zündanlagen müssen entstört sein. Hierbei werden zum Teil Widerstandszündleitungen verwendet, die sich aber nicht zum Selbstanfertigen neuer Zündkabel eignen. An deren Stelle nimmt man normale Zündleitungen mit Kupferseele und entstörte Zündkerzenstecker sowie Entstörstecker für den Verteileranschluß oder einen entstörten Verteilerläufer.
Sehr schön ist das mit durchsichtigem Kunststoff isolierte Kabel. Es scheint weniger leicht brüchig zu werden als gummiisolierte Kabel und auch bei Nässe kriechen keine Funken darauf herum.

Zündkabel verarbeiten

Um einen kompletten Zündkabelsatz anzufertigen, braucht man etwa 1 bis 1,5 Meter Zündkabel, sechs Spreizhülsen oder Kabelkrallen, sechs Gummitüllen und vier entstörte Kerzenstecker. Auf die passend geschnittenen Kerzenkabel werden die Entstörstecker aufgeschraubt, die an der Seite für das Zündkabel eine Stahlschraube besitzen, die sich in die Kupferseele des Zündkabels hineindreht. Nach dem Aufschieben der Gummitülle wird die andere Seite des Kabels auf etwa 3 mm abisoliert und eine Spreizhülse aufgesteckt. Die einzelnen Adern der Kupferseele werden sternförmig abgebogen und verlötet. Heutige Zündleitungsstecker haben durchweg eine Spitze, die in die Kupferseele eingedrückt wird. Sie müssen nicht angelötet werden und lassen sich leicht verarbeiten.

Steckdosen

Einen Wagen ohne serienmäßige Steckdose zum Anschließen von Handlampen usw. findet man heute nur noch sehr selten. Nachträglicher Anbau einer Steckdose ist relativ einfach, aber die Pluszuführung zur Steckdose soll nicht

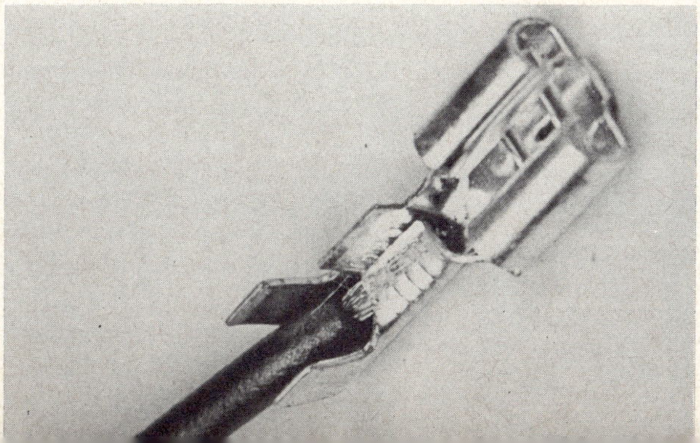

Bei blanken Verbinder zuerst einen Quetschlappen, wie im Bild gezeigt, so über die Kabellitze pressen, daß keine Kupferader wegsteht, denn einzelne Kupferadern erhöhen spätere Kurzschlußgefahr mit benachbarten Kontakten. Danach den zweiten Lappen darüber schlagen, die angebogene Verbindung in die passende „Matritze“ der Quetschzange einlegen und zusammenpressen, bis die Zange geschlossen ist. In gleicher Weise werden anschließend die Lappen über der Isolation angepreßt.

Ist eine Steckdose für den Zentralstecker nicht serienmäßig, so läßt sie sich leicht einbauen.
Oben links: Eine Hella-Anbausteckdose. Plus- und Minusleitungen lassen sich anschrauben, das Gehäuse muß nicht an Masse liegen.
Unten links: Eine normale Metallsteckdose. Wird sie in eine Kunststoff-Verkleidung eingesetzt, so muß eine gesonderte Masseleitung gezogen werden. Hier trägt die Steckdose zum Anschluß dieser Leitung ein Kontaktblech.
Unten rechts: Eine Steckdose aus Plastik mit Metallrand für die Massezuführung. Auch sie muß – sofern sie nicht in eine Blechverkleidung mit guter Masse eingesetzt wird – eine gesonderte Massezuführung erhalten.
Oben rechts: Der im Text erwähnte Bosch-Zwischenstecker (Bestellnummer 0 352 321 005). Nach Aufsetzen auf einen handelsüblichen Zentralstecker läßt sich dieser in die Steckdose des Zigarrenanzünders einstecken.

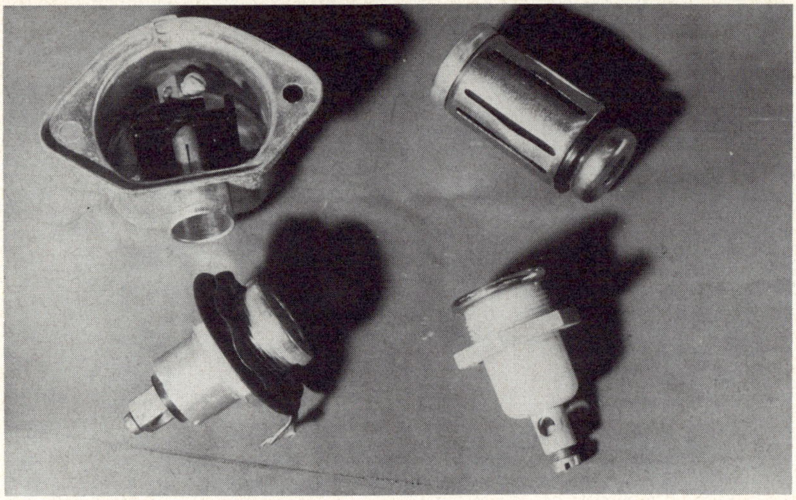

an einer Leitung erfolgen, die bei ausgeschalteter Zündung stromlos ist. Am besten nimmt man die Pluszuführung an Klemme „30" des Zündschlosses vor. Wenn das Zündschloß schlecht zugängig ist, zieht man leichter eine direkte Leitung zum Pluspol der Batterie.
Sofern der Motorraum nicht ausreichend beleuchtet ist, bringt man hier eine zusätzliche Steckdose für den Anschluß der Handlampe an. Für den Beifahrer kann es recht unangenehm sein, wenn man den Stecker der Handlampe in die Steckdose des Fahrgastraumes steckt und deshalb Fenster oder Türe offen stehen läßt.
Auch ausländische Fahrzeuge besitzen üblicherweise eine Steckdose, doch passen sie häufig nicht für den an Handlampen, Staubsauger usw. angebrachten deutschen Zentralstecker.
Schauen Sie vorsichtshalber einmal nach und bauen Sie gegebenenfalls eine handelsübliche Steckdose ein. Das wird bestimmt billiger, als alle Geräte mit einem anderen Stecker auszurüsten.
Die Steckdose des Zigarettenanzünders ist für normale Zentralstecker zu groß. Bosch liefert dazu einen Zwischenstecker, mit dem der Normalstecker sich auch dort einsetzen läßt. Von Hella gibt's einen Stecker, der in Normsteckdosen und in die des Zigarettenanzünders paßt.

Leitungsverbinder

Die heute im Auto verwendeten Leitungen haben eine öl- und benzinfeste Kunststoffisolierung. Muß man einmal eine Leitung ersetzen, oder will man eine neue Leitung für einen zusätzlichen Verbraucher wie Nebelscheinwerfer, Drehzahlmesser usw. einziehen, so darf man kein gummiisoliertes Kabel verwenden, wie es z. B. im Haushalt als Bügeleisenschnur oder ähnliches verwendet wird. Eine solche Gummiisolierung quillt unter Öl- oder Benzineinfluß (auch schon unter deren Dämpfen) und löst sich auf. Sie ist außerdem auch nicht scheuerfest und so handelt man sich bald kleineren oder größeren Ärger ein.
Nun verwendet man heute im Haushalt aber oft auch kunststoffisoliertes dreiadriges Kabel, wobei die Einzelleitungen weiß, rot und schwarz sind. Jetzt könnte man in Versuchung kommen, die kunststoffisolierte Schnur vom Toaströster z. B. für die Installation einer Fanfarenanlage zu verwenden (besonders, wenn Sie sich aus Toast nichts machen). Auch das gibt Ärger!

Nicht nur mit Ihrer Frau, sondern besonders mit den Fanfaren, die in diesem Fall längst nicht so laut ertönen, wie man sich erhofft hat.

Nicht an Leitungen sparen

Die für die elektrischen Verbraucher im Auto nötigen Leitungen bekommt man in Auto-Elektrowerkstätten. (Natürlich haben auch normale Autowerkstätten elektrische Leitungen für die nötigen Reparaturen, doch hat man dort selten mehr als drei verschiedenfarbige Leitungen und meist nur in ein oder zwei Querschnitten auf Lager. In ausgesprochenen Auto-Elektrowerkstätten hat man die Leitungen dagegen in allen gebräuchlichen Kabelfarben und Querschnitten vorrätig.)
Wenn man eine Leitung an seinem Wagen ersetzen muß, braucht man sich nicht unbedingt an die dort vorhandene Kabelfarbe zu halten, doch hat das natürlich seine Vorteile bei einer späteren Reparatur in der Werkstatt, weil der Monteur weniger suchen muß. Beim zusätzlichen Einbau eines Verbrauchers haben die verschiedenfarbigen Leitungen den Vorteil, daß man sofort weiß, welche Kabelfarbe von einer Schalterklemme am Instrumentenbrett zu welcher Klemme des Verbrauchers geführt werden muß.
Wie gesagt, werden die Leitungen in verschiedenen Querschnitten geliefert, denn eine Leitung zu einer Parkleuchte braucht weniger Strom durchzulassen als eine Leitung zu zwei Fernscheinwerfern, kann also dünner sein.
Um einen unzulässigen Spannungsabfall und eine unzulässige Erwärmung zu vermeiden, sind für die einzelnen Leitungen bestimmte Normquerschnitte vorgeschrieben. Der Spannungsabfall darf in den Leitungen für 6-Volt-Anlagen 0,4 Volt betragen, in den Leitungen von 12-Volt-Anlagen 0,8 Volt. Lediglich die Lichtmaschinen- und die Anlasserleitungen machen eine Ausnahme; die Lichtmaschinenleitung darf bei 6 Volt nur einen Spannungsabfall von 0,15 Volt haben, bei 12 Volt von 0,3, die Anlasserleitung bei 6 Volt einen Spannungsabfall von 0,25 Volt, bei 12 Volt einen solchen von 0,5 Volt.

Mindest-Leiterquerschnitte

Kabelquerschnitt	Stromverbraucher
0,5 mm^2	für gering belastete Leitungen, z. B. von Kennzeichen-, Schluß- und Kontrolleuchten, Kraftstoff-Vorratsanzeiger;
0,75 mm^2	für mäßig belastete Leitungen, z. B. von Brems-Schlußleuchten, Scheibenwischer, Zündanlagen;
1 mm^2	z. B. für Fahrtrichtungsanzeiger;
1,5 mm^2	für Scheinwerfer-Einzelleitungen ab Sicherung und Horn bis 6 Ampere;
2,5 mm^2	für Scheinwerfer-Sammelleitungen bis zur Sicherung und Horn über 6 Ampere;
4–10 mm^2	für Ladeleitungen (je nach Nennleistung der Lichtmaschine);
16–50 mm^2	für Anlasserleitung (je nach Anlasserleistung).

Alle weniger belasteten Leitungen führt man in 1,5 mm^2 Querschnitt aus, Leitungen zu größeren Stromverbrauchern, wie Fanfaren und Zusatzscheinwerfer in 2,5 mm^2 Querschnitt.
Wenn man solche Leitungen kauft, sagt man einfach: „Soundsoviel Meter 1,5- oder 2,5-Quadrat-Leitung“.
Damit Sie nachmessen können, ob Sie bekamen, was Sie verlangten:
Bei der 1,5 mm^2-Leitung beträgt der Durchmesser der Kupferseele etwa 1,7 mm, der Außendurchmesser der Isolierung etwa 2,7 bis 3 mm. Bei der 2,5-mm^2-

Sollen mehrere Einzelleitungen zusammengefaßt werden, so zieht man sie durch einen Isolierschlauch (in Autoelektrowerkstätten unter dem Namen Bougierrohr allerdings kaum noch erhältlich).
Einfacher geht es mit sogenanntem Wickelband. Das Band ist schraubenförmig gewickelt und läßt sich leicht um die zusammengefaßten Leitungen herumrollen.

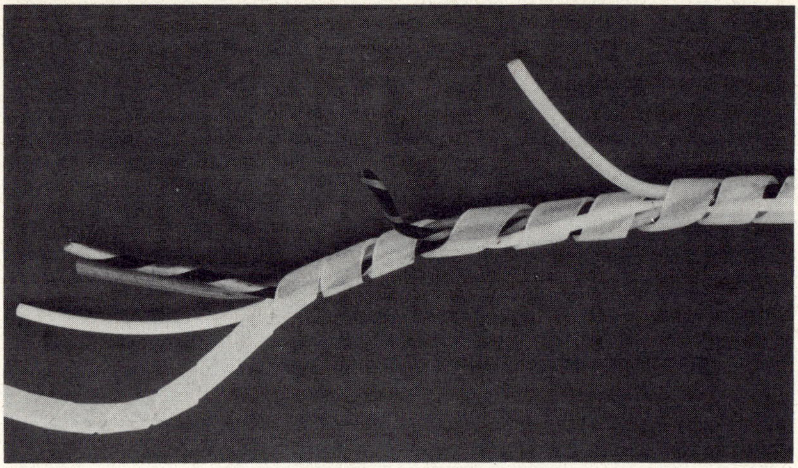

Leitung hat die Kupferseele etwa 2,2 mm Durchmesser, die Isolierung 3,3 bis 3,7 mm.
Hin und wieder kommt es vielleicht auch einmal vor, daß Sie eine serienmäßige elektrische Leitung ersetzen müssen. Nehmen Sie in diesem Fall stets den nächstgrößeren Querschnitt!

Der Isolierschlauch

Werden mehrere Leitungen gemeinsam verlegt, so faßt man sie meist in einem Isolierschlauch (auch Bougierrohr genannt) zusammen. Auch diesen Isolierschlauch erhält man in verschiedenen Durchmessern in Autoelektro-Werkstätten. Um mehrere Leitungen gemeinsam einzuziehen, zieht man zuerst eine Leitung, deren eines Ende abisoliert wird, in den Schlauch. Die Leitungen, die zusammen im Isolierschlauch liegen sollen, werden ebenfalls am einen Ende abisoliert und mit dem abisolierten Ende der Einzelleitung zusammen verdrillt. Anschließend wird die Einzelleitung durch den Schlauch gezogen und der Strang nachgeschoben.

Die Klemmenpflege

Klemmenpflege bedeutet nicht, daß man Leitungsverbinder, Stecker oder sonstige Anschlüsse regelmäßig waschen oder abschmieren muß.
Wenn Leitungsanschlüsse aber ungeschützt vor Straßennässe sind, so kann sich an einer solchen Steckverbindung eine Oxydschicht bilden, die jeden Stromdurchgang verhindert. Solche Steckverbindungen „versiegelt" man einfach durch Aufsprühen von „Metallkonservierer", Sprühwachs oder am besten mit Motorschutzlack, z. B. „Plast-Glanz" von Teroson.

Absperrschieber für den Strom

Soll ein Wasserstrom in einem Flußbett oder in einer Leitung angehalten, umgeleitet oder freigegeben werden, so betätigt man ein Schleusentor, ein Absperr- oder Umschaltventil bzw. einen Wasserhahn.
Etwas anderes sind die Schalter in den elektrischen Leitungen eigentlich auch nicht. In einem Punkt unterscheiden sie sich jedoch wesentlich von den „Wasserschaltern" – sie müssen den elektrischen Strom schlagartig abdrosseln oder umschalten.

Schnelle Schalterkontakte

Werden die Kontakte eines elektrischen Schalters nur langsam getrennt, so bewirkt der hinter dem Strom stehende Druck (die Spannung), daß der Strom noch weiter fließen will und dabei ein Funke – ein Lichtbogen – entsteht. Beim langsamen Auseinandergehen der Schalterkontakte wird dieser Lichtbogen in die Länge gezogen und hält so lange an, bis die Entfernung zwischen den Schalterkontakten so groß wird, daß die Spannung nicht mehr zur Erhaltung des Lichtbogens ausreicht.

Schalter im Instrumentenbrett

Mit Schaltern im Instrumentenbrett ist man schicksalhaft geschlagen. Man kann den Autokauf schlecht davon abhängig machen, daß einem die Schalteranordnung entspricht.
Ganz abgesehen von „echten" Fehlkonstruktionen, liegen die Schalter für viele Menschen auch dann falsch, wenn ihre Anordnung wohldurchdacht ist, nämlich für die echten Linkshänder. Jemand der ausgeprägt linkshändig ist, kann durch einen Wischerschalter im Instrumentenbrett, der für einen Rechts-

Links: Eine Kippschalterwalze in etwa achtfacher linearer Vergrößerung. (Natürliche Größe etwa 1,5 mm). Wie die Narben (Pfeile) zeigen, ergibt sich nur noch ein schlechter Kontakt zwischen der Schaltwalze und den Kontaktblechen. Folge: Erheblicher Spannungsabfall.

Rechts: Überlastete Kontakte in einem Lenkstockschalter. Durch den Anschluß nicht zulässiger Verbraucher wurden die Kontakte so heiß, daß Leitungsisolierungen (Pfeil) und Kontaktträger schmolzen. An einen solchen Schalter nie zusätzliche Verbraucher hängen.

Ist der Einbau eines Lenkstockschalters nicht möglich, so lassen sich u. U. federnde Langhebelschalter verwenden (links), mit denen man ein Schrittrelais (Mitte) steuern kann. Hiermit kann man z. B. den Ersatz eines ausgefallenen teuren Original-Lenkstockschalters umgehen. (Siehe auch Relais-Kapitel.)

Die Lenkstockschalter

Heutige Wagen sind ohne Lenksäulen- oder Lenkstockschalter nicht mehr vorstellbar. Lenkstockschalter gibt's in den unterschiedlichsten Ausführungen. Angefangen vom einfachen Abblendschalter mit nur zwei Schaltstellungen, bis hin zum Kombinationsschalter der Mercedes-Modelle, mit den Schaltstellungen Abblendlicht, Fernlicht, Lichthupe, Blinker rechts, Blinker links, Scheibenwischer ein-aus, I. Geschwindigkeit, II. Geschwindigkeit, Intervall. Ein Lenkstockschalter mit vielen Schaltstellungen trägt zwar wesentlich zur Bedienungserleichterung und Fahrsicherheit bei, hat aber einen Nachteil: Fällt auch nur eine Funktion aus, so muß gleich der gesamte Schalter ausgewechselt werden, denn eine Instandsetzung ist höchstens in Heimarbeit möglich, in einer Werkstatt würden die Reparaturkosten astronomische Höhen erreichen. Die Aufteilung auf zwei Schalter (links und rechts von der Lenksäule) macht die Sache vielfach preisgünstiger.

Bequeme Steckverbinder

Defekte Lenkstockschalter kann man in manchen Fällen selbst austauschen. Obwohl solch ein Schalter zehn oder noch mehr Leitungsanschlüsse haben kann, ist ein Strippensalat nicht zu befürchten. Die Leitungen münden üblicherweise in mehrpoligen Steckern oder Steckdosen, die mit den karosserieseitigen Steckdosen bzw. Steckern gekuppelt werden. Sie lassen sich nur in einer Stellung miteinander verbinden, können also nicht vertauscht werden. Einzelsteckverbindungen sind selten geworden. Sitzen die Leitungen mit Steckern am Schalter, notiert man sich, wo welche Kabelfarbe liegt.

Augen auf beim Ausbau

Beim Ausbau eines Lenkstockschalters löst man zuerst die Minusklemme der Batterie, anschließend muß die Verkleidung weg. Lassen Sie sich Zeit dabei! Wenn sich die Hälften nicht ganz leicht trennen, kontrollieren Sie lieber noch einmal, gut versteckt liegt sicher noch eine Schraube.
Lenkstockschalter sind entweder seitlich an den Lenkstock angeschraubt (dann hat man Glück, nach Lösen von zwei Schrauben lassen sie sich meist abnehmen), oder die Schalterhalterung ist auf den Lenkstock aufgeschoben.

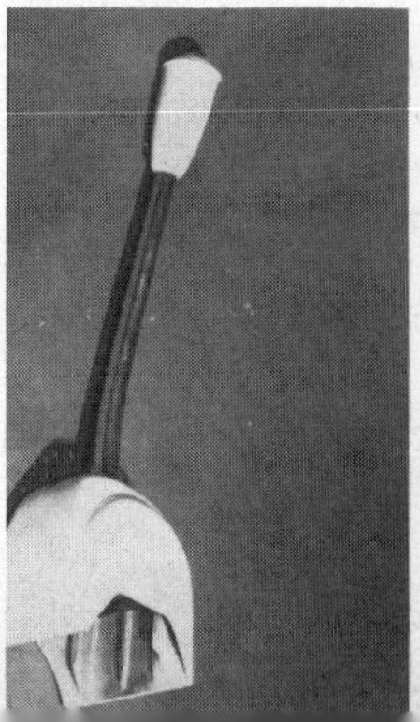

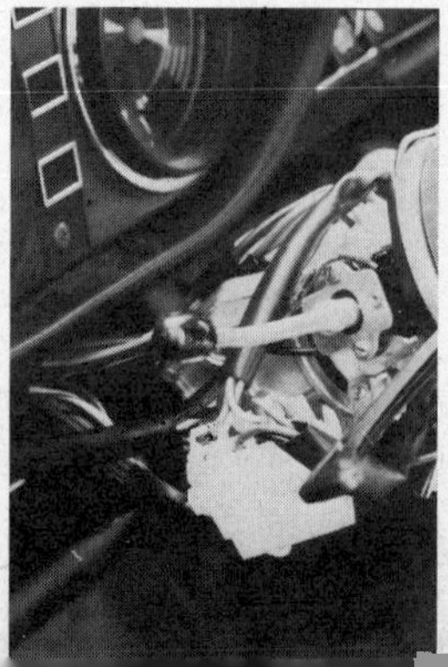

Links: SWF-Lenkstockschalter LS 200 277 zum nachträglichen Anbau mit zwei rückfedernden Schaltstellungen, z. B. zur Betätigung einer Wisch-Wasch-Anlage und einer Lichthupe.
Mitte und rechts: Beim nachträglichen Einbau unter die Lenkstockverkleidung muß man seine Phantasie spielen lassen, dafür gibt es keine allgemeingültigen Einbauhinweise.

In diesem Fall muß das Lenkrad zum Ausbau der Schalterhalterung abgenommen werden. Leider lassen sich viele Lenkräder nur mit einem Abzieher abbauen. Um an die Befestigungsmutter des Lenkrades zu gelangen, muß zuerst einmal der Horndruckknopf, der Druckring oder die Lenkradplatte abgenommen werden. Auch deren Befestigung birgt manche Überraschung. Hat man die Mutter des Lenkrades gelöst, kann man versuchen, durch vorsichtige Schläge mit dem Gummihammer auf die Hinterseite der Lenkradspeichen, das Lenkrad abzuhebeln. Vorsicht! Wenn sich nichts tut, muß man in den sauren Apfel beißen und in der Werkstatt um eine Abziehvorrichtung bitten. Vor dem Abziehen des Lenkrades muß man die Stellung der Nabe auf der Lenksäule markieren. Das Lenkrad muß nach dem Wiederaufsetzen genau so sitzen wie vor der Demontage, sonst arbeitet die Blinkerrückstellung nicht mehr gleichmäßig. Beim Rücklauf in die Geradeausstellung springt der Blinkerhebel aus der einen Kurvenrichtung schneller zurück als aus der anderen.
Manche Lenksäulen- bzw. Lenkradkerbverzahnungen haben allerdings einen Paßzahn, dann läßt sich das Lenkrad nur in einer Stellung aufsetzen.

Hilfsschalter verwenden?

Wie schon gesagt, reparieren kann man einen Lenkstockschalter nur recht schwer. Fällt bei einem teuren Lenkstockschalter (die gibt's bis zu mehr als 100 Mark) nur eine Funktion aus, so kann man diese evtl. an einen anderen Schalter legen. Es gibt Zusatz-Lenkstockschalter mit Federkontaktstellungen und Armaturenbrettschalter mit langen Schalthebeln, die sich mit den Fingerspitzen betätigen lassen.
Direkt kann man mit solchen Tippschaltern, deren Hebel in die Nullstellung zurückfedert, eigentlich nur das Horn, die Fanfare oder die Lichthupe betätigen. Gibt der Tipphebel einen Massekontakt, so läßt sich die Stromrichtung durch ein Relais mit Arbeitskontakt „umkehren"; das Relais gibt jetzt beim Betätigen des Tipphebels einen Pluskontakt.
Schaltet man über den Tipphebel ein Schrittrelais, so hat man „feste Schaltstellungen". Das Schrittrelais läßt sich dann als Abblendschalter einsetzen, wie es ohnehin bei vielen Fahrzeugen serienmäßig gemacht wird.

Sonstige Schalter an der Karosserie

Neben einigen kleineren Kippschaltern an den Innenleuchten findet man hier noch die sogenannten Türkontaktschalter, die das Aufleuchten der Innenleuchten beim Öffnen der Türen, der Motor- oder Gepäckraumhaube bewirken. Hier handelt es sich um einfache federnde Druckknopfschalter, die die Masseverbindung einer Leuchte herstellen. Meist wird die Leitung an Masse gelegt, wenn der Druckstift oder Druckknopf beim Öffnen der Tür herausfedert.
Versagt ein solcher Schalter, so ist es meistens nur eine einfache Störung. Vielfach ist nur die Kontaktfläche am Schaltergehäuse oxydiert bzw. das hier zur Anlage kommende Kontaktblech des federnden Stiftes. Häufig genügt es schon, wenn man nur den Stift mit den Fingern etwas hin- und herdreht, um die Oxydschicht zu zerstören und den Schalter wieder in Ordnung zu bringen. Da derartige Schalter üblicherweise nur mit ein oder zwei Schräubchen befestigt sind, bereitet auch der Ausbau keine Schwierigkeiten. Manchmal ist der Schalter auch nur federnd festgeklemmt, so daß man ihn mit einer feinen Schraubenzieherklinge heraushebeln kann.
Will man eine fehlende Motor- oder Kofferraumbeleuchtung montieren, benötigt man einen Druckschalter. Da müssen Sie etwas Passendes suchen. DAF/Volvo hat an Kombis mit Heckklappe einen Quecksilberschalter, der die Kontaktgabe durch die Schwenkbewegung gibt. Er läßt sich leicht montieren und benötigt keine Einstellung. Vielleicht können Sie den gebrauchen?

Schalter an Motor und Fahrgestell

Bei fast allen modernen Wagen ist der Öldruckmesser weggefallen und durch eine Öldruckkontrolleuchte ersetzt worden. Diese Öldruckkontrolleuchte, die bei nicht vorhandenem oder zu stark abgesunkenem Motoröldruck aufleuchtet, wird durch den Öldruckschalter gesteuert.

Öldruckschalter

Im Prinzip ähnelt ein solcher Schalter weitgehend einem Türkontaktschalter. Solange der Schalter drucklos ist, wird ein Kontakt an Masse gelegt und die Öldruckkontrolle, die gleichzeitig mit der Zündung ihre Pluszuführung erhält, leuchtet auf. Wird der Schalter gedrückt, wird die Masseverbindung aufgehoben und die Öldruckkontrolle erlischt. Der Druck wird hier aber nicht mechanisch (z. B. durch den Türrahmen) ausgeübt, sondern hydraulisch durch das Motoröl. Angenommen, die Öldruckkontrollampe leuchtet beim Einschalten der Zündung nicht mehr auf und man hat festgestellt, daß es wirklich am Schalter liegt.

Der Ersatz des Schalters ist recht einfach. Anschlußleitung lösen, alten Schalter heraus- und neuen hineinschrauben, anziehen und Leitung wieder befestigen. Sie müssen nur eins beachten: Die Öldruckschalter sind auf die unterschiedlichen Öldrücke der verschiedenen Motoren eingestellt und Sie dürfen keinen Schalter für einen anderen Motor verwenden. Dabei denke ich nicht daran, daß Sie vielleicht einen solchen Schalter auf dem Autofriedhof aus einem anderen Motor ausbauen, sondern an den Kauf eines neuen Schalters in der Vertretung für Ihren Wagen. Da die Schalter äußerlich weitgehend gleich sind, kommt es schon einmal vor, daß man einen Schalter für ein anderes Modell erhält.

(Kommt besonders leicht vor, wenn das Lager vertretungsweise durch einen Lehrbuben oder eine Stenotypistin verwaltet wird.)

Schauen Sie sich den herausgeschraubten Öldruckschalter Ihres Wagens genau an, hier finden Sie auf der Seite mit dem Gewindestutzen den Schaltdruck angegeben – z. B. 0,6 atü.

Hydraulische Bremslichtschalter

Der hydraulische Bremslichtschalter ist üblicherweise am Bremszylinder für die Fußbremse eingeschraubt. Sobald der Druck im Fußbremszylinder mehr oder weniger angestiegen ist, werden zwei Kontakte im Schalter miteinander verbunden und den Bremsleuchten wird Strom zugeführt. Hat sich bei nicht brennenden Bremsleuchten herausgestellt, daß der Schalter nicht in Ordnung ist, so muß er natürlich ebenfalls ersetzt werden. Leider geht das nicht so einfach wie der Ersatz eines Öldruckschalters, denn beim Herausschrauben des Bremslichtschalters fließt Bremsflüssigkeit aus, so daß die Bremsanlage nach dem Einbau eines neuen Schalters entlüftet werden muß.

Mechanische Bremslichtschalter

Anstelle des hydraulischen Bremslichtschalters kann man aber auch einen mechanischen Bremslichtschalter einbauen, wie er an Motorrädern verwendet wird oder bei manchen Fahrzeugen zum Einschalten der Kontrolleuchte für den gezogenen Starter bzw. die angezogene Handbremse dient.

Natürlich macht der Einbau eines solchen Schalters ebenfalls einige Schwierigkeiten, aber in Heimarbeit läßt er sich meist leichter einbauen als ein hydraulischer Schalter mit der zugehörigen Bremsentlüftung. Ein solcher mechanischer Schalter hat überdies den Vorteil, daß man ihn so justieren kann, daß die Bremsleuchten auch dann aufleuchten, wenn man das Fußbremspedal nur soeben berührt; man kann den Hintermann also schnell aufmerksam machen.

Die beiden elektrischen Leitungen zum hydraulischen Bremslichtschalter

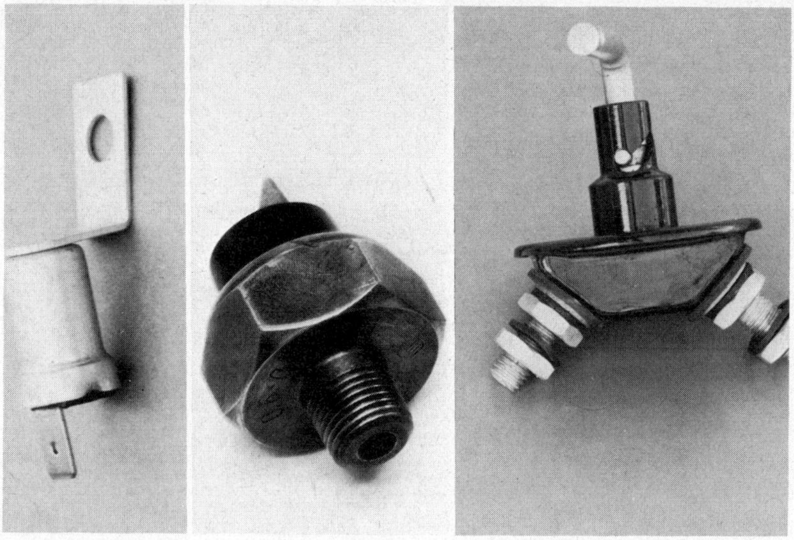

Links: Quecksilberschalter können die Kontaktgabe an Front- oder Heckklappen übernehmen. Beim Anheben der Klappen schalten sie den Stromkreis zur Lampe; bei DAF/Volvo-Vertretungen erhältlich.
Mitte: Beim Ersatz von Öldruckschaltern ist ein Ölverlust nicht möglich. Der Austausch defekter Hydraulik-Bremslichtschalter ist nicht so einfach, die Bremsanlage muß anschließend entlüftet werden.
Rechts: Ein Batteriehauptschalter ist recht praktisch. Er wird in die Masseleitung eingebaut und erspart bei Arbeiten an der Elektrik das lästige Abklemmen der Batterie. Erhältlich u. a. bei Hella.

werden einfach an die beiden Anschlußklemmen des mechanischen Schalters angeschlossen. An welche Klemme welche der beiden Leitungen kommt, ist sowohl beim hydraulischen wie beim mechanischen Schalter gleichgültig.
Mechanische Bremslichtschalter werden vielfach auch serienmäßig verwendet, aber diese Ausführungen sind zum nachträglichen Einbau meist nicht gut geeignet und die Justierung macht mehr Arbeit.

Batteriehauptschalter

Bei Arbeiten an der Elektrik ist es angenehm, wenn man nicht jedesmal die Batterie-Minusklemme lösen muß, sondern nur einen sogenannten Batteriehauptschalter schalten muß, der die Masseverbindung der Batterie aufhebt.
Man kann den Batteriehauptschalter zwar innerhalb des Fahrgastraums – zum Beispiel versteckt unter dem Instrumentenbrett – anbringen und hat so, wenn die Parkleuchten nicht benötigt werden, einen bedingten zusätzlichen

Beim Einbau eines Batteriehauptschalters verwendet man am besten ein passend gebogenes Blech. Hauptschalter in Batterienähe einbauen, dann benötigt man nur kurze Leitungen starken Querschnitts.

Bei Drehstromlichtmaschinen muß dem Batteriehauptschalter (BHS) ein Arbeitsstromrelais (AR) parallel geschaltet werden. Die Verbindung Drehstromgenerator – Batterie darf bei laufendem Motor nicht unterbrochen werden. Schaltet man bei laufendem Motor den Batteriehauptschalter aus, so hält das Relais die Masseverbindung bis zum Stillstand des Motors bzw. des Generators aufrecht.

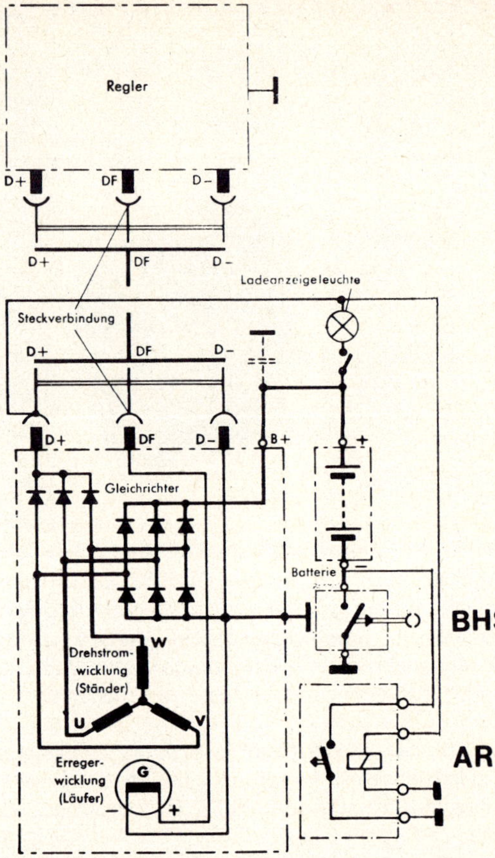

Diebstahlschutz. Ein solcher Einbau ist aber zu aufwendig. Die Batteriehauptkabel führen ja auch den Anlasserstrom, folglich müssen die Leitungen zum Batteriehauptschalter einen ziemlich starken Querschnitt erhalten.

Welcher Leitungsquerschnitt?

Er muß mindestens so stark sein wie der des ursprünglich verwendeten Kabels.

Bei solchen Querschnitten ist es mit einer Quetschzange nicht mehr getan, die Kabelschuhe müssen verlötet werden. Diese Arbeit kann man kaum selbst ausführen, denn ein Bastlerlötkolben schafft die erforderliche Hitze nicht. Am besten kauft man sich zwei neue Batterie-Massebänder, das eine mit angelöteter Batterieklemme für den Minuspol der Batterie. Das gelochte Ende des Massebands wird an die eine Klemme des Batteriehauptschalters gelegt. Von der anderen Klemme des Batteriehauptschalters wird das zweite Masseband (mit zwei gelochten Enden) an die Befestigungsschraube des ursprünglichen Massebands gelegt.

Klappt das nicht (Masseband oder -kabel sind z. B. angelötet), muß man eine wirklich einwandfreie Verbindung zu einem starken Karosserieteil herstellen. Blech blankkratzen, M 8-Schraube mit Mutter verwenden. Blechschrauben sind schlecht geeignet, denn eine nicht einwandfreie Masseverbindung bringt großen Anlaßärger!

Massebänder mit Batterieklemme kosten rund 3,50 DM, Massebänder ohne

Klemme kosten je nach Länge 1,50 bis 2,– DM, ein Batteriehauptschalter (z. B. von Bosch oder Hella) etwa 12,– DM. Leider muß man zur Befestigung des Schalters fast immer einen passenden Blechbügel biegen, denn die mir bekannten Batteriehauptschalter sind nur für Einbau geeignet, nicht für einfachen Aufbau. Nicht zu dünnes Blech verwenden, damit der Batteriehauptschalter nicht schwingen kann.

Zusatzrelais bei Drehstrom

Bei Gleichstromlichtmaschinen darf der Schalter die Batterie jederzeit vom Bordnetz trennen, er kann also auch bei laufendem Motor ausgeschaltet werden. Hat der Wagen eine Drehstromlichtmaschine, so ist die Sache etwas aufwendiger. Bei laufender Drehstromlichtmaschine dürfen die Leitungen zwischen Regler, Lichtmaschine und Batterie nicht getrennt werden.
Damit die Masseleitung zwischen Drehstromlichtmaschine und Batterie bei laufendem Motor durch das Öffnen des Batteriehauptschalters nicht vollkommen getrennt wird, legt man dem Batteriehauptschalter ein Arbeitsstromrelais parallel, das von der Klemme D+ der Drehstromlichtmaschine gesteuert wird. Geeignete Relais: siehe im Relaiskapitel.
Solange die Lichtmaschine noch dreht, liegt an der Klemme D+ die volle Spannung, die zur Steuerspule des Relais geführt wird. Die Relaiskontakte schließen dadurch die Hilfsleitung, die dem Batteriehauptschalter parallel liegt und eine zusätzliche Masseverbindung bewirkt. Nach Ausschalten des Motors fällt die Lichtmaschinendrehzahl. Die absinkende Spannung kann das Relais nicht mehr halten, und seine Kontakte öffnen sich. Wird der Hauptschalter vor dem Stillsetzen des Motors geöffnet, so liegt die Lichtmaschine immer noch über die Relaiskontakte an Masse und ist dadurch geschützt.

Fernsteuerung

„Meyers Konversations-Lexikon“ von 1908 sagt hierzu u. a.: „Relais, Ort, wo frische Pferde zur Benutzung bereitstehen.
In der Technik ist Relais Vorrichtung zur Auslösung (Wirksammachung) einer an einem entfernten Ort befindlichen Kraftquelle, damit diese Bewegungen erzeuge, die mit der am Abgangsort verfügbaren Kraft nicht unmittelbar hervorgerufen werden können.“
Da die vierbeinigen PS damals noch eine größere Rolle spielten als die PS auf Rädern, wurden sie selbstverständlich zuerst genannt.
Die Formulierung für ein technisches Relais ist natürlich etwas verschroben, aber auch heute noch stellt sich der Laie unter einem Relais etwas furchtbar kompliziertes vor.
Ganz einfach ausgedrückt ist ein Relais nichts weiter als ein Fernschalter. Hiermit ist schon gesagt, um welche Einrichtungen es hier geht, um fernbetätigte Schalter.
Unter dem Sammelnamen „Relais“ finden sich nämlich auch noch andere Einrichtungen, z. B. Blinkgeber, doch diese interessieren hier nicht.
Der Strom, den die elektrischen Verbraucher zu ihrer Funktion benötigen, muß über Leitungen von Batterie bzw. Lichtmaschine zu diesen Verbrauchern geführt werden. Wenn der Strom mit seiner vollen Spannung – dem vollen Druck – zu den Verbrauchern gelangen soll, so müssen diese Leitungen – wie schon gesagt – einen entsprechend großen Querschnitt haben.
Statt lange Leitungen mit großem Querschnitt von der Batterie zu einem Schalter im Wageninnenraum und von dort zu einem entfernt angebrachten Verbraucher zu führen, kann man auch in Nähe des Verbrauchers einen kräftigen Fernschalter anbringen, der dann durch einen geringen Steuerstrom ein- und ausgeschaltet wird.

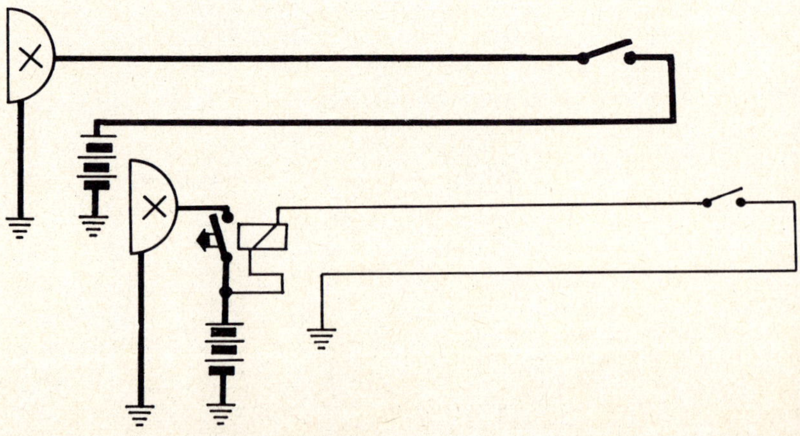

Oben: Wenn ein Stromverbraucher hoher Stromaufnahme durch einen weit entfernt liegenden Schalter ein- und ausgeschaltet werden soll, so benötigt man kräftige Leitungen. Darunter: Verwendet man zum eigentlichen Ein- und Aussschalten des Stromverbrauchers ein Relais, so muß der vom Verbraucher weit entfernte Schalter nur noch den geringen Steuerstrom bewältigen. Schalter und Steuerleitungen können entsprechend schwach bemessen werden.

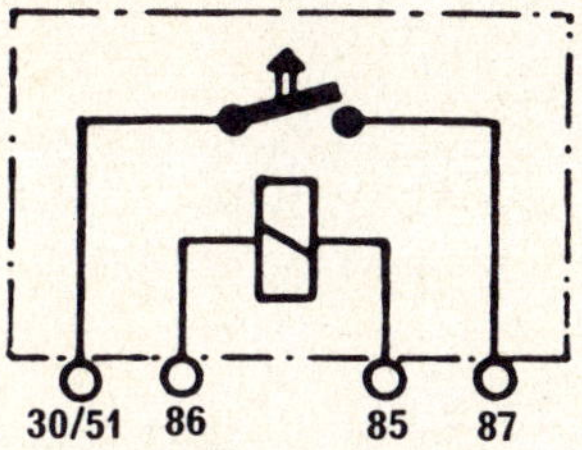

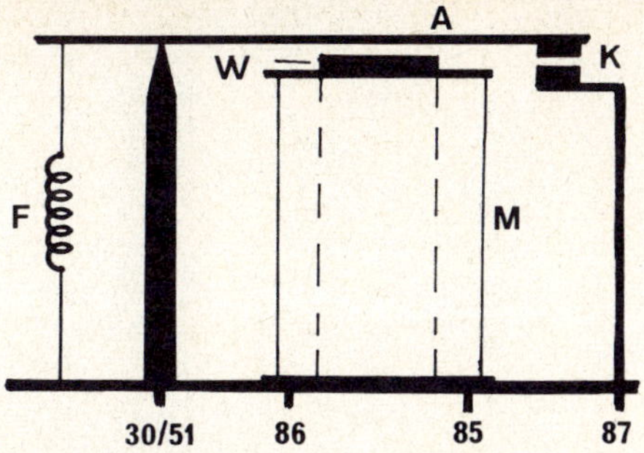

Links: Schaltbild eines Arbeitsstromrelais. Rechts: Schematischer Aufbau eines Arbeitsstromrelais. Die Buchstaben entsprechen der Bedeutung im Foto des Arbeitsstromrelais.

Die Wirkungsweise der Relais

Wie schon im ersten Kapitel unter „Stromwirkungen" gezeigt, läßt sich ein Weicheisenkern dadurch zum Magneten machen, daß man eine stromdurchflossene Wicklung um ihn herumlegt. Der so entstandene Elektromagnet kann Eisen anziehen.

Auch beim Relais – dem elektrischen Fernschalter – wird diese elektromagnetische Wirkung ausgenutzt.

Vergleicht man die Gegenüberstellung von Schaltbild, Schemazeichnung und Foto eines Relais, so kommt man schneller hinter die Zusammenhänge.

Im Schaltbild des Relais stellt das Rechteck mit dem schrägen Querstrich den Weicheisenkern mit der Magnetwicklung dar, wobei die Magnetwicklung zu den Klemmen 85 und 86 geführt ist.

In der Schemazeichnung ist der Weicheisenkern mit W bezeichnet, die Magnetwicklung mit M.

Im Foto zeigt ein Pfeil auf den Weicheisenkern W.

Im Schaltbild ist über dem Weicheisenkern dick ausgezogen der sogenannte (ebenfalls aus Weicheisen bestehende) Anker dargestellt. Dieser hat die Aufgabe des beweglichen Schalterkontaktes.

In der Schemazeichnung und im Foto ist der Anker mit A bezeichnet.

Bei allen besseren Relais sitzt am Anker ein versilberter oder gar ein Silberkontakt. (K in der Schemazeichnung und im Foto.)

Im Schaltbild ist der zweite Kontakt als schwarzer Punkt ausgeführt, in der Schemazeichnung und im Foto wird er wieder mit K bezeichnet.

Auch hier handelt es sich um einen versilberten oder Silberkontakt, auf den sich der Kontakt des Ankers legt, wenn der Weicheisenkern magnetisch wird und der Anker anzieht.

Im Schaltbild zeigt der Pfeil am Anker an, daß der Anker in der Pfeilrichtung

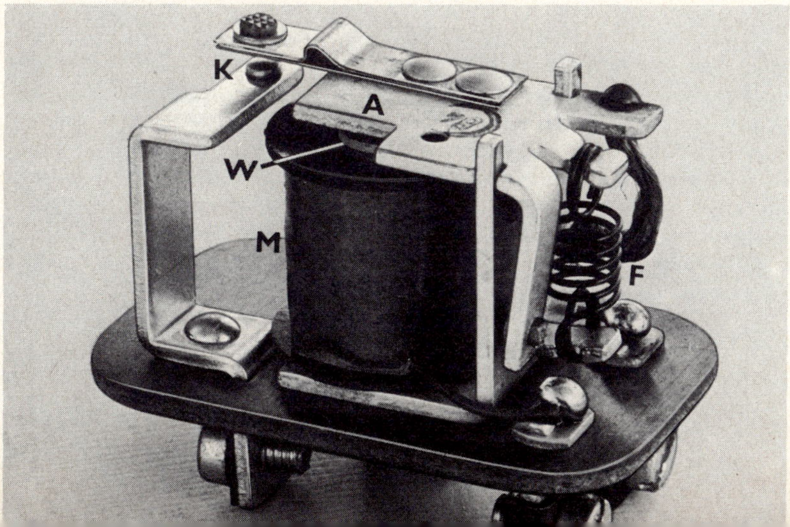

Innenansicht eines Arbeitsstromrelais. Wird die Magnetwicklung M vom Steuerstrom durchflossen, so wird der Weicheisenkern W magnetisch und zieht den Anker A an. Jetzt legen sich die Kontakte K aufeinander und geben den Stromfluß zum Verbraucher frei. Wenn die Magnetwicklung M stromlos wird, zieht die Feder F den Anker A wieder ab und die Kontakte trennen sich.

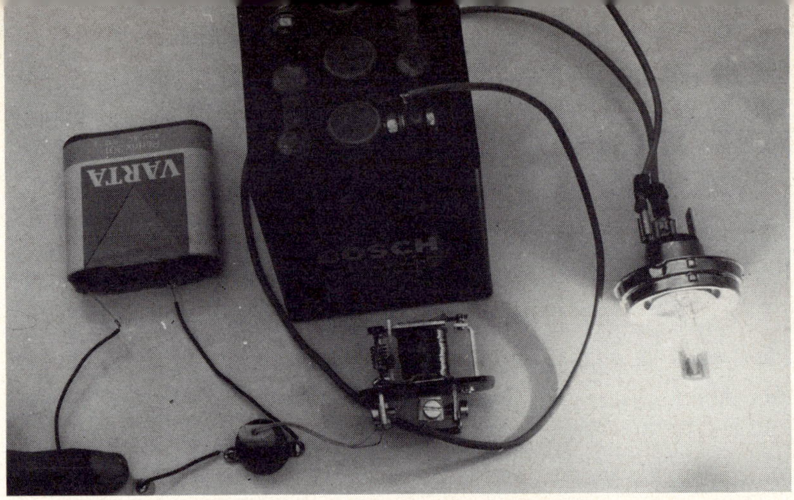

Relais verhindern bei korrekter Leitungsauswahl und ordnungsgemäßen Klemmenverbindungen einen Spannungsabfall im Leitungszug zum angeschlossenen Stromverbraucher. Die Magnetwicklung arbeitet auch noch bei stark abgesunkener Spannung einwandfrei. Wie hier gezeigt, arbeitet die Wicklung eines 6 Volt-Relais sogar noch mit nur 4,5 Volt einer Taschenlampenbatterie. Die Magnetwicklung hat den Anker angezogen, die Schalterkontakte haben den Strom zur Scheinwerferlampe eingeschaltet, sie brennt mit voller Spannung von 6 Volt.

unter Federwirkung steht. Durch die Feder werden die Kontakte offen gehalten, so lange der Weicheisenkern nicht magnetisch ist.
In der Schemazeichnung und im Foto wird diese Feder, die den Anker vom Weicheisenkern abzieht, mit F bezeichnet.
Sobald ein Strom durch die Wicklung des Weicheisenkerns fließt, wird dieser magnetisch, zieht den Schalteranker an, die Kontakte schließen sich und ein Strom kann über die im Schaltbild und in der Schemazeichnung dargestellten äußeren Anschlußklemmen 30/51 und 87 fließen.
Die Magnet- oder Erregerwicklung hat eine sehr geringe Stromaufnahme (bei 12 Volt-Anlagen etwa 0,2 Ampere, also so viel wie eine kleine Kontrollampe im Armaturenbrett) und demnach genügen zur Stromzuführung vom Schalter zur Steuerwicklung des Relais sehr dünne Leitungen. Auch der Schalter selbst kommt mit sehr schwachen Kontakten aus. Ein Relais arbeitet noch, wenn die Spannung an der Erregerwicklung weit unter der Netzspannung des Wagens liegt, 4,5 V bei 6 V-Anlagen, 9 V bei 12 V-Anlagen!

Das Arbeitsstromrelais

Ein solches ist das eben beschriebene Relais. Solange der Weicheisenkern unmagnetisch ist, sind die Schalterkontakte offen und es fließt kein Strom in der Leitung zwischen den äußeren Klemmen. Wenn das Relais „arbeitet", also wenn der Eisenkern magnetisch wird und den Anker anzieht, so werden die Kontakte geschlossen. Diese Relais-Art bezeichnet man auch als „Schließer". Ein solches Arbeitsstromrelais benötigt man u. a. beim Anbau von Zusatzscheinwerfern, Fanfaren und allen Verbrauchern mit großer Stromaufnahme.

Welches Arbeitstromrelais braucht man?

Wenn man ein Arbeitsstromrelais zur Schaltung eines Stromverbrauchers benötigt, so ist es nicht gleichgültig, welches Relais verwendet wird. Vor allem muß es für die Betriebsspannung des Wagens ausgelegt sein, also auf 6 bzw. 12 Volt. Danach ist zu beachten, daß sich nicht jedes Arbeitsstromrelais beliebig hoch und beliebig lang belasten läßt. „Schließer" von Hella und Bosch sind z. B. in der 6- und in der 12-Volt-Ausführung auf 30 Ampere, also 180 bzw. 360 Watt, ausgelegt. Das reicht natürlich für einen Satz Nebel- oder Fernscheinwerfer (je 110 Watt bei Halogenlicht), aber nicht für mehrere Dauerverbraucher auf einmal.

Das Ruhestromrelais

Hat man die Arbeitsweise eines Arbeitsstromrelais begriffen, so ist auch die Funktion des Ruhestromrelais klar.
Der Anker des Relais ist wieder so aufgehängt, daß er durch eine Feder vom

Die Relais-Hersteller machen es heute dem Autoelektriker und dem Heimwerker leicht, denn in aller Regel ist das jeweilige Schaltbild auf das Relaisgehäuse aufgedruckt und Sie können als Kenner von Schaltbildern ohne weiteres lesen, für welchen Zweck das jeweilige Relais gedacht ist und verwendet werden kann. Hier sitzt eine ganze Relais-Sammlung auf einer sogenannten Zentral-Elektrik, die Relais können Sie aber ebenso gut einzeln mit angeklemmten Kabeln verwenden.

Magnetkern abgehoben wird. In dieser Lage legt sich aber der Kontakt am Anker gegen den sogenannten Ruhestromkontakt, der an einem Bügel sitzt, und über den Ankerkontakt greift:
Wenn der Stromkreis des Magnetkerns eingeschaltet wird, so wird der Anker angezogen und die Kontakte des Hauptstromkreises trennen sich, wodurch der Stromkreis des Verbrauchers unterbrochen und der Verbraucher ausgeschaltet wird.
Mit einem Ruhestromrelais läßt sich z. B. eine heizbare Heckscheibe während des Anlassens ausschalten. Dazu wird die Anlasserklemme 50 mit der Klemme 86 des Relais verbunden. Die Heckscheibe erhält ihre Stromzuführung über die Klemmen 30 und 87a des Relais.

Das Umschaltrelais

Das Relais mit Umschaltkontakt – also einem Arbeitskontakt, der bei stromdurchflossener Erregerwicklung geschaltet wird, und einem Ruhekontakt, der bei stromloser Erregerwicklung geschlossen ist, findet man hauptsächlich bei Schaltungstricks. BMW hob damit z. B. die Wischermotorbremsung bei der Wascherbetätigung auf. Es sei nur erwähnt, damit Sie gegebenenfalls bei einer Bauanleitung darüber Bescheid wissen.

Schrittschaltrelais

Sie lassen sich auch als Umschaltrelais ansehen. Der Anker des Relais trägt aber keine Kontakte, schaltet also nicht direkt zwischen zwei Schaltstellungen um. Vom Anker wird eine Kontaktwippe betätigt, die sich in jeder Schaltstellung fest gegen einen Gegenkontakt legt.

Bei Doppelrelais sind zwei Arbeitsstromrelais in einem Gehäuse untergebracht. Solche Relais findet man als Abblendrelais (je ein System für Fern- und Abblendlicht). Relais werden vielfach mit angebauten Sicherungen geliefert, so daß man zur Absicherung des angeschlossenen Verbrauchers keine fliegende Sicherung montieren muß. Auf der Relaisoberseite sitzende Sicherungen sind besser zugängig, auf der Relaisunterseite sitzende Sicherungen vergammeln leicht, wodurch sich unerwünschte Spannungsabfälle ergeben.

Links: Schaltbild eines Ruhestromrelais. Wenn die Magnetwicklung vom Strom durchflossen wird, trennen sich die Kontakte und der Stromfluß zum Verbraucher wird unterbrochen.
Rechts: Schaltbild eines Umschaltrelais. Im stromlosen Zustand der Magnetwicklung liegen die sogenannten Ruhestromkontakte aufeinander, wird die Magnetwicklung vom Strom durchflossen, so sind die Arbeitsstromkontakte miteinander verbunden.

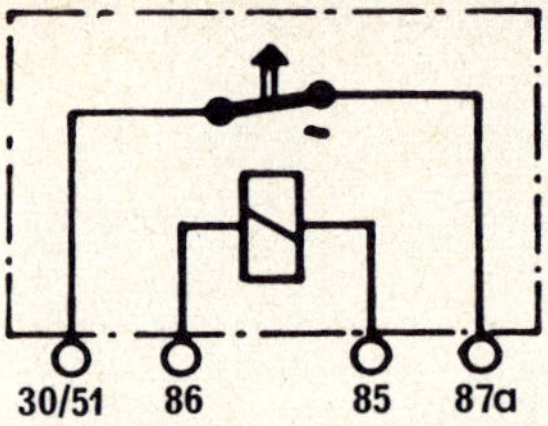

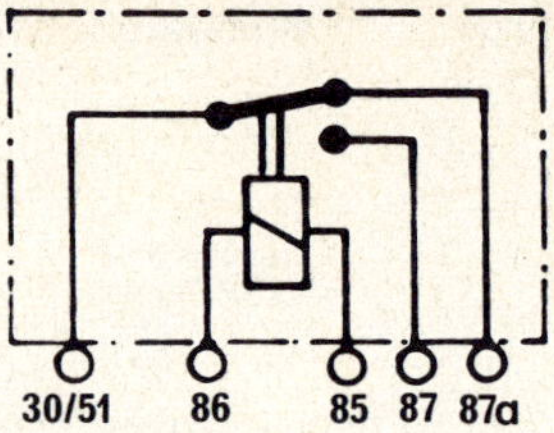

Die Erregerspule des Relais erhält zum Umschalten durch eine Taste kurzzeitig einen Stromstoß, wobei der Anker anzieht und die Wippe schaltet. In der Zwischenzeit ist die Relaisspule stromlos. Diese Relaisart wird vorwiegend als Abblendrelais eingesetzt. Für Bastelzwecke läßt sie sich als „Fernumschalter" zweckentfremden. Es gibt sie u. a. von Bosch, Hella, Striebel und SWF.

Leitungsanschlüsse an Relais

Das Relais mit Arbeitskontakt trägt an den Anschlußklemmen die Klemmenbezeichnungen 30/51, 87, 86 und 85. An den Klemmen 85 und 86 des Relais ist die Magnetwicklung angeschlossen. An einer dieser Klemmen erfolgt die Pluszuführung, über die andere Klemme ist die Erregerwicklung an Masse gelegt. Welche dieser Klemmen an Plus und welche an Masse gelegt wird, ist letzten Endes gleichgültig, doch die Normvorschriften sehen die Klemme 85 als die abführende Klemme vor. (Es gibt jedoch auch in der Autoindustrie Schaltplanzeichner, die wahlweise eine dieser Klemmen an Masse legen.)
Die Klemme 30/51 erhält ihre Pluszuführung möglichst direkt von der Batterie. Von der Klemme 87 bzw. 87 a wird dann die weiterführende Leitung an den entsprechenden Verbraucher gelegt. Der Leitungsquerschnitt zu den Klemmen 30/51 und 87 soll bei Hörnern und Scheinwerfern für 12 Volt mindestens 1,5 mm^2 Querschnitt haben, für noch stärkere Verbraucher, wie z. B. Anlasser-Magnetschalter, sind mindestens 2,5 mm^2, besser 4 mm^2 erforderlich.
Beim Verkabeln eines Relais wird die Klemme 85 mit Masse verbunden, an die Klemme 86 legt man die Leitung, die die Pluszuführung zu dem Stromverbraucher übernahm, der nunmehr über das Relais gesteuert werden soll. An die Klemme 30/51 kommt, wie gesagt, die direkte Pluszuführung und die Leitung von Klemme 87 führt an den Stromverbraucher, dessen ehemalige Leitung jetzt an Klemme 86 liegt.
Bei Hörnern und Fanfaren, die über einen Massekontakt – den Horndruckknopf – gesteuert werden, gibt man der einen Klemme des Horns oder der Fanfare eine direkte Masseverbindung. Der anderen wird über das Relais „Plus" zugeführt.

Relais mit nur drei Anschlüssen

Zu italienischen Mehrklang-Fanfaren werden vielfach Relais geliefert, die nur drei Anschlußklemmen aufweisen. Hier ist ein Anschluß der Magnetwick-

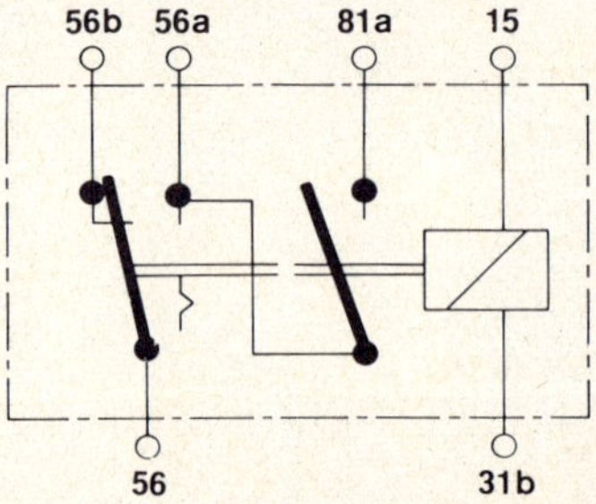

Schaltbild eines Schrittschalt-Abblendrelais. Klemme 56 a zum Anschluß des Fernlichts, Klemme 56 b zum Anschluß des Abblendlichts. Klemme 81 a führt ebenfalls zum Fernlicht, es ist der Lichthupenkontakt.

lung innerhalb des Relais mit einem Ankerkontakt verbunden. Die Verbindung 30/51 und 86 ist also innerhalb des Relais vorgenommen.
Die Kennzeichnung dieser Relais ist unterschiedlich. Im Zweifelsfall muß man das Relais (sofern möglich) öffnen, um sich den inneren Aufbau zu betrachten; nach dem schon erklärten Aufbau der Relais kommt man leicht hinter die innere Schaltung.
Bei den italienischen Relais finden sich nachstehende Klemmenbezeichnungen, die der deutschen Bezeichnung wie folgt entsprechen:

deutsche Bezeichnung	**italienische Bezeichnung**
30/51	Batt. oder + oder B
85	Massa oder S oder Pul oder –
87	Trombe oder Tr. oder H oder Fari

Funktionsprobe nach Gehör

Wenn Geräte, die ihre Stromzuführung über Relais erhalten, ausfallen, so kann die Störung natürlich auch am Relais zu suchen sein.
Ob die Steuerstrom-Zuführung zur Magnetwicklung bzw. diese selbst in Ordnung ist, kann man hören. Bei jeder Betätigung des Schalters oder des Druckknopfes, der den Steuerimpuls zum Relais gibt, muß das Relais laut und vernehmlich knacken. Diese Art der Kontrolle läßt sich ohne weiteres aber nur bei Relais mit einem Triebsystem (einfache Arbeitstrom-, Ruhestrom- und Umschaltrelais) vornehmen. Bei Abblendrelais mit zwei Triebsystemen kann man nicht feststellen, ob ein System ausgefallen ist, wenn das andere noch arbeitet und dabei natürlich knackt. Hier müssen die Anschlüsse für die beiden Steuerleitungen nacheinander gelöst werden.

Ärger mit der Relaisbezeichnung

Zu einem Artikel, der sich mit der Wirkungsweise der Relais befaßte, erhielt ich einmal von einem Leser einen Brief, daß die von mir verwendeten Relaisbezeichnungen falsch seien! Es gäbe keine Arbeitsstrom-, Ruhestrom- oder Umschaltrelais. Normgerecht seien die Bezeichnungen „Spannungsrelais" und „Stromrelais", wobei diese wiederum in „Schließer", „Öffner" und „Wechsler" unterschieden würden.
Nun, von seinem grünen Tisch aus hat der Mann recht, aber: Solange die Ausdrücke „Arbeitsstromrelais" (für Schließer), „Ruhestromrelais" (für Öffner) und „Umschaltrelais" (für Wechsler) in den Autoelektro-Werkstätten gebräuchlich sind und auch in vielen Druckschriften der Industrie immer noch von diesen Relaisbezeichnungen die Rede ist, kann ich nicht davon abgehen, wenn ich das Durcheinander nicht vergrößern will. Dieses Buch ist ja kein Lehrbuch für Elektroexperten, sondern eine „Selbsthilfe".

Belegschaftsvergrößerung

Elektrisches Zubehör kann außerhalb oder innerhalb des Wagens erwünscht sein. Die Installation zusätzlicher Scheinwerfer und Außenleuchten findet sich im Beleuchtungskapitel, Scheibenwascher, Intervallschalter und Fensterheber im Kapitel „Freie Sicht".

Elektrische Innenausstattung

Was da vielleicht fehlt und nachträglich eingebaut werden soll: Suchscheinwerfer, heizbare Heckscheibenfolie, Steckdose/Zigarettenanzünder, Zusatzventilatoren (beschlagene Scheiben), Leselampe.
Beim Anschluß der „Innenverbraucher" darf man aber nicht jede Plusklemme oder -leitung anzapfen.

Einwandfreie Masseverbindung!

Soll das montierte Gerät mit voller Leistung arbeiten, dann darf auch in der Masseleitung kein Widerstand liegen. Fast alle Stellen der Blechkarosserie führen eine einwandfreie Masse. Schraubt man aber den Kabelschuh einer Masseleitung mit einer Blechschraube an, so kann sich unter Feuchtigkeitseinwirkung eine Roststelle bilden. Über kurz oder lang ergibt sich dann ein Übergangswiderstand, der die Geräteleistung herabsetzt. Sparen Sie nicht an der Masseleitung, machen Sie sie lieber etwas länger und schließen Sie sie an einer Karosseriestelle an, die der Nässe nicht ausgesetzt ist.

Der Plusanschluß

Man darf nicht in jedem Fall einfach eine Leitung an Plus legen und über einen Schalter an den Verbraucher führen. Scheinwerfer und Außenleuchten des Wagens müssen nach den Schaltvorschriften der Straßenverkehrs-Zulassungs-Ordnung angeschlossen sein, das gilt auch für einen Suchscheinwerfer an der Windschutzscheibe.
Für anderes Zubehör im Wagen gibt's keine gesetzliche Schaltvorschrift, doch der Plusanschluß muß jedenfalls an einer Leitung erfolgen, die den Strombedarf des zusätzlichen Verbrauchers ohne Spannungsabfall verträgt.

Die Suche nach einer Leitung, an die sich ein zusätzlicher Verbraucher anschließen läßt, nimmt man mit der „Anpickspitze" einer Prüflampe vor. Bei der Suche die Schaltvorschriften für Außenbeleuchtungen und die Querschnitte der anzuzapfenden Leitungen beachten.

Heckscheibenheizung, Zigarettenanzünder

Ein aufklebbare Heckscheibenheizung mit ausreichender Heizwirkung nimmt etwa 100 Watt auf (soviel wie zwei Scheinwerferlampen) und die darf man nicht an eine leicht zugängliche Leitung, z. B. der Innenleuchten, anschließen. Das gilt auch für eine Steckdose, an die stärkere Verbraucher angeschlossen werden sollen.
Die Heckscheibenheizung oder ein Zigarettenanzünder in der Steckdose (der ebenfalls an 100 Watt benötigt), kommen dann nicht auf volle Leistung.

Zusatzventilatoren

Sie nehmen etwa 10–15 Watt auf, der Strombedarf ist also unerheblich und der Anschluß an jeder Leitung mit Dauerplus zulässig.

Zusätzliche Innenleuchten

Der Plusanschluß einer Handschuhfachleuchte, einer Kartenleselampe oder einer anderen Kleinleuchte ist gleichfalls problemlos.
Die Plusleitung für zusätzliche Innenleuchten greift man – wenn der Weg an eine Sicherung umständlich ist – zweckmäßig an einer Leitung innerhalb der Lenksäulenverkleidung ab, die Dauerplus führt. Dort lassen sich auch Autoradio und Tonband anschließen, sofern kein serienmäßiger Abgriff dafür vorhanden ist.

Die Plusanzapfung

Ein Plusanschluß für Geräte mit geringem Stromverbrauch findet sich – wie gesagt – mit Sicherheit innerhalb der Lenksäulenverkleidung oder unterhalb des Armaturenbretts. Zu Beginn der Suche alle Stromverbraucher ausschalten, damit man eine Leitung mit Dauerplus findet. An die Anschlußklemme solcher Leitungen kommt man selten heran. Da hilft die Prüflampe mit Nadelspitze, mit der man die Leitungsisolierung anpicken und die „Spannungsführung“ feststellen kann.
Das Anschließen der Zusatzleitung ist am einfachsten mit den Hella-Abzweigverbindern.
Bleibt die „dicke“ Leitung für Heckscheibenheizung und Zigarettenanzünder-Steckdose. Hierfür nimmt man den Abgriff an der Leitung zu Klemme 30 des Zündanlaßschlosses vor.
Findet man eine Leitungsdurchführung zwischen Motor- (Batterie) und Fahrgastraum, durch die sich ein zusätzliches 2,5 mm²-Kabel zwängen läßt, ist die Sache einfacher, Zusatzleitung mit Kabelschuh an Pluspol der Batterie legen.
Um einen gewissen „Anschlußvorrat“ zu haben, führt man die Plusleitung an eine zusätzlich eingebaute Sicherungsdose. Alle Sicherungsklemmen der einen Seite werden gemeinsam an Plus gelegt, an den Klemmen der anderen Seite lassen sich dann beliebige Verbraucher anschließen.

Bei einigen neueren Wagen findet sich heute eine sogenannte Zentralelektrik mit einem kombinierten Relais- und Sicherungsträger. Hier sind die Leitungen für zusätzliche Verbraucher oft schon in den Kabelbäumen serienmäßig verlegt und die Verbraucher (z. B. Nebelscheinwerfer) brauchen nur noch montiert, angeschlossen und durchgeschaltet zu werden. Die Anschlüsse für die erforderlichen Relais sind schon an den Relaisträger geführt, die Relais brauchen nur noch eingesteckt zu werden (Werkstatt fragen). Gelegentlich muß vorher – wie hier – eine Blindbrücke (links) herausgezogen werden, die bei fehlendem Relais den Strom auf anderem Schaltweg weiter leiten muß. Rechts ist anstelle der (links) herausgezogenen Blindbrücke ein Wisch-Wasch-Relais eingesetzt. Ohne weitere Verkabelung ist die nachträglich eingebaute Wisch-Wasch-Anlage betriebsfähig.

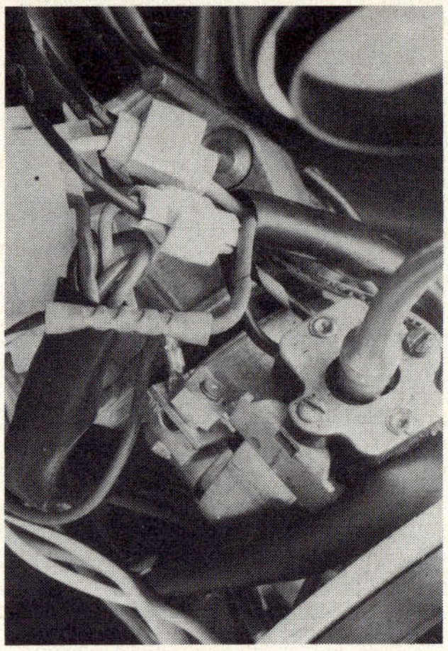 

Links: Für den Abgriff zusätzlicher Leitungen an einer „Stromführung" sind die Hella-Abzweigverbinder gut geeignet.
Rechts: Den Plusanschluß für die Klemme 30/51 eines zusätzlichen Relais im Motorraum, holt man zweckmäßig direkt von Batterie-Plus, wenn die Batterie im Motorraum eingebaut ist oder andernfalls am Anlasser Klemme 30 (Anschluß des Batteriekabels).

Suchscheinwerfer

Suchscheinwerfer dürfen nur in Verbindung mit dem Schlußlicht und der Beleuchtung des hinteren Kennzeichens einschaltbar sein. Da man einen Suchscheinwerfer ja nur kurzzeitig benötigt und dabei durchweg das „Fahrtlicht" eingeschaltet ist, sollte man ihn zweckmäßig an die Leitung zum Abblendlicht anschließen. (Für andere Verkehrsteilnehmer ist es mehr als ärgerlich, wenn ein Wagen mit aufgeblendeten Scheinwerfern auf der Straße steht und der Suchscheinwerfer auf eine Wegweisertafel gerichtet ist.)
Klemmen Sie die Leitung zum Schalter des Suchscheinwerfers mit einem Abzweigverbinder an die Leitung zum Abblendfaden eines Scheinwerfers an. Bei eingeschaltetem Abblendlicht mit Prüflampe suchen. Das macht die wenigste Mühe.

Zentralelektrik

Auf Relais, die den kräftigen Verbraucherstrom schalten und die am Lenkstock oder im Instrumentenbrett sitzenden Schalter entlasten und Spannungsabfälle vermeiden, kann man heute oft nicht mehr verzichten. Einige trickreiche Schaltungen kommen nicht ohne Relais aus. Verzögerungsrelais für die Scheibenwaschautomatik, Intervallschalter und Blinkerrelais lassen sich nicht durch mechanische Schalter ersetzen. Die gut zugängige Anordnung einer Vielzahl von Bauteilen ist bei der Zentralelektrik erreicht, den Tafeln, auf denen Relais und Sicherungen ideal zusammengefaßt sind, wie z. B. bei den Audi und neuen VW-Modellen.
Da sich die Preise der meisten Autos auf die Grundausstattung beziehen, sind fast immer elektrische Sonderwünsche offen. Werden Nebelscheinwerfer, Fernscheinwerfer, Nebelschlußleuchte, Waschautomatik u. a. nachträglich montiert und verkabelt, so fallen erhebliche Arbeitszeiten an. Sind die hierfür erforderlichen Leitungen serienmäßig in den Kabelsträngen der „Grundausstattungsmodelle" verlegt und rüstet man die Tafel der Zentralelektrik für das nachträgliche Einstecken der erforderlichen Relais aus, so läßt sich das im Grundpreis gerade noch unterbringen. Der elektrische Anschluß der „Sonderwünsche" erfordert dann keinen großen zusätzlichen Arbeitsaufwand. Sie können leicht selbst montieren und Relais einstecken. Erkundigen Sie sich, was es da gibt.

Pfadfinder

Dem normalen Autofahrer erscheint wohl nichts an seinem Wagen so unheimlich, wie das Gewirr der elektrischen Leitungen. Sie laufen in scheinbar unberechenbaren, planlosen Bahnen. Eine Störung in der elektrischen Anlage, die man oft einem sagenhaften, nicht existenten Parasit, dem „Kupferwurm", zuschreibt – vergällt manch einem die ganze Freude am Auto. Solange man einen Fehler schnell erkennen kann – sei es nun eine durchgebrannte Glühlampe oder ein aus der Zündspule herausgezogenes Kabel – kommt man mit der Elektrik noch ganz gut zurecht. Ausgesprochen unangenehm wird es erst dann, wenn der Fehler irgendwo im Leitungsnetz zu liegen scheint und hier steht man beim ersten Mal so davor, wie der bekannte Ochse vor der Apotheke.

Wegweiser für den Stromverlauf

Gerade die vielfältigen Leitungen, Klemmen, Sicherungen und Schalter machen die elektrische Anlage auf den ersten Blick erschreckend unübersichtlich, doch gibt es hierfür einige Wegweiser, ohne die selbst ein ausgefuchster Autoelektriker auf stundenlanges Suchen angewiesen wäre:

- Die unterschiedlichen Farben der elektrischen Leitungen;
- die bei allen deutschen Wagen einheitlichen Klemmenbezeichnungen für die verschiedenen Anschlüsse;
- den Schaltplan.

Mit diesen Hilfen kann sich auch ein elektrisch nicht vorbelasteter Autofahrer verhältnismäßig gut zurechtfinden.

Schaltpläne

Das „Entziffern" der Schaltpläne in den Betriebsanleitungen ist jedoch unterschiedlich schwierig. Seit mehreren Jahren gibt es neue Normen für Schaltzeichen und Schaltpläne, durch die das Schaltplanzeichnen und -lesen rationalisiert werden soll.

Die früher üblichen Schaltpläne, in denen die Darstellungen nicht ganz so abstrakt waren, ließen sich oft leichter begreifen. Da die elektrische Ausrüstung unserer Autos laufend anwächst, werden auch die Schaltpläne immer größer und vielfach leider auch unübersichtlicher.

Gibt es für Ihren Wagen ein Buch aus der Reihe „Jetzt helfe ich mir selbst"? Dort finden Sie den zu Ihrem Wagen gehörigen Schaltplan in allgemeinverständlicher Darstellung. In den Schaltplänen sind die elektrischen Einrichtungen als Symbole wiedergegeben, die durch Linien – die elektrischen Leitungen – miteinander verbunden sind.

Schaltzeichen und Schaltbilder

Symbole für einfache Elemente, z. B. einen Schalter, eine Glühlampe oder eine Wicklung, bezeichnet man als Schaltzeichen.

Sind mehrere Schaltzeichen zusammengefaßt und durch eine strichpunktierte Linie eingerahmt, so spricht man von einem Schaltbild. Ein solches ist z. B.

in der Schaltzeichenzusammenstellung unter Y gezeigt. Es handelt sich um die Zusammenfassung einer Zweifadenlampe und einer Einfadenlampe. Aus den Klemmenbezeichnungen erkennt man, daß es sich um einen Scheinwerfer für Fern-, Abblend- und Standlicht handelt. (Klemme 56a = Fernlicht, Klemme 56b = Abblendlicht, Klemme 58 = Standlicht.)

Die wichtigsten Schaltzeichen

Diese Schaltzeichenzusammenstellung, von der wir eben sprachen, finden Sie nicht auf diesen Seiten – das wäre zu unübersichtlich geworden. Deshalb eine kleine Regieanweisung: Schlagen Sie jetzt die hintere Buchklappe auf. Da finden Sie auf dem rechten Klappenteil innen alle nachstehend ausführlich beschriebenen „Geheimzeichen".

A = Gerader Strich, bedeutet „Gleichstrom".

B = Wellenlinie, bedeutet „Wechselstrom".

C = Wellenlinie mit einer „3" davor, bedeutet „Dreiphasen-Wechselstrom" („Drehstrom").

D = Dreieck, bedeutet „Drehstrom-Dreieckschaltung" (eine Schaltungsart der Drehstromgeneratoren).

E = Stern, bedeutet, „Drehstrom-Sternschaltung" (eine Schaltungsart der Drehstromgeneratoren).

F = Erdung, dieses Zeichen findet man noch häufig als Fahrzeugmasse, es ist nicht normgerecht.

G = Fahrzeugmasse.

H = Steckverbindung, links der Steckerstift, rechts die Steckhülse oder Steckdose.

I = Mehrpolige Steckverbindung, die dünnen schwarzen Linien bedeuten, daß die Stecker isoliert miteinander verbunden sind.

K = Einfacher Schalter, sogenannter Schließer. Wird er geschlossen, so bleibt der Schaltarm in dieser Stellung. Er muß von Hand wieder ausgeschaltet werden, was durch den „Zacken", das Rastzeichen, angegeben wird.

L = Einfacher Tastschalter, ebenfalls ein Schließer. Als solcher Schalter ist z. B. der Hupenknopf anzusehen. Er öffnet sich selbsttätig und unterbricht den Stromkreis.

M = Sogenannter „Öffner", der Schalter für die Öldruckanzeige schließt sich automatisch unter Federdruck und die Öldruckanzeige leuchtet auf. Durch Öldruck wird der Schalter geöffnet, die Öldruckanzeige erlischt.

N = Sogenannter Schließer, der Schalter für die Leerlaufanzeige wird mechanisch geschlossen, öffnet sich selbsttätig wieder unter Federdruck.

O = Schließer für Bremsleuchten, sogenannter Bremslichtschalter. Er wird gleichfalls unter Druck geschlossen, öffnet sich unter Federdruck.

P = Sogenannter Wechsler, Umschalter mit Unterbrechung.

Q = Wechsler (Umschalter) ohne Unterbrechung. Während des Umschaltens erhalten kurzzeitig beide Klemmen Strom. Diese Ausführung findet man als Abblendschalter, so daß Fern- und Abblendlicht kurzzeitig gemeinsam brennen. (Schalterausführungen gibt's wie Sand am Meer, so daß wir unmöglich auch nur einen Teil wiedergeben können. Sofern man überhaupt über die Funktion Bescheid wissen muß, kann man diese mit etwas Phantasie aus der Darstellung im Schaltplan entnehmen. Üblicherweise braucht man aber nur die Klemmenbezeichnung zu kennen.)

R = Schaltbild eines Relais (elektrisch betätigter Schließer). Wird die Wicklung des Triebsystems vom Strom durchflossen, so wird der Schalteranker angezogen und schließt einen Kontakt und damit den Stromkreis.

S = Sicherungen.

T = Gleichrichter-Diode, der Strom kann nur in einer Richtung fließen. Hier im Bild von links nach rechts. In früheren Darstellungen war das Dreieck schwarz ausgelegt.

U = Wicklungen allgemein. Wicklungen in diesem Sinn sind z. B. die Feldspulen der Lichtmaschine oder des Anlassers. Auch hier gibt es viele unterschiedliche Ausführungen, die wir nicht alle wiedergeben können. (Ist ein Rechteck nur schwarz umrandet, statt schwarz ausgefüllt, so handelt es sich um einen Ohm'schen Widerstand).

V = Funkenstrecke, z. B. Zündkerze oder Luftspalt zwischen umlaufenden Verteilerfinger und feststehender Verteilerelektrode.

W = Glühlampe mit einem Leuchtkörper.

X = Scheinwerfer mit einer Glühlampe, z. B. Nebelscheinwerfer.

Y = Scheinwerfer mit einer Zweifadenlampe für Fern- und Abblendlicht und einer Standlichtlampe.

Z = Horn.

a = Nebenschlußgenerator (z. B. Lichtmaschine). Das „G" gibt an, daß es sich um einen Generator handelt, also einen Stromerzeuger, der darunterliegende Strich bedeutet „Gleichstrom". (Die kleinen schwarzen Rechtecke direkt am Kreis geben nur die Kohlebürsten an).

b = Reihenschlußmotor (z. B. Anlasser). Das „M" gibt an, daß es sich um einen Motor handelt, der darunterliegende Strich bedeutet – wie schon bei „A" gesagt – „Gleichstrom".

c = Gleichstrommotor mit Dauermagnet-Erregung (der schwarz-weiße Balken unterhalb des Gleichstromzeichens).

d = Batterie. Je ein kurzer dicker und ein langer dünner Strich bedeuten eine Zelle, also 2 Volt. Drei solcher Zellen würden eine 6-Volt-Batterie kennzeichnen. Für eine 12-Volt-Batterie wären sechs Zellen erforderlich. Der Einfachheit halber zeichnet man nur zwei Zellen, die man durch Punkte miteinander verbindet und gibt die Spannung gesondert an.

e = Wechselstromgenerator mit Dauermagneterregung. Die Wellenlinie unterhalb des „G" ist das Wechselstromzeichen.

f = Schaltkurzzeichen für Magnetzünder.

g = Unterbrecher und Kondensator, der Kreis, der über die gestrichelte Linie am Unterbrecher angreift, stellt den Unterbrechernocken dar.

h = Teilschaltplan für einen Magnetzünder. Das schwach ausgezogene Rechteck ist der Zündanker.

Besondere Schaltersymbole

Bei sogenannten Schließern – also Schaltern, die einen Stromkreis schließen – wird der Schaltarm durch einen einfachen abgewinkelten Strich angedeutet. Das gleiche Zeichen wird verwendet, wenn sich der Schalter selbsttätig wieder unter Federwirkung öffnet (Horndruckknopf, Bremslichtschalter). Früher wurde das selbsttätige Öffnen durch eine Pfeilspitze angezeigt, die in Richtung der Öffnungskraft wies. Heute dagegen hat der einrastende Schalter im Schaltplan eine Art Wurzelzeichen am Schaltarm – das Symbol für die Rastung. Diese Schalter müssen immer mit der Hand geöffnet oder geschlossen werden. Es wirkt keine Federkraft ein wie z. B. beim Horndruckknopf, auch keine hydraulische Kraft wie beim Öldruckschalter.

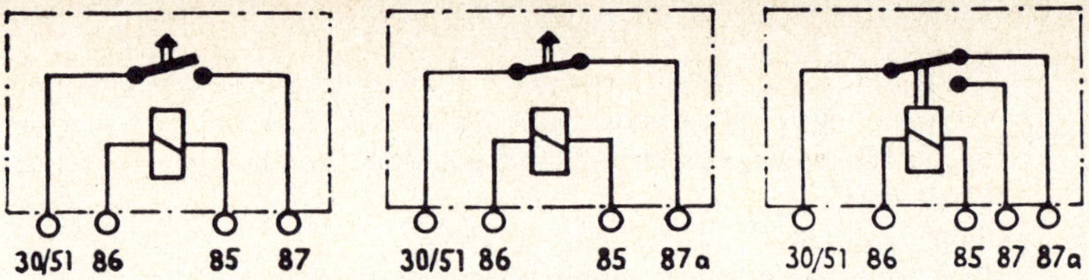

Die frühere Relais-Darstellung ist leicht verständlich, wie auf Seite 42 oben im Bildtext für die hier gezeigten „Schließer“ oder Arbeitsstrom-Relais (links), „Öffner“ oder Ruhestrom-Relais (Mitte) und Umschaltrelais (rechts) beschrieben.

Bei sogenannten Öffnern, also Schaltern, die normalerweise geschlossen sind und bei der Betätigung einen Stromkreis unterbrechen, wie z. B. Öldruckschalter, liegt der Schaltarm auf einem abgewinkelten Strichende.

Erleichterung durch Numerierung

Im Schaltplan sind die einzelnen Aggregate numeriert, und eine Tabelle faßt die Positionen zusammen, so daß sich das gesuchte Teil schnell finden läßt.

Ältere und neuere Darstellungen

Schalter

Gegenüber der Schalterdarstellung in früheren Schaltplänen finden sich heute stark vereinfachte Symbole. Der bewegliche Schalter hat nur noch die gleiche Strichstärke wie die Leitungen, die sich in der Strichstärke ebenfalls nicht mehr voneinander unterscheiden. Der Schaltarm legt sich nicht mehr gegen einen als Punkt dargestellten Kontakt, sondern nur noch gegen ein Strichende.

Relaisdarstellungen

Besonders verwirrend ist die neue Darstellung bei Relais und die Kennzeichnung ihrer Klemmen. Bisher galt: Klemme 30/51 kommt an Plus.
Von Klemme 87 wird die Versorgungsleitung zum Verbraucher gelegt.
Die Klemmen 85 und 86 sind das Triebsystem (die Magnetwicklung), sie kommen wahlweise an Plus bzw. Minus.
Das soll anders werden. Was bislang als Klemme 30/51 bzw. nur 30 bezeichnet wurde, erhält die Klemmenbezeichnung 88, das ist die Pluszuführung. Die bisherige Klemme 87 erhält beim Schließer in Zukunft die Klemmenbezeichnung 88a. Das Triebsystem behält die Klemmenbezeichnung 85 und 86.

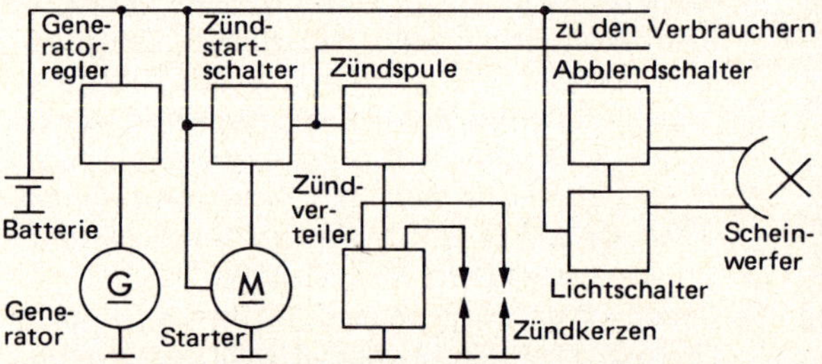

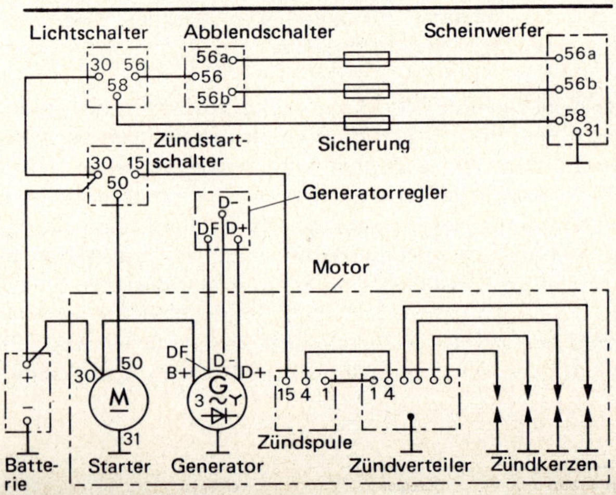

Mit einem sogenannten Übersichtsplan (oben) läßt sich bei einer Fehlersuche und bei der Bastelei nichts anfangen. Er veranschaulicht lediglich, welche Teile der Auto-Elektrik miteinander in Verbindung stehen und sich gegenseitig „elektrisch beeinflussen“ können. Ein Anschlußplan (unten) hilft da schon weiter, denn auf ihm sind immerhin die Klemmenbezeichnungen angegeben. Er zeigt die zwischen den einzelnen Aggregaten gezogenen Leitungen und ihre Anschlüsse an diesen zumeist lagerichtig, aber natürlich nicht maßstabgerecht. Wie es aber innerhalb der einzelnen Aggregate elektrisch zugeht, das zeigt er nicht.

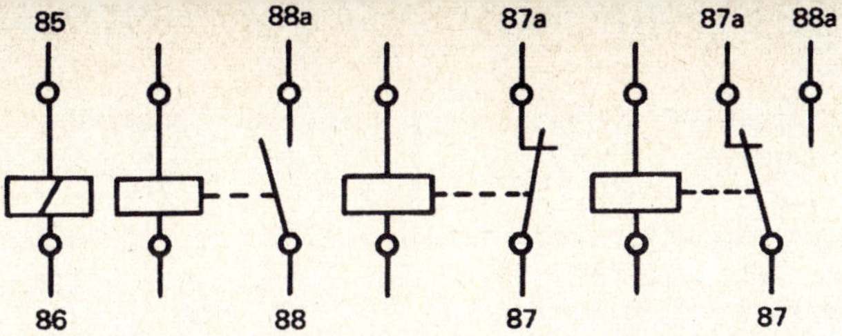

Die heutige Normdarstellung der Relais ist nicht mehr so anschaulich, die meisten Schaltplanzeichner halten sich aber noch an die besser verständlichen Darstellungen, wie auf der linken Seite oben gezeigt. Die Anschlüsse der Steuerspule tragen, wie bisher die Klemmenbezeichnungen 85 und 86 (ganz links). Daneben folgend Schließer, Öffner und Umschaltrelais. Die neuen Klemmenbezeichnungen finden Sie im Text auf Seite 54.

Beim Öffner und beim Wechsler ist es wieder anders, auch hier behält das Triebsystem die Klemmenbezeichnung 85 und 86. Klemme 30/51 bzw. 30 erhält nunmehr die Klemmenbezeichnung 87. Der beim Öffner und beim Wechsler bislang mit 87a bezeichnete Öffnerkontakt wird weiterhin so bezeichnet. Der Schließerkontakt des Wechslers, der bislang die Klemmenbezeichnung 87 hatte, bekommt stattdessen die Bezeichnung 88a. Relais mit diesen genormten Klemmenbezeichnungen sind vereinzelt schon seit 1969 im Handel. Allgemein haben die Relais aber immer noch die alten Klemmenbezeichnungen.

Auch die Darstellung der Relais als Schaltzeichen hat sich leider zur schlechten Lesbarkeit hin geändert. Einige Gegenüberstellungen der Bilder erleichtern Ihnen den Vergleich.

Die Verbindungsstrippen

Vergleicht man einen Schaltplan mit einer Landkarte, so entsprechen die Schaltzeichen etwa den Symbolen für Städte, Dörfer, Burgen, Flugplätze usw., doch möchte man natürlich auch wissen, wie die einzelnen Punkte miteinander verbunden sind; durch Ströme und Straßen. So wie die wichtigsten Straßen eine Nummer haben und man sich selbst bei weit auseinander liegenden Orten nur immer an die Nummer der Europa- oder Bundesstraße halten muß, um ans Ziel zu gelangen, so haben auch die Verbindungsstraßen – die Leitungen – zwischen den einzelnen elektrischen Aggregaten im Auto eine Nummer. (Hier sind allerdings auch die untergeordneten „Wege" gekennzeichnet, damit man sich auf keinen Fall verfahren kann.)

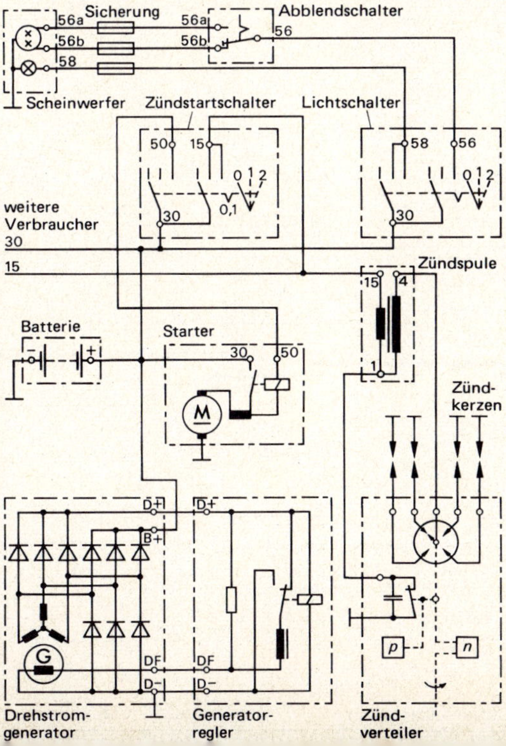

Aus einem sogenannten Wirkschaltplan läßt sich schon die Arbeitsweise der Geräte erkennen. Allerdings fehlen in praktischen Schaltplänen dieser Art die hier eingedruckten namentlichen Bezeichnungen der Aggregate. Der Fachmann muß schon an den Schaltzeichen erkennen, um welche Teile es sich handelt. Weil in erster Linie der Leitungsverlauf möglichst übersichtlich dargestellt werden soll, kommt zumeist die räumliche Lage der einzelnen Geräte zu kurz. Es ist also nur selten aus dieser Art Schaltplan zu erkennen, wo im Auto das betreffende Gerät gesucht werden muß.

Anstelle der Bundesstraßennummer taucht im elektrischen Schaltplan die „Klemmenbezeichnung“ auf.

Die Klemmenbezeichnungen

Die von Bosch in den 20er Jahren eingeführte Bezeichnung der elektrischen Klemmen hat heute noch weitgehend die gleiche Bedeutung wie damals, doch kam eine große Zahl neuer Klemmen hinzu.
Sie haben sich in den Normen niedergeschlagen und so kann man wenigstens bei allen deutschen Fahrzeugen sicher sein, daß z. B. die Klemme 15 am Zündschloß und an der Zündspule zu finden ist, die beiden Klemmen sind durch eine Leitung miteinander verbunden. Ebenso sicher ist es, daß die Klemme 56a bei allen Wagen die Klemme fürs Fernlicht ist. (Wie diese merkwürdige Ziffernzuordnung entstanden ist, weiß heute wohl niemand mehr.)
Einige wenige Klemmenbezeichnungen haben sich im Laufe der Jahre geändert, so u. a. die Blinkanlage und das Relais.
Nicht alle der in der Kraftfahrzeugelektrik gebräuchlichen Klemmenbezeichnungen sind bei Personenwagen zu finden. Spezielle Klemmenbezeichnungen an Motorrad, Lkw oder Omnibus sind für uns weitgehend uninteressant und in der nachstehenden Aufzählung nicht genannt.

Zündanlagen

1 = Niederspannung (von Zündspule zum Zündverteiler)
4 = Hochspannung (von der Zündspule zum Zündverteiler)
15 = Ausgang Fahrtschalter (vom Zündschalter zur Zündspule)
15a = Eingang Zündgerät HKZ, Schaltgerät für TSZ, Zündspulen-Vorwiderstand,
16 = Überbrückungsklemme am Anlasser zur Zündspule (Überbrückung des Vorwiderstands beim Anlassen).

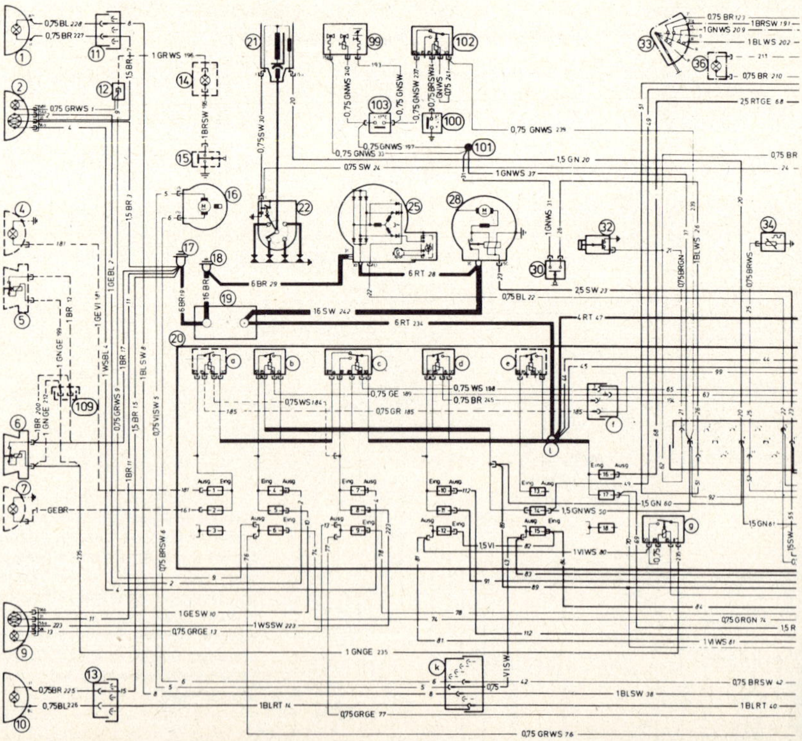

Nur die Leitungskennzeichnung mit Klemmenbezeichnung, Leitungsquerschnitt und -farbe bietet echte „Lebenshilfe“. Dieser Schaltplan (Ausschnitt eines BMW-Schaltplanes), wie er bis vor wenigen Jahren allgemein üblich war, zeigt auch die ungefähre Lage der einzelnen Aggregate (hier Fahrtrichtung nach links, vorne die Frontleuchten), wobei die nicht ganz normgerechte Darstellung mancher Teile deren Erkennen erleichtert. Und damit auch ein absoluter Laie die Darstellung versteht, sind die einzelnen Teile mit Nummern oder Kennbuchstaben bezeichnet, die in einer beigefügten Tabelle erklärt werden. Weil aber von Jahr zu Jahr unsere Autos mehr und mehr mit Elektrik und Elektronik vollgestopft werden, wurde diese gute Darstellungsweise schließlich durch unzählige Leitungslinien überfordert und die Zeichner retten sich mehr und mehr in den Stromlaufplan, wie Seite 54 ein Muster zeigt.

Batterie

30 = Eingang direkt von Batterie Plus
31 = Rückleitung direkt an Batterie Minus oder Masse
31 b = Rückleitung an Batterie Minus oder Masse über einen Schalter oder Relais (zum Beispiel bei Wischermotoren-Endabstellung).

Starter-(Anlasser)Anlagen

16 = Überbrückungsklemme für Zündspulen-Vorwiderstand
30 = Eingang von Batterie Plus
50 = Starter (Anlasser)-Steuerung vom Zündschalter her.

Generatoren (Lichtmaschinen) und Regler

61 = Anschluß der Ladeanzeigeleuchte
B + = Batterie Plus (an Drehstromlichtmaschine oder am Regler der Gleichstromlichtmaschine)
B– = Batterie Minus (an der Drehstromlichtmaschine bzw. am Regler der Gleichstromlichtmaschine)
D + = Dynamo Plus
D– = Dynamo Minus
DF = Dynamo Feld

Beleuchtungs-anlage

54 = Bremslicht und sonstige Stromverbraucher
55 = Nebelscheinwerfer
56 = Scheinwerferlicht (Anschluß an Lichtschalter und am Abblendschalter)
56 a = Fernlicht und Fernlichtanzeige
56 b = Abblendlicht
56 c = Teilfernlicht
56 d = Lichthupenkontakt
57 a = Parklicht
57 L = Parklicht links
57 R = Parklicht rechts
58 = Begrenzungs-, Schluß-, Kennzeichen- und Instrumentenleuchten
58 L = Schluß- und Begrenzungsleuchte links
58 R = Schluß- und Begrenzungsleuchte rechts, Kennzeichenleuchte

Fahrtrichtungs-anzeiger

49 = Blinkgeber-Eingang (Plus)
49 a = Blinkgeber Ausgang (Impuls zum Blinkerschalter)
C = Erste Anzeige-(Kontroll)Lampe
CO = Hauptanschluß für vom Blinkgeber getrennte Anzeige
C2 = Zweite Anzeigelampe (Anhängerbetrieb)
L = Blinkleuchten links
R = Blinkleuchten rechts

Scheibenwisch- und Reinigungsanlage

31 b = Rückleitung über Kurzschlußschalter zur Masse
53 = Wischerbetätigung (+)
53 a = Wischer (+)-Endabstellung
53 b = Wischer (Nebenschlußwicklung)
53 c = Elektrische Scheibenspülerpumpe
53 e = Wischer (Bremswicklung)
53 i = 3. Bürste (für höhere Geschwindigkeit)

Relais

85 = Triebsystem, Ausgang (Wicklungsende Minus oder Masse)
86 = Triebsystem, Eingang (Wicklungsanfang)
(Die Klemmenanschlüsse 85 und 86 sind in Schaltplänen oft vertauscht. In

manchen Schaltungen bezeichnet die Klemme 85 den Ausgang und 86 den Eingang, in anderen Schaltplänen ist es umgekehrt und hier bezeichnet 86 den Ausgang, 85 den Eingang des Triebsystems, die Magnetwicklung. Für die Arbeitsweise des Relais ist das unwesentlich.)

87 = Relaiskontakt Eingang bei Öffner und bei Wechsler

87 a = Relaiskontakt Ausgang bei Öffner und Wechsler (Öffnerseite)

88 = Relaiskontakt Eingang bei Schließer

88 a = Relaiskontakt Ausgang bei Schließer und Wechsler (Schließerseite).

So wie hier aufgeführt, gelten diese Klemmenbezeichnungen ebenso wie die Kabelfarben nur für deutsche Fahrzeuge;

Sehr wichtig: Bei den Fiat-Typen ist höchste Vorsicht bei den Leitungen zwischen Lichtmaschine und Regler geboten. Hier gehört

Klemme 51 der Lichtmaschine an Klemme 51 des Reglers,

Klemme 67 der Lichtmaschine an Klemme 67 des Reglers.

Da es bei alten Bosch-Anlagen am Regler ebenfalls eine Klemme 51 gibt, die jedoch an Batterie-Plus liegt, ergeben sich (auch in Werkstätten) oft ver-

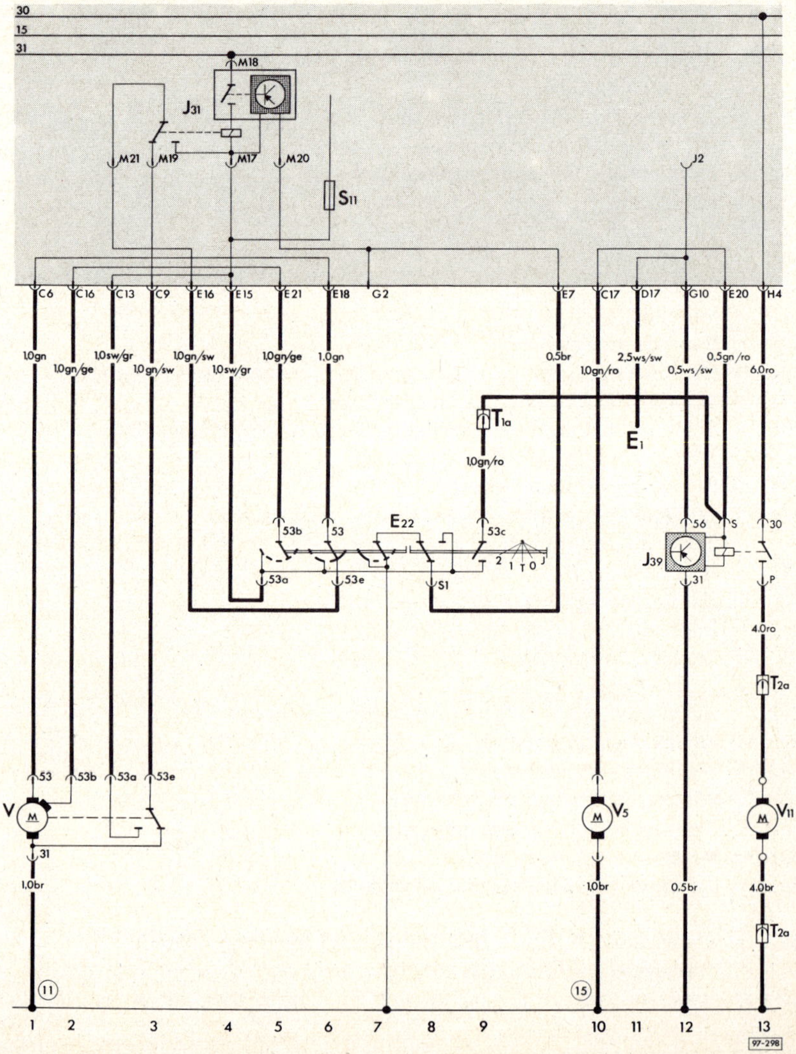

Stromlaufpläne, wie sie heute vielfach in Werkstatthandbüchern (und nur selten in Betriebsanleitungen) zu finden sind, entstanden sozusagen aus Verzweiflung über die nicht mehr überschaubare Anzahl von Leitungen in den heutigen Kraftfahrzeugen. Selbst mit spitzem Stift und großer Lupe ist im Strichgewirr früherer Art, wenn ein modernes Auto dargestellt werden soll, eine einzelne Leitung kaum noch zu verfolgen. So hat man bei den Stromlaufplänen, hier ist es der Ausschnitt eines VW-Stromlaufplanes, radikal auf den Lagehinweis der einzelnen Aggregate verzichtet und sich auf eine ausschließliche Darstellung der zahlreichen Leitungsverbindungen beschränkt. Die Leitungsstriche eines solchen Stromlaufplanes sagen auch nichts über Länge, Verlegung oder Bündelung der einzelnen Leitungen aus. Man kann sich bei der Fehlersuche nur an den Klemmenbezeichnungen und Kabelfarben „entlang hangeln“. Damit die technische Wirklichkeit aber nicht gänzlich abhanden kommt, liefern manche Autohersteller dazu auch noch einen perspektivisch und realistisch gezeichneten Kabel-Verlegungsplan.

hängnisvolle Fehlanschlüsse. Vielfach wird auch noch die Fiat-Klemmenbezeichnung 67 als 61 der deutschen Bezeichnung gelesen, was ebenfalls schlimme Folgen hat.
Inwieweit der angeblich schlechte Ruf der Fiat-Elektrik auf Klemmenverwechslungen an Lichtmaschine und Regler zurückzuführen ist, läßt sich wohl nie feststellen.

Farbkennzeichnung

Ein weiteres Orientierungsmittel in den Schaltbildern und den Schaltplänen sowie am Fahrzeug selbst, sind die Farbkennzeichnungen der Leitungen.
Wie die Schaltzeichen und die Klemmenbezeichnungen sind auch die Kabelfarben genormt. Aber –
manche Kraftfahrzeughersteller haben ein eigenes Kabel-Farbenschema, und andere Arten der Farbenzeichnung sind wieder bestimmten Firmen geschützt. (Außerdem soll es auch bei großen Firmen vorgekommen sein, daß bestimmte Kabelfarben ausgegangen sind; dann hat man verwendet, was gerade zur Hand war!)
Die Grundfarben sind:
ro = rot, sw = schwarz, br = braun, ws = weiß, ge = gelb, gn = grün, gr = grau, hb = hellblau. Die Leitungen in dieser Farbe können noch durch eine Kennfarbe (farbige Wendel oder farbige Manschetten) zusätzlich unterschieden werden. Farben wie oben, zusätzlich li = lila. Dann bedeutet z. B. sw/ws = Grundfarbe schwarz, Kennfarbe weiß.
Es bedeutet:

Farbe	von	zu
rot	Anlasser	Lichtmaschine
	Anlasser	Lichtschalter Kl. 30
	Lichtschalter Kl. 30	Zündschalter Kl. 30
	Lichtschalter Kl. 30	Sicherung
	Sicherung	Radio, Uhr, Deckenleuchte usw.
schwarz	Batterie	Anlasser
	Batterie	Masse (sofern keine blanke Leitung)
	Zündschalter	Zündspule, Anzeigeleuchten, Sicherung
schwarz/rot	Sicherung	Bremsleuchte
schwarz/weiß-grün	Sicherung	Blinkerschalter
schwarz/weiß	Blinkerschalter	Blinkleuchte links
schwarz/grün	Blinkerschalter	Blinkleuchte rechts
weiß/schwarz	Lichtschalter	Abblendschalter
weiß	Abblendschalter	Fernlicht
gelb	Abblendschalter	Abblendlicht
grau	Lichtschalter	Sicherung
grau/schwarz	Sicherung	Schlußleuchte, Standlicht, Kennzeichenleuchte, links
grau/rot	Sicherung	Schlußleuchte, Standlicht, Kennzeichenleuchte rechts
hellblau	Ladekontrolle	Klemme 61 des Reglers
hellblau/weiß	Sicherung	Fernlichtkontrolle
hellblau/grün	Öldruckschalter	Öldruckkontrolle
hellblau/schwarz	Kraftstoffbehälter	Kraftstoffanzeige
braun	sämtliche Verbraucher	Masse

In den Schaltplänen der Betriebsanleitungen sind die Kabelfarben in Abkürzungen angegeben. Eine Zahl vor den Farbabkürzungen gibt den Leiterquerschnitt an.

Zwischen Plus und Minus

Die sogenannte „Masse"-Leitung

Schlechte Masseverbindungen sind oft schon bei neuen Autos nicht selten; je älter ein Auto wird, umso häufiger sind die Störungen, die auf die „kostenlose" Stromrückleitung zurückzuführen sind.
Was hat es nun eigentlich mit der „Masse" auf sich?
Bekanntlich benötigt jedes elektrische Gerät zwei Leitungsanschlüsse. Bei Gleichstrom übernimmt die eine Leitung die Hinleitung des Stromes, die andere die Rückleitung. Bei Wechselstrom – also im Haushalt – wechselt der Strom laufend seine Richtung, einmal ist die eine Leitung die Hinleitung, einmal die andere. Zu den elektrischen Geräten des Haushalts – sei es eine Lampe, ein Bügeleisen oder ein anderes Gerät – führt also stets eine Doppelleitung. (Heute findet man allerdings häufig drei Leitungen, doch die eine hat nur Schutzaufgaben, sie erdet das Gerät.)

Nur ein Kupferweg

Beim Auto macht man sich das viel einfacher, hier verwendet man nur eine Hinleitung und überläßt die Rückleitung der „Masse".
Die Zuleitung wird durch ein mehr oder weniger starkes Kupferkabel gebildet, die Rückleitung durch die Blechkarosserie; die sogenannte „Masse".
Da die Karosserie – also die elektrische Rückleitung – bei fast allen Wagen aus Eisenblech besteht, erhebt sich die Frage, warum man für die Zuleitung die teueren Kupferleitungen verwendet.
Nun, die Metalle sind nicht gleichartig „stromfreundlich". Manche Metalle leiten den Strom gern weiter, manche weniger gern. Je lieber sie den Strom weiterleiten, um so geringer ist der Spannungsverlust in einem Draht aus dem betreffenden Metall. Die Eigenschaft des gern oder weniger gern „Stromleitens" nennt man auch Leitfähigkeit.
Das Metall, das den Strom am liebsten weiterleitet, ist Silber, doch würden die elektrischen Leitungen dann ziemlich teuer. Kupfer ist kaum weniger stromfreundlich, dafür aber erheblich billiger, so daß man für die elektrischen Leitungen des Autos Kupfer verwendet.
Gegenüber dem Silber oder dem Kupfer ist Eisen für die Stromleitung direkt „stur". Eine elektrische Leitung aus Eisen, die den Strom ebenso gut leiten

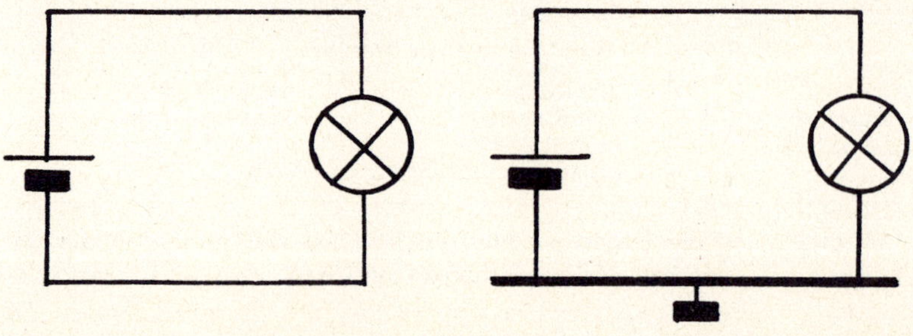

Links: Normalerweise ist ein Stromverbraucher durch zwei Leitungen mit dem Pluspol und dem Minuspol einer Spannungsquelle (hier der Batterie) verbunden. Rechts: Beim Auto wird die Verbindung vom Minuspol zu dem einen Anschluß des Verbrauchers meist durch die sogenannte „Masse" gebildet, die hier durch den unteren dick gezogenen Strich und das daran befindliche Massezeichen dargestellt wird. (Siehe auch Kapitel „Schaltzeichen".)

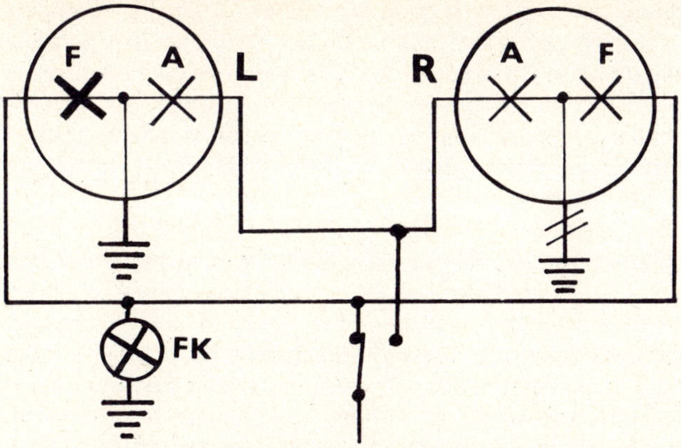

So wirkt sich eine schlechte Masseverbindung bei Scheinwerfern aus. Der rechte Scheinwerfer R hat eine schlechte Masseverbindung, was durch die durchgestrichelte Masseleitung angegeben ist, der Fernlichtfaden glimmt nur. (Hier ist noch das Erdungszeichen als Masse eingetragen, wie es auch bei anderen Schaltplänen häufig der Fall ist.) Wenn der Abblendschalter auf Fernlicht steht, so leuchtet der Fernlichtfaden F des linken Scheinwerfers L hell auf und auch die Fernlichtkontrolle FK.

kann wie eine Leitung aus Kupfer, müßte einen Querschnitt haben, der ungefähr achtmal so groß wäre. Statt einer Kupferleitung von 1 mm Durchmesser könnte man also auch eine Eisenleitung von fast 3 mm Durchmesser verwenden, doch hat Eisen auch noch die dumme Eigenschaft, daß man es nicht so gut verarbeiten kann wie Kupfer, so läßt es sich z. B. wesentlich schwieriger löten.
Da die Querschnittsfläche der Blechkarosserie sehr viel größer ist, als ein Eisendraht sein müßte, der eine Kupferleitung vollwertig ersetzt, könnte man eigentlich keine Einwendungen dagegen machen, daß die Stromrückleitung der Blechkarosserie übertragen wird. Der Ärger, den die Masserückleitung macht, ergibt sich erst dort, wo ein Stromverbraucher – also ein Scheinwerfer, eine Blinkerleuchte, ein Lüftermotor oder ähnliches – an die „Masse" angeschlossen wird. An der Verbindungsstelle mit dem Eisenblech tritt häufig Korrosion (Rost) auf, die den Stromübergang erschwert. Aus diesem Grund ist die „Eindraht-Stromführung" gar nicht so vernünftig, wie man vielleicht denken könnte.

Minus oder Plus an Masse?

Von einem Pol der Batterie führt ein dickes Kabel zu einer Anschlußklemme des Anlassers, ein zweites von dem anderen Batteriepol zur „Masse" der Karosserie oder des Fahrgestells. Dieses Kabel wird vielfach durch ein geflochtenes, blankes Kupferband – dem sogenannten Masseband – gebildet.
Bei den meisten europäischen und amerikanischen Wagen ist der Minuspol der Batterie (der Polkopf, der auf der Oberfläche ein Minuszeichen „–" trägt) mit der Fahrzeugmasse verbunden. Man sagt dazu: Minus an Masse.
Vorwiegend bei englischen Fahrzeugen ist der Pluspol der Batterie (der Polkopf, der auf der Oberfläche ein Pluszeichen „+" trägt) mit der Fahrzeugmasse verbunden. Hier spricht man von Plus an Masse.
Einen wirklich plausiblen Grund für dieses Kuddelmuddel gibt es nicht, aber die Engländer fahren ja auch seit Ewigkeiten links!
Auf jeden Fall wird die eine Leitung zu den elektrischen Geräten immer von der Masse gebildet.

Masse für den Motor

Vielleicht ist Ihnen schon einmal aufgefallen, daß auch ein starkes Masseband von der Karosserie zum Motor führt. Dieses Masseband ist nötig, da der Motor heute ja immer elastisch in Gummielementen aufgehängt ist. Die evtl. vorhandene Masseverbindung zum Motor über die Lager der Räder, die Antriebswellen usw. genügt nicht für die hohe Stromaufnahme des Anlassers.

Wenn das Masseband von der Karosserie zum Motor fehlt oder sich am Motor oder der Karosserie gelöst hat, dann muß der Strom für den Anlasser über Betätigungszüge für den Choke oder ähnliche dünne Wege fließen. Diese dünnen Verbindungen glühen aus oder schmelzen durch. Nicht nur, daß die Instandsetzung ziemlich teuer ist (auch wenn man es selbst macht, braucht man doch die Ersatzteile und einen erheblichen Zeitaufwand), die Brandgefahr ist mindestens ebenso unangenehm!

Schlechte Masseverbindungen

Haben Sie schon einmal an einem bei Dunkelheit vor Ihnen fahrenden Wagen beobachtet, daß die Schlußleuchten bei normaler Fahrt gleich hell leuchten, bei aufleuchtenden Bremsleuchten, die eine aber nur recht dunkel brannte, die andere dagegen mit normaler Helligkeit? Gleichzeitig wurde aber auf der Fahrzeugseite mit der dunkel brennenden Bremsleuchte auch die Rückleuchte dunkler. Das ist nichts Geheimnisvolles, sondern nur eine schlechte Masseverbindung des Leuchtengehäuses, meist durch Korrosion bewirkt. Der rückfließende Strom muß sich durch die schlechte Masseverbindung zwängen und das gelingt ihm nicht recht.

Schlechte Masseverbindung bei Scheinwerfern

Bei einem entgegenkommenden Wagen brennt der eine Scheinwerfer einwandfrei, der andere sieht so aus, als würde nur das Standlicht brennen. Wird der hellbrennende Scheinwerfer nun von Fern- auf Abblendlicht umgeschaltet bzw. umgekehrt, so sieht der andere Scheinwerfer immer noch so aus, als sei das Standlicht eingeschaltet. Hier sind nicht beide Glühfäden der Zweifadenlampe in dem dunkelbrennenden Scheinwerfer defekt, sondern der dunkelbrennende Scheinwerfer hat eine schlechte Masseverbindung. Während der Strom durch den eingeschalteten Glühfaden des hellbrennenden Scheinwerfers sofort an Masse gelangt, ist ihm das bei dem dunkelbrennenden Scheinwerfer nicht möglich. Hier fließt der Strom zuerst durch den jeweils eingeschalteten Glühfaden, dann (da er nicht zur Masse gelangen kann) durch den anderen nicht eingeschalteten Glühfaden, von dort zum nicht eingeschalteten Glühfaden des hellbrennenden Scheinwerfers und erst, nachdem er diesen passiert hat, zur Masse.
Ist das Fernlicht eingeschaltet, so fließt der Strom im dunkelbrennenden Scheinwerfer über den dortigen Fernlichtglühfaden, dann durch den Abblendglühfaden und zuletzt über den Abblendfaden des hellbrennenden Scheinwerfers zur Masse. Bei Abblendlicht fließt der Strom im dunkelbrennenden Scheinwerfer zuerst über den Abblendfaden, dann über den Fernlichtfaden und schließlich über den Fernlichtfaden des hellbrennenden Scheinwerfers zur Masse.
Der Strom für den dunkelbrennenden Scheinwerfer fließt also immer hintereinander über drei Glühfäden, die jetzt natürlich nur schwach aufglühen. Sofern ein solcher Wagen kein Abblendrelais besitzt, brennt übrigens in beiden Schaltstellungen des Abblendschalters die Fernlichtkontrolle! Tritt

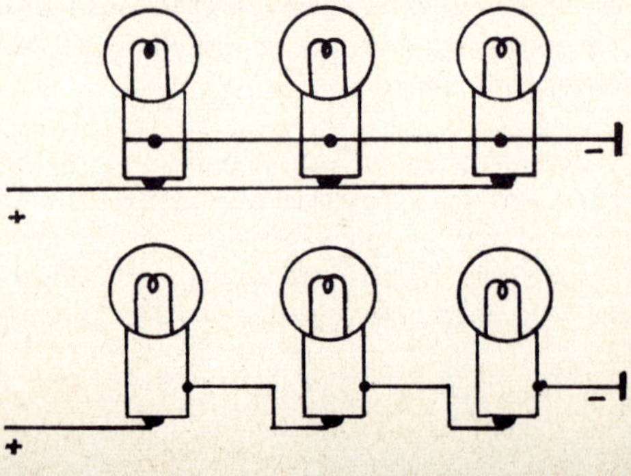

Oben: Bei der sogenannten Parallel- oder Serienschaltung liegen alle Verbraucher mit dem einen Anschluß an der Plusklemme, mit dem anderen Anschluß an der Minusklemme der Spannungsquelle.
Unten: Sind die Verbraucher in Reihe geschaltet (Hintereinanderschaltung), so liegt der eine Verbraucher mit einem Anschluß am Pluspol, der letzte Verbraucher am Minuspol. Dazwischen sind die Verbraucher untereinander mit ihren Anschlüssen verbunden. Die Hintereinanderschaltung ist im Auto ungebräuchlich.

das also einmal am eigenen Wagen auf, so braucht man gar nicht umständlich zu suchen, sondern dem dunkelbrennenden Scheinwerfer nur eine anständige Masseverbindung zu besorgen.
Die sogenannte „Masse“ bewirkt also nichts weiter, als daß man einige Meter Kupferleitung einspart, dafür aber einen Haufen Ärger einhandelt!
Gute Masseverbindungen sind also mindestens ebenso wichtig wie gute Zuleitungen!

Die Reihenschaltung

Eine 6-Volt-Batterie hat drei Zellen und jede dieser Zellen hat 2 Volt. Diese 3 Zellen sind in Reihe oder hintereinander geschaltet, d. h. die Spannungen addieren sich. 2 V + 2 V + 2 V = 6 V. (In Wirklichkeit haben die Batteriezellen bei einer voll geladenen Batterie eine Spannung von etwa 2,1 bis 2,2 Volt, die gesamte 6-Volt-Batterie also 6,3 bis 6,6 Volt. Trotzdem spricht man immer nur von einer 6-Volt-Batterie oder einer 6-Volt-Anlage).

Die Parallelschaltung

Es ist die normale Schaltung der Verbraucher in einem Stromnetz. Wie beim Lichtnetz hängen alle Geräte und Lampen mit den beiden Anschlüssen an den zwei Stromzuführungen. Im Bordnetz des Autos ist das ebenso, der eine Verbraucheranschluß liegt am Pluspol, der andere an Masse. Bei Lampen ist es gleichgültig, welcher Anschluß an Plus und welcher an Masse liegt, es wird nur durch den Lampensockel diktiert. Bei Motoren, Lichtmaschinen müssen Plusanschlüsse mit Plus, Minusanschlüsse mit Masse verbunden werden.

Kleine Volt-, Watt- und Ampere-Kunde

„Mein neuer Wagen hat eine 12-Volt-Anlage. Nun habe ich von dem Vorgänger her, der nur eine 6-Volt-Anlage hatte, noch einen Autostaubsauger, den ich natürlich nicht wegwerfen möchte. Gibt es vielleicht einen Zwischenstecker mit Transformator, der die Spannung von 12 V auf 6 V heruntertransformiert? Wenn nicht, könnte man einen Vorwiderstand verwenden und wie groß müßte der sein?“
Solche Fragen an den Briefkastenonkel einer Autozeitschrift sind nicht selten. Dazu wäre zuerst zu sagen, daß man nur Wechselstrom hinauf- oder heruntertransformieren kann.
Mit einem Vorwiderstand kann man natürlich die überschüssige Spannung vom Verbraucher fernhalten, aber dazu braucht man wenigstens die nötigsten Formel-Grundlagen. Die ganzen Zusammenhänge zwischen Spannung, Strom und Widerstand sind im Ohmschen Gesetz festgehalten. Wer sich für die Dinge interessiert und solche Probleme hat, wie oben angeführt, der kann sich darüber im letzten Kapitel genauer informieren. Hier soll nur ein kurzer Einblick in die Zusammenhänge gegeben werden, damit man weiß, was man wo anschließen darf.

Die zulässige Spannung

Eine Glühlampe, die für eine Spannung von 6 Volt bestimmt ist, wird beim Anschluß an eine 12-Volt-Batterie zwar kurzzeitig wesentlich heller aufleuchten, aber bald durchgebrannt sein. Die Stromverbraucher werden aus diesem Grunde immer gekennzeichnet und dürfen dann nur an der Spannung betrieben werden, für die sie bestimmt sind.
Nun findet man aber oft außer der Spannungsangabe noch die Leistungsaufnahme oder die Stromstärke angegeben. Zum Beispiel bei einer Glühlampe „6 V/15 W“ (das W steht für Watt).
Was hat es damit auf sich?
Die Leistung Watt errechnet sich aus der Spannung mal der Stromstärke. Durch eine Glühlampe von 15 Watt fließt bei einer Spannung von 6 Volt ein

Die sogenannten Bilux-Birnen, eine übrigens für Osram geschützte Bezeichnung: Links eine Halogen-Hauptscheinwerferlampe (die es nicht für 6 Volt gibt), mit 60 (Fernlicht) und 55 Watt (Abblendlicht) bei 12 Volt, Norm-Sockel P 43 t und DIN-Norm-Bezeichnung H 4. In der Mitte die eigentliche Bilux-Lampe für asymmetrisches Abblendlicht mit 45 (Fernlicht) und 40 Watt (Abblendlicht), Sockel P 45 t und DIN-Bezeichnung A. Rechts eine Zweifadenlampe 21/5 oder 18/5 Watt, Sockel BAY 15 d und DIN-Norm SL bzw. L, wie sie z. B. für ein kombiniertes Brems-, Schlußlicht verwendet wird. Der Glühfaden mit der geringeren Leistungsaufnahme von 5 Watt ist für das Schlußlicht zuständig, der Glühfaden für 21 bzw. 18 Watt dient dem Bremslicht oder Blinker.

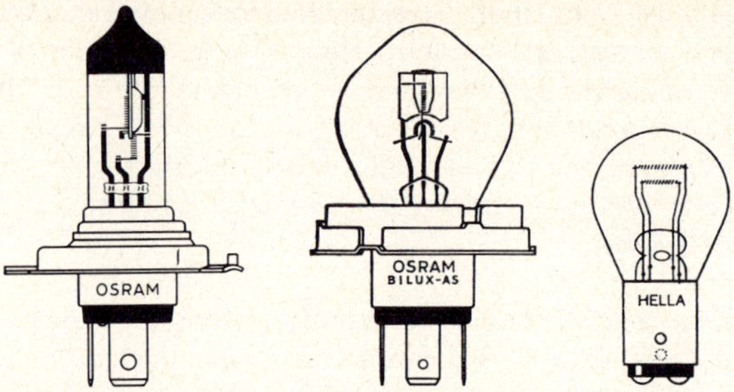

Strom von 2,5 Ampere (Ampere [A] ist das Maß für die Stromstärke), denn Volt mal Ampere ist gleich Watt.

Muß man auch diesen Wert beim Einbau einer Glühlampe berücksichtigen? Vom elektrischen Standpunkt aus nicht, denn hier ist lediglich die Spannung maßgebend. Der Strom, der durch die Glühlampe fließt, stellt sich automatisch ein. Der Aufdruck 15 Watt gibt lediglich darüber Auskunft, wie hell die Glühlampe leuchten wird. Eine Glühlampe von 15 Watt wird heller leuchten als eine Glühlampe von 5 Watt.

Da für viele Glühlampen am Kraftfahrzeug vom Gesetzgeber eine bestimmte Mindestleistungsaufnahme oder eine Höchstleistungsaufnahme vorgeschrieben wird, muß die Leistungsaufnahme aus der Sockelinschrift erkenntlich sein.

Wie man sieht, ist es im allgemeinen gleichgültig, welche Leistungsaufnahme ein Verbraucher hat; wesentlich ist, daß die Spannung stimmt. (Die Leitungen im Kraftfahrzeug sind so ausgelegt, daß sie sich auch dann nicht erhitzen, wenn mal ein Verbraucher mit geringer Leistungsaufnahme gegen einen Verbraucher mit etwas höherer Leistungsaufnahme ausgetauscht wird. Man kann also eine normale Zündspule mit einer Leistungsaufnahme von 10 Watt gegen eine Hochleistungszündspule mit einer Leistungsaufnahme von 20 oder 30 Watt austauschen, vorausgesetzt, daß die Spannungsabgabe gleich ist.)

Birnen, Lampen, Leuchten

„Er war nie eine Leuchte, aber das kommt sicher daher, daß er als Kind einmal auf die Birne gefallen ist."

So formlos, wie man vom Kopf als „Birne" spricht und einen Klassenprimus als „Leuchte" bezeichnet, kann man es bei der Beleuchtungsanlage des Autos zwar auch machen, aber es ist schon recht laienhaft. Da die folgenden Bezeichnungen anschließend immer wieder vorkommen, wollen wir aufzeigen, was sie bedeuten.

Das, was im allgemeinen Sprachgebrauch oft als Glühbirne bezeichnet wird, ist fachgerecht ausgedrückt eine Glühlampe.

Wenn eine Beleuchtungseinrichtung gestreutes Licht ausstrahlt, so ist das keine Lampe, sondern eine Leuchte. Man spricht also z. B. von einer Blinkleuchte, einer Kennzeichenleuchte usw.

Strahlt eine Beleuchtungseinrichtung vorwiegend gerichtetes Licht aus, so handelt es sich um einen Scheinwerfer, also z. B. Fernlichtscheinwerfer oder Nebelscheinwerfer. Die zusätzlichen Fernlichtscheinwerfer werden gelegentlich fälschlich auch als Weitstrahler bezeichnet.

Die Glühlampen für Scheinwerfer werden üblicherweise als Biluxbirnen oder -lampen bezeichnet, doch ist das eigentlich nur ein Name, die fachgerechte Bezeichnung ist „Zweifaden-Scheinwerfer-Glühlampe", denn hier sind zwei

Glühfäden in einem Glaskolben eingeschmolzen. Da dieser Ausdruck natürlich viel zu lang ist, spricht man ganz allgemein von Bilux-Lampen, wenn dieser Name auch nur den Zweifaden-Scheinwerfer-Glühlampen von Osram zukommt und dieser Firma geschützt ist.
Zweifaden-Glühlampen findet man aber auch noch als Schlußlicht-Bremslicht-Lampen. Auch hier sind zwei Glühfäden in einem Glaskolben eingeschmolzen.

Der Spannungsabfall

Für einen Akrobaten ist der Spannungsabfall in seinem Drahtseil mehr als unangenehm, er ist gefährlich.
Ganz so schlimm wie bei dem Drahtseil eines Akrobaten wirkt sich der Spannungsabfall in der elektrischen Anlage des Autos zwar nicht aus, doch auch hier ist er recht unangenehm.
Der Ausdruck „Spannungsabfall" begegnet einem in der Elektrik immer wieder, aber der Laie kann sich nur schwer etwas darunter vorstellen.
Ganz grob gesagt, ein Spannungsabfall ist ein Energieverlust. Wenn eine Autobatterie z. B. eine Spannung von 12 Volt hat und mit dieser Spannung ein Verbraucher betrieben werden soll, so kann, je nach Zustand der Leitungen, Schalterkontakte, Sicherungs- und Klemmenanschlüsse ein mehr oder weniger großer Teil der Spannung verlorengehen; ein Teil der Spannung „fällt ab".
Wie stark die Spannung abfällt, ist von den Widerständen in der elektrischen Anlage abhängig und von der Stärke des fließenden Stroms. Diese Widerstände sind recht mannigfaltiger Art und werden u. a. durch oxydierte Klemmen und zu schwache Schalterkontakte gebildet.

Rohrleitungen als Widerstände gesehen

Um den Spannungsabfall verständlich zu machen, soll an einem Beispiel erläutert werden:
Stellen Sie sich ein enges langes Betonröhrensystem vor, das eine Vielzahl von zusätzlichen starken Verengungen enthält, gelegentlich findet sich auch noch ein Schutthaufen im Röhrensystem.
Die Betonröhren sollen die elektrischen Leitungen darstellen, die Verengungen die Widerstände an den Schalterkontakten und die Schutthaufen die Verunreinigungen und Korrosionen an den Klemmverbindungen.
Jetzt müssen sich ein ziemlich dicker Mann (der starke Strom) und ein dünner Mann (der schwache Strom) durch die Röhren zwängen.
Je nach Länge des Röhrensystems und nach Zahl der Widerstände wird der dicke Mann am Ziel mehr oder weniger stark abgekämpft sein, seine Spannkraft hat stark nachgelassen.
Bei gleicher Länge des Röhrensystems und gleichen Widerständen wird der dünne Mann weniger erschöpft sein, denn er brauchte sich nicht so kräftig hindurchzuzwängen, seine Spannkraft hat weniger stark nachgelassen.
Trotzdem die Spannkraft bei beiden Männern nachgelassen hat (bei dem dicken Mann stark, bei dem dünnen Mann weniger) kommen sie, die den Strom versinnbildlichen, am Ende des Röhrensystems genau so stark heraus wie sie hineingekrochen sind. (Wir wollen davon absehen, daß der dicke Mann vielleicht etwas von seinem Fett verloren hat, denn alle Vergleiche hinken mehr oder weniger stark.)
Nun macht man die Betonröhren im Durchmesser wesentlich größer, baut weniger starke Verengungen ein und auch die Schutthaufen werden kleiner gemacht (bleiben sie gleich groß, so stören sie in den größeren Röhren wenigstens weniger).
Es ist wohl selbstverständlich, daß beide Männer in diesem System weniger

So verrottet können die Anschlüsse eines Relais sein, das für Spritzwasser zugängig ist. Natürlich hat solch ein Relais kaum noch die Wirkung eines Fernschalters. Liegt das Relais wirklich an ungünstiger Stelle, so sollte man die Klemmen wenigstens mit einem Metallkonservierer aus der Spraydose einsprühen.

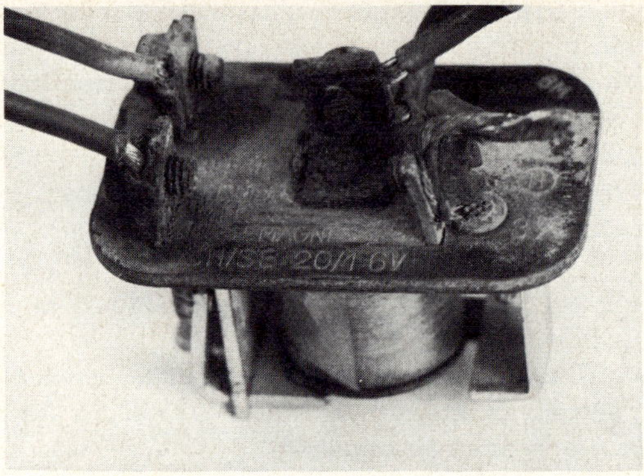

an Spannkraft verlieren, als in dem engen Röhrensystem mit den größeren Widerständen.
Sehen Sie, ein dünnes Röhrensystem strapaziert einen dünnen Mann weniger als einen dicken. Man kann das Röhrensystem aber auch so erweitern, daß der dicke Mann hierin nicht mehr Spannkraft verliert wie der dünne Mann im engeren System. Selbstverständlich wird der dünne Mann im weiten System noch weniger strapaziert wie im engeren, jetzt handelt es sich für ihn fast um einen Spaziergang und er hat gar keinen „Spannungsverlust".
Ich weiß, jetzt liegt schon wieder ein Fachmann auf der Lauer, der heuchlerisch fragt: „Und wenn die Röhren so dünn sind, daß sie keinen der Männer durchlassen?
Kommt dann gar kein Strom am Röhrenende heraus?"
(Gut, wenn die Röhren dünn und dünner werden, dann schicken wir eben einen Hund, eine Katze oder gar eine Maus hindurch.)
Je enger die Röhren für einen bestimmten Passagier – einen Strom – werden, um so größer ist der Spannungsabfall! Je dünner die Passagiere in einem bestimmten Röhrenquerschnitt sind, um so weniger groß ist ihr Spannungsabfall!
(Gewiß, man hätte auch einen Wasserstrom zum Vergleich heranziehen können, aber es dürfte eindringlicher wirken, wenn man sich selbst in die Situation eines „Röhrenwurms" versetzt, der nach und nach seine Spannkraft verliert.
Auf diese Art könnte man theoretisch auch die zuviel getrunkenen Bierchen abarbeiten, aber das hat mit der Elektrik nichts mehr zu tun.)

Spannungsabfall zieht Leistungsverlust nach sich

Der in einem elektrischen Leitungszug auftretende Spannungsabfall ist an und für sich schon unangenehm, doch er wirkt sich noch unangenehmer aus, als man bei flüchtiger Überlegung annehmen könnte.
Beträgt der Spannungsverlust in einer Leitung bei einer 12-Volt-Anlage z. B. 1,2 Volt, so wären das 10%. Der Leitungsverlust des an diese Leitung angeschlossenen Verbrauchers beträgt aber schon 19%! Handelt es sich bei diesem Verbraucher gar um eine Glühlampe, so beträgt der Lichtverlust sogar über 30%! Warum das so ist, können Sie – sofern es Ihnen nicht zu langweilig ist – im letzten Kapitel nachlesen.

Das Strom-Sparschwein

Üblicherweise kann man im Leben nicht mit einem gefüllten Sparschwein beginnen, sondern muß es zuerst in mühsamer Kleinarbeit füttern, bis man aus ihm größere Beträge entnehmen kann. Bei der sogenannten Batterie im Auto ist das anders. Man bekommt sie zwar gefüllt zur Verfügung gestellt, muß allerdings dafür sorgen, daß das „Sparschwein" immer ausreichend gefüttert wird.

Ein „Stromspeicher"

Wird das „Sparschwein" zu leer, dann kann es dem Anlasser nicht mehr genügend Kraft abgeben, es kann den Motor nicht mehr durchdrehen und der Wagen muß angeschoben oder angeschleppt werden. (Hoffentlich haben Sie dann nicht einen der Wagen mit automatischem Getriebe, die sich nicht anschleppen lassen. Nur wenige Wagen mit Getriebe-Automatik lassen sich anschleppen, es gibt aber viele andere!)

Was man im Auto gemeinhin als Batterie bezeichnet, hat keine Ähnlichkeit mit den Batterien für Taschenlampen oder Transistorradios. Die letzteren kauft man sich im Laden, und von dem Augenblick an, wo sie Strom abgeben müssen, fressen sie sich selbst auf. Der Strom wird durch Zersetzen der chemischen Elemente in der Batterie „erzeugt".

Bei der Batterie des Wagens wird kein Strom erzeugt, sondern nur „gespeichert". Die elektrische Energie, die eine Fahrzeugbatterie abgeben soll, muß also zuerst in sie hineingepumpt werden. (Während die Taschenlampenbatterie ein sogenanntes Trockenelement ist, handelt es sich bei der Bleibatterie des Wagens um einen Blei-Akkumulator, der kurzerhand auch als Akku bezeichnet wird.)

Der Ausdruck „Batterie" ist eigentlich in beiden Fällen nur eine Vereinfachung; als Batterie bezeichnet man ja eine Zusammenfassung gleichartiger Elemente. Wir wollen keine unliebsamen Erinnerungen an die Flakbatterien wecken.

Der Inhalt des „Sparschweins"

Die Batterie des Wagens ist aus mehreren Einzelteilen zusammengesetzt. Jede dieser Zellen hat im geladenen Zustand eine elektrische Spannung von etwas über 2 Volt. Bei einer elektrischen Anlage von 6 Volt Bordnetzspannung ist die Batterie aus 3 Zellen zusammengesetzt, bei einer 12-Volt-Anlage aus 6 Zellen. Alle Verbraucher und auch der Stromerzeuger – die Lichtmaschine – sind auf diese Spannung von 6 oder 12 Volt abgestimmt.

Neben der Spannungsangabe – 6 oder 12 Volt – wird die Batterie noch durch ihre Kapazität gekennzeichnet. Diese Kapazität – in Ah (Amperestunden) ausgedrückt – gibt das Speichervermögen an; sagt also etwas über den Stromvorrat aus, den man in der Batterie zur Verfügung hat.

Eine Batterie fürs Auto wird also z. B. kurz mit:

- 6 Volt/77 Ah oder mit
- 12 Volt/38 Ah bezeichnet.

Das „Aha“ ist das Produkt aus Ampere × Stunden. Je größer es ist, um so mehr „Strom“ kann die Batterie speichern.
Eine Batterie von 77 Ah könnte 77 Stunden lang einen Strom von 1 Ampere abgeben. Andererseits müßte man annehmen, daß sie eine Stunde lang einen Strom von 77 Ampere abgeben könnte, denn in beiden Fällen ergeben sich ja 77 Ah.
Der zweite Fall ist aber blasse Theorie, denn die Kapazität wird nach einer merkwürdigen Normvorschrift bei einer zwanzigstündigen Entladung und der tropischen Säuretemperatur von 27° Celsius ermittelt.

Ah, ein Witz!

Machen Sie sich keine falschen Hoffnungen. Damit soll nicht gesagt werden, daß jetzt ein Witz kommt, sondern daß die Angabe von Ah ein Witz ist.
Unter normalen Umständen braucht man sich nicht dafür zu interessieren, wie groß der in der Batterie gespeicherte Stromvorrat ist. Wie aber ist es, wenn z. B. auf der Autobahn bei Nacht die Lichtmaschine ausfällt und keinen Strom mehr liefert, so daß Sie auf den „Stromvorrat“ der Batterie angewiesen sind? Können Sie noch eine Heimfahrt von drei Stunden riskieren?
Wenn die Kapazität einer Batterie in Wattstunden – Wh – angegeben würde, dann könnte man das schnell über den Daumen peilen.
Die Leistungsaufnahme der wichtigsten Stromverbraucher könnten Sie schnell im Kopf zusammenrechnen:

Scheinwerferlampen	2 × 45 Watt = 90 Watt
Begrenzungslampen	2 × 5 Watt = 10 Watt
Schlußlichtlampen	2 × 5 Watt = 10 Watt
Kennzeichenlampen	2 × 5 Watt = 10 Watt
Zündspule etwa	15 Watt
zusammen	135 Watt

Nun hat eine Batterie von 6 Volt 77 Ah ein Speichervermögen von 6 Volt × 77 Ampere Stunden = 462 Wattstunden.
462 kann man auch im Kopf leicht angenähert durch 135 dividieren, man kommt auf gut 3 Stunden.
Mit den Ah hat man es weniger einfach. Hier muß man zuerst die 135 Watt durch die Bordnetzspannung dividieren (also 6 oder 12 Volt) um die Stromstärke in Ampere zu ermitteln. 135 Watt : 6 Volt wären rund 25 Ampere. 77 Ah : 25 A wären wiederum rund 3 Stunden.
Auf jeden Fall ist diese Rechnung etwas umständlicher.
Nun ist die Rechnerei mit der vollen Batteriekapazität ohnehin für die Katz. Wenn Sie ein Optimist sind, dann dürfen Sie mit $^2/_3$ der angegebenen Batteriekapazität rechnen; als vorsichtiger Mensch nehmen Sie aber besser an, daß nur die Hälfte verfügbar ist.
Natürlich hängt der in der Batterie verfügbare Stromvorrat auch von den Umständen ab, unter denen der Wagen vor der Fahrt betrieben wurde. Im Sommer, wenn man annehmen kann, daß sich die Batterie in einem guten Ladezustand befindet, kann man im allgemeinen mit einer Kapazität von $^2/_3$ des angegebenen Wertes rechnen. Im Winter, wenn man vorher viel Stadtfahrten hatte (evtl. noch mit häufigem Anlassen), kann man von Glück sagen, wenn die Batterie $^1/_3$ ihrer Nennkapazität hat.

Wie speichert die Batterie den Strom?

Im einfachsten Fall ist eine Zelle einer Bleibatterie aus einer positiven und einer negativen Platte aufgebaut. Die Platten bestehen aus einem Bleigitter, in das poröse Bleimasse eingestrichen ist. Dadurch, daß man anstelle von massivem Blei poröse Platten verwendet, wird die Speicherfähigkeit der

Platten größer, und man kann leichter starke Ströme entnehmen, wie sie für den Anlasser benötigt werden.
Um eine noch größere Kapazität zu erhalten, verwendet man für jede Zelle mehrere Platten, wobei sich negative und positive Platten abwechseln. Die Platten sind voneinander durch poröse Isolatoren getrennt. Alle positiven Platten einer Zelle sind mit ihrem Pluspol verbunden, alle negativen Platten mit ihrem Minuspol. Die Plattensätze der Zellen sind hintereinandergeschaltet, so daß sich die erforderliche Spannung von 6 Volt oder 12 Volt ergibt.
Der Minuspol der Zelle, deren Pluspol als Polkopf herausgeführt ist, ist mit dem Pluspol der nächsten Zelle verbunden. Deren Minuspol wiederum mit dem Pluspol der darauffolgenden Zelle. Bei einer 6-Volt-Batterie ist der Minuspol dieser Zelle als Polkopf herausgeführt, bei einer 12-Volt-Batterie wiederholt sich das Spiel noch dreimal öfter. Jede Zelle ist mit einem Elektrolyt aus verdünnter Schwefelsäure gefüllt. Beim Laden und Entladen übernimmt der Elektrolyt den Transport der Elektronen, und die Platten ändern sich in ihrer chemischen Zusammensetzung. Positive und negative Platten bestehen im geladenen Zustand aus verschiedenen Bleiverbindungen. Beim Ladevorgang wird Wasserstoff und Sauerstoff frei und diese Gase vermischen sich zum leicht explosiven Knallgas.
Beim Laden von Batterien darf man also nicht mit offenem Licht oder Feuer hantieren, und auch Funken müssen vermieden werden, da sich das Knallgas sonst entzünden kann und zumindest die Batterie zerstört wird.
Beim Entladen der Batterie verbindet sich der Schwefelanteil der Batteriesäure mit den Bleiplatten und es wird Wasser frei. Die Säuredichte sinkt ab und die Batterie wird frostempfindlicher.

Der Säurestand der Batterie

„Der Säurestand der Batterie soll alle 5000 km oder wenigstens einmal im Monat kontrolliert werden. Er soll etwa 10 mm über den Plattenoberkanten liegen bzw. bis zu der sichtbaren Niveaumarkierung reichen.
Bei zu niedrigem Säurestand muß destilliertes Wasser nachgefüllt werden, auf keinen Fall Säure."
In ähnlicher Form findet sich dieser Wartungshinweis in der Bedienungsanleitung fast jeden Wagens.

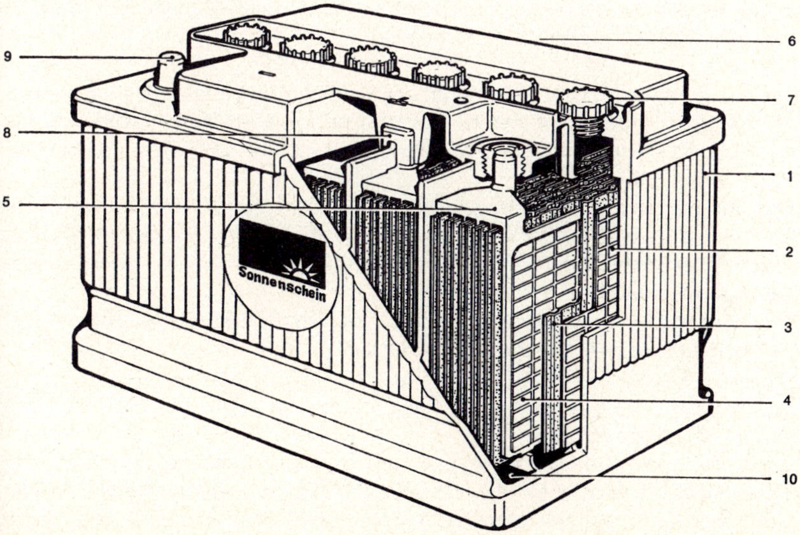

Teilschnitt durch eine Bleibatterie. Plus- und Minusplatten werden durch sogenannte Separatoren voneinander isoliert und stehen zusammen in der verdünnten Schwefelsäure. Es bedeuten: 1 – Blockkasten; 2 – Negative Gitterplatte; 3 – Separatoren; 4 – Positive Gitterplatte; 5 – Polbrücke; 6 – Blockdeckel; 7 – Verschlußstopfen; 8 – Zellenverbinder; 9 – Negativer Endpol; 10 – Prisma und Schlammraum. Bei dieser Blockdeckelbatterie sind die Zellenverbinder gekapselt, es läßt sich nur der Batteriegesamtzustand mit einem Batterieprüfer feststellen.

(Gemeint ist hier allerdings die Oberkante der sogenannten Separatoren, also nicht die Bleiplatten-Oberkante.)
Natürlich habe ich das früher auch so gemacht, bis ich mich eines Tages darüber wunderte, daß die gesamte Umgebung meiner Batterie wunderschöne Anfressungen zeigte und die Batterieoberfläche ziemlich feucht war.
Einige Tage vorher hatte ich den Säurestand geprüft und dabei festgestellt, daß er ziemlich unterhalb Plattenoberkante lag. Natürlich habe ich anschließend nur soviel destilliertes Wasser nachgefüllt, daß der Säurestand 10 mm über der Plattenoberkante lag.
Als ich jetzt die Batterie-Verschlußstopfen öffnete, stand die Batteriesäure bis fast zu den Verschlußstopfen!
Ein übereifriger Tankwart konnte das nicht gewesen sein, denn ich lasse ja keinen Menschen an die Elektrik meines Wagens heran. Wo aber konnte das überschüssige Wasser hergekommen sein?
Weiter vorn heißt es:
„Beim Entladen der Batterie verbindet sich der Schwefelanteil der Batteriesäure mit den Bleiplatten und es wird Wasser frei. Die Säuredichte sinkt ab und die Batterie wird frostempfindlicher."
So oder ähnlich ist das in den Druckschriften fast aller Batteriehersteller nachzulesen.

Wasser wird frei

Jeder Laie wird daraus entnehmen, daß der Flüssigkeitsstand beim Entladen ansteigt, beim Laden absinkt. Warum auch nicht? Ich habe es ja auch als selbstverständlich angenommen. Nachdem der Flüssigkeitsstand meiner Batterie aber in wenigen Tagen so angestiegen war, daß die Batteriesäure aus den Verschlußstopfen lief, habe ich meine erbärmliche Chemiekenntnisse zusammengekratzt, die Sache mal durchgerechnet und da wurde mir alles klar. „Wasser wird frei und die Säuredichte sinkt ab", heißt ja nicht, daß der Säurestand ansteigt!
So unglaubwürdig sich das anhört; obwohl die Batteriesäure einer entladenen Batterie wäßriger wird, sinkt der Säurestand. In den entladenen Platten der Batterie wird nämlich wesentlich mehr Schwefelsäure gebunden, als Wasser frei wird. Wenn der Säurestand einer weitgehend entladenen Batterie unter der Plattenoberkante liegt, wird er nach dem Aufladen der Batterie wieder auf den normalen Stand ansteigen.

Schwefelsäure wird frei

Bei der Entladung wird volumenmäßig ungefähr dreimal soviel Schwefelsäure in den Platten gebunden, wie Wasser frei wird. Umgekehrt wird bei der Ladung etwa dreimal soviel Schwefelsäure frei, wie Wasser gebunden wird!
Jetzt ist die Sache mit dem angestiegenen Säurestand leicht zu erklären: Ich hatte das destillierte Wasser nachgefüllt, als die Batterie (durch häufige Kurzstreckenfahrten bei Nacht) so stark entladen war, daß sie den Anlasser nur noch recht müde durchdrehte.
Anschließend wurde der Wagen bei Tag über lange Strecken gefahren, wobei die Batterie wieder richtig aufgeladen wurde.
Die Moral von der Geschicht:
Destilliertes Wasser darf nur nachgefüllt werden, wenn die Batterie ihren normalen Ladezustand hat!
Die Ladung der Batterie kann man mit dem anschließend beschriebenen Säureprüfer kontrollieren. Da der Säurestand bei verdunstetem Wasser oder entladener Batterie meist aber unter der Plattenoberkante liegt, kann

man die Batteriesäure nur bei schrägliegender Batterie zur Prüfung absaugen, wozu man sie ausbauen muß. Die Kontrolle mit dem Säureprüfer ist ohnehin nur zuverlässig, wenn die Batterie mit korrekter Mischung aus Schwefelsäure und Wasser gefüllt ist, also nicht gemessen wird, wenn versehentlich mal zuviel Wasser nachgefüllt wurde.

Keine Säure absaugen!

Absaugen des zu hohen Säurestands mit dem Säureprüfer hat keinen Zweck; das korrekte Mischungsverhältnis müßte durch reine Schwefelsäure wieder hergestellt werden. Das zuviel eingefüllte Wasser kann man allerdings wieder aus der Batterie herausgasen, indem sie längere Zeit überladen wird, wobei das Wasser in Form von Wasserstoff und Sauerstoff entweicht.
Ob die Batterie richtig geladen ist, kann man auch mit dem ebenfalls anschließend beschriebenen Zellenprüfer feststellen. Da man sich aber beim Nachfüllen von destilliertem Wasser kaum die Arbeit macht, den Ladezustand der Batterie zu prüfen, schlägt man einen einfacheren Weg ein:
Man füllt nur dann destilliertes Wasser nach (oder läßt es nachfüllen), wenn die Batterie durch eine längere Tagfahrt mit ziemlicher Wahrscheinlichkeit gut geladen ist!
(Passen Sie auf, daß Ihnen kein übereifriger Tankwart oder Mechaniker das destillierte Wasser der Batterie ergänzt, wenn Sie vorher viel Kurzstreckenverkehr hatten.)

Der falsche Säurezustand der Batterie

In Büchern und Druckschriften ist zu lesen, daß die Batteriesäure nur dann gefrieren und das Batteriegehäuse sprengen könnte, wenn nur noch Spuren von Schwefelsäure in der Mischung Schwefelsäure/destilliertes Wasser enthalten sind, die Säuredichte also unter 1,10 kg/l gesunken ist. Eine Batterie mit derartig geringer Säuredichte müßte aber schon monatelang nicht mehr geladen worden sein.
So, und nun schauen Sie sich einmal das nachstehende Bild an!
Nicht daß diese Batterie monatelang im Freien gestanden und sich dabei selbst entladen hätte. Der Wagen mit dieser Batterie war eine Woche vorher noch gefahren worden! Anschließend stand er bei einer Temperatur von etwa –4 bis 8° C vor dem Haus. Während dieser Zeit ist die Batteriesäure gefroren und hat das Batteriegehäuse gesprengt.
Eine Batterie, die den Anlasser bei etwa –10° C noch durchdreht, kann aber nicht vollkommen entladen sein, die Säuredichte dürfte noch nicht soweit abgesunken sein, daß die Batteriesäure gefriert.
Die gefrorene Batterie wurde in eine Kunststoffwanne gestellt, aufgetaut und

Was es nach der Theorie nicht geben darf: Eine Batterie, deren Säure gefroren ist und das Batteriegehäuse gesprengt hat. Das kann nur passieren, wenn die Füllung praktisch kaum noch einen Anteil an Schwefelsäure hat und fast ausschließlich aus Wasser besteht. Wie es dazu kommen kann, lesen Sie im Text. Die Pfeile zeigen auf die zu Eis gefrorene Säure.

die Säure aus den einzelnen Zellen auf ihre Dichte kontrolliert. Mit meinem Säuredichtmesser war sie nicht mehr zu messen, die Skala geht nur hinab bis etwa 1,10 kg/l. Jetzt wurde die Säure wieder in die Zellen gefüllt und die noch intakten Zellen wurden mit einem Strom von rund 3 Ampere geladen. Nach 20 Stunden gaste die Batterie schon recht kräftig (es bilden sich kleine Gasbläschen, man hört das auch), war also wieder aufgeladen. Die Spannung an den einzelnen Batteriezellen betrug 2,12 Volt, was einer geladenen Batterie entspricht. Die Säuredichte wurde wieder gemessen, betrug aber nur 1,18 kg/l, was einer schwachen Ladung gleichkommt. Die Batterie wurde dann vier Stunden bei –3° C ins Freie gestellt und noch einmal gemessen, Spannung und Säuredichte waren gleich geblieben.
Und wo war die restliche Säure hingekommen, die zur Dichte von 1,28 kg/l gehört???
In mehreren Werkstatt-Fachzeitschriften habe ich folgenden Tip gelesen:
Um einen korrekten Säurestand zu erreichen, saugt man das zuviel eingefüllte destillierte Wasser mit einem Säureprüfer ab, auf dessen Glasröhrchen ein Gummischlauch gesteckt wird. Dieses Gummiröhrchen wird 10 mm über dem unteren Ende durchbohrt. Nun drückt man den Gummiball des Säureprüfers zusammen, läßt ihn wieder los und automatisch wird solange Batteriesäure abgesaugt, bis bei einem Säurestand von 10 mm, Luft in den Schlauch gelangen kann.
So, und jetzt lassen Sie die Prozedur 10 oder 20 mal an Ihrer Batterie durchführen, wobei jeweils nur 10 ccm Säure abgesaugt werden!
Was glauben Sie, wie hoch die Säuredichte Ihrer Batterie dann noch sein wird?

Wie füllt man Wasser nach?

Zur Ergänzung des Batterie-Säurestandes gibt es zwar vielerlei Gummi-Nachfüllkappen, die einfach auf die Flasche mit destilliertem Wasser aufgesteckt werden, so daß man den Säurestand direkt aus der Flasche korrigieren kann, doch man sollte sich zuerst im Umgang mit ihnen etwas üben, da man sonst schnell zuviel Wasser nachgefüllt hat.
Das Wasser direkt aus der Flasche in die Zellen gießen, taugt gar nichts – es wird fast immer zuviel.
Wie gesagt, Absaugen des zuviel eingefüllten Wassers ist nicht möglich, da man hierbei auch Schwefelsäure mit absaugt.
Wenn man keine Nachfüllkappe hat, so nimmt man entweder eine Fotomensur oder ein kleines Schnapsstamperl und füllt ganz gemächlich nach. Verwendet man einen Trichter, so darf er nicht aus Metall bestehen; überhaupt darf das destillierte Wasser nicht mit Metallbehältern in Berührung kommen.
Eine weitere, sichere Methode ist das Nachfüllen des Wassers mit dem Säureprüfer, in dem man es aus der Flasche absaugt und in die Zellen füllt.

Vorratsbehälter sind nicht narrensicher

Das einfachste Verfahren, den Säurestand auf der vorgeschriebenen Höhe zu halten, scheinen die kleinen Vorratsbehälter zu sein, die anstelle der Batteriestopfen eingeschraubt werden. Solche Vorratsbehälter sind u. a. unter dem Namen „Herco-Batteriewächter“ erhältlich.
Die Vorratsbehälter bestehen aus durchsichtigem Kunststoff und besitzen einen Stutzen, der in die Batterie hineinragt und ungefähr in Plattenhöhe mündet. Durch Zusammendrücken des Vorratsbehälters und Wiederloslassen wird das destillierte Wasser durch den Stutzen angesaugt und der Vorratsbehälter gefüllt.

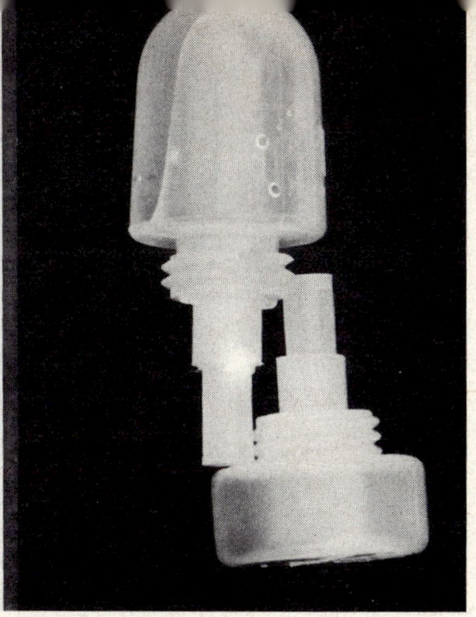

Links: Batterie mit gewöhnlichen Zellenstopfen links, niedrigem Wasservorratsbehälter, Mitte und hohem Wasservorratsbehälter, rechts. Was es mit den Wasservorratsbehältern auf sich hat, steht im Text.
Rechts: Die Vorratsbehälter für destilliertes Wasser haben, je nach Ausführung, unterschiedlich lange Stutzen und beim Kauf muß man darauf achten, daß die Stutzen, die für die betreffende Batterie erforderliche Länge haben.

Am Stutzen der Vorratsbehälter befinden sich in Höhe des vorgeschriebenen Säurestands kleine Bohrungen, aus denen das destillierte Wasser herausrieseln kann, wenn der Säurestand unter die Bohrungen absinkt. Sobald der Säurestand seine vorgeschriebene Höhe wieder erreicht hat, verdeckt er die Bohrungen und hindert weiteres Wasser am Ausfließen.
Leider haben derartige Vorratsbehälter aber kein Unterscheidungsvermögen. Sie können nicht beurteilen, ob der sinkende Säurestand auf verdunstetes bzw. vergastes Wasser zurückzuführen ist oder auf die Wasseraufnahme der Platten bei entladener Batterie.
Im Sommer, wenn die Batterie immer gut geladen ist, sind sie recht zweckmäßig. Im Winter, wenn der Säurestand häufiger durch die Entladung der Batterie absinkt, sollte man sie herausschrauben und durch die normalen Verschlußstopfen ersetzen, sonst fließt schließlich – wie im obigen Fall – Säure aus der Batterie aus.
Um das Entweichen des bei der Batterieladung entstehenden Gases zu ermöglichen, besitzen die Vorratsbehälter an ihren Gewinden eingefräste Entlüftungsschlitze.

Ursachen des Wasserverbrauchs

Natürlich verbraucht eine Batterie im Sommer mehr Wasser als im Winter, denn durch die zusätzliche Erwärmung verdunstet das Wasser schneller. (Es verdunstet immer nur das destillierte Wasser, die eigentliche Schwefelsäure verdunstet nicht; es wird also stets nur destilliertes Wasser nachgefüllt, es sei denn, es ist wirklich Batteriesäure „ausgeflossen".)
Wenn in sehr kurzen Abständen destilliertes Wasser nachgefüllt werden muß, um den vorgeschriebenen Säurestand beizubehalten, dann muß der Regler kontrolliert werden.
Ist der Regler so eingestellt, daß er eine zu hohe Spannung der Lichtmaschine einreguliert, so fließt (besonders im Sommer bei wenig eingeschalteten Stromverbrauchern) ein zu hoher Ladestrom in die Batterie. Dieser hohe Ladestrom bewirkt die Zersetzung des Wassers in Wasserstoff und Sauerstoff, die nun gasförmig entweichen und es wird Wasser „verbraucht".

Prüfen des Ladezustands

Solange man keine Anlaßschwierigkeiten hat, kann man annehmen, daß die Batterie ausreichend geladen ist. (Im Sommer kann das allerdings täuschen, denn meist springt der Motor schon nach den ersten Anlasserumdrehungen an, so daß die Batterie kaum beansprucht wird.)
Eine grobe Prüfung der Batterie kann man dadurch vornehmen, daß man die

Scheinwerfer etwa eine Viertelstunde lang einschaltet. Brennen sie anschließend merklich dunkler, so ist die Batterie stark entladen.
Alle behelfsmäßigen Prüfungen taugen aber nicht viel.

Prüfung mit Säureheber

Am einfachsten erfolgt die Prüfung des Ladezustands mit einem Säureheber. Mit ihm saugt man Säure aus einer Zelle, die Spindel des Säurehebers taucht dabei mehr oder weniger tief in die angesaugte Säure ein. Je höher sie steigt, umso erfreulicher; je besser ist die Batterie geladen.
Da die Säuredichte – also das spezifische Gewicht der Batteriesäure – vom Ladezustand abhängt (sofern die Batteriesäure richtig zusammengesetzt ist, was man meist annehmen kann), kann man aus dem spezifischen Gewicht der Säure den Ladezustand ersehen. Im Säureprüfer ist eine Spindel untergebracht, die in der angesaugten Säure schwimmt. In die Spindel ist eine Papierskala eingelassen, die das spezifische Gewicht der Batteriesäure in Zahlen angibt, und außerdem in Farbfelder eingeteilt ist. Von unten nach oben:

- Weißes Feld = Säuredichte zu hoch
- Gelbes Feld = Batterie vollgeladen
- Blaues Feld = Batterie halb geladen
- Rotes Feld = Batterie entladen.

Die entsprechenden Zahlenwerte:

Spezifisches Gewicht	Gefrierpunkt der Batteriesäure:
1,30–1,40 kg/Liter = Säuredichte zu hoch	ca. –70° C
1,26–1,28 kg/Liter = Batterie geladen	ca. –60° C
1,20–1,25 kg/Liter = Normalzustand	ca. –27° C
1,16–1,19 kg/Liter = Schwach geladen	ca. –17° C
1,12–1,15 kg/Liter = Batterie entladen	ca. –10° C

So einfach die Messung mit dem Säureheber ist, etwas aufpassen muß man schon. Am Saugröhrchen wartet meist schon ein Säuretropfen darauf, sich an ungünstiger Stelle abzulösen und sein Zersetzungswerk zu beginnen. Saugröhrchen bei der Messung also immer über der Zellenöffnung halten und den Säureheber beim Transport in ein leeres Marmeladglas oder ähnliches stellen.
Zeigt die Messung bei allen Zellen gleichmäßig eine geringe Säuredichte an, so ist die Batterie normal entladen und es genügt Aufladung am Ladegerät oder durch die Lichtmaschine des Wagens. Unterschiedlicher Ladezustand

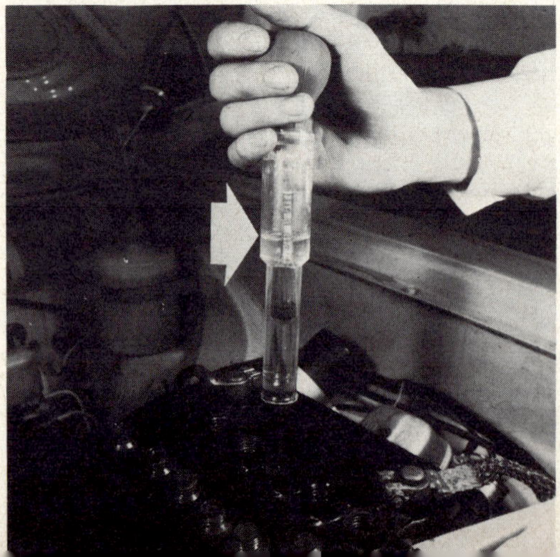

So wird die Säuredichte mit einem Säureheber gemessen. Mit dem Saugball saugt man die Batteriesäure an, die Spindel schwimmt dann in der Säure (Pfeil). Je weniger sie eintaucht, um so höher ist die Säuredichte und um so besser ist der Ladezustand der Batterie. Taucht sie bis zum roten Feld ein, dann ist die Batterie entladen. Ist die Säuredichte nur bei einer oder mehreren Zellen wesentlich tiefer als bei den anderen, so sind diese Zellen mit großer Wahrscheinlichkeit defekt. Reparieren lassen sie sich nicht.

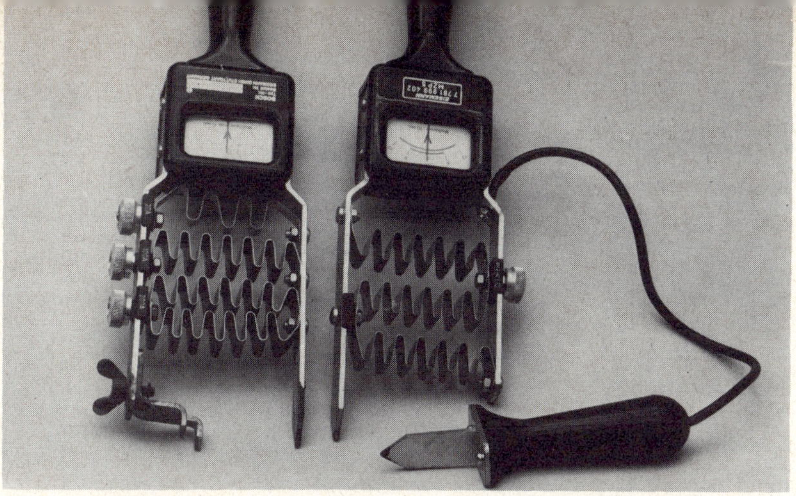

Zellenprüfer (links) und Batterieprüfer (rechts). Die Spitzen des Zellenprüfers werden auf die Zellenverbinder bzw. Polköpfe jeder einzelnen Zelle gedrückt; so läßt sich der Zustand jeder Zelle einzeln prüfen. (Bei vergossener Batterieoberfläche drückt man die Spitzen durch die Vergußmasse.) Zur Prüfung von Blockdeckel-Batterien braucht man einen Batterieprüfer. Meßzeit bei Zellen- und Batterieprüfern jeweils etwa 10 Sekunden.

der Zellen deutet auf Altersschwäche, man muß sich langsam auf eine neue Batterie vorbereiten.

Vereinfachter Säureheber

Normale Säureprüfer oder Säureheber sind ziemlich unhandlich. Wo will man sie ungefährdet aufbewahren, wenn man nicht über eine Garage verfügt? Ein Testset mit zwei Klein-Spindelprüfern, einem Accu-Test für die Batterie und einem Aqua-Test für den Kühlwasser-Frostschutz wird von der Firma Herco vertrieben (Zubehörhandel, Kaufhäuser usw.).
Der Accu-Test-Säureheber hat drei Teststifte, die in der angesaugten Säure stehen. Schwimmen drei Teststifte oben, ist die Batterie gut geladen, schwimmen zwei Teststifte oben, ist die Batterie ausreichend geladen, schwimmt nur ein Teststift oben, ist die Ladung ungenügend. Natürlich ist die Messung mit einem Accu-Test nicht so differenziert wie mit einem regulären Säureheber, sie reicht für unsere Zwecke aber vollkommen aus. Und das Ding ist sehr handlich. Der Säureheber wird in eine Plastik-Vierkanthülle eingeschraubt, wodurch die Säurereste kein Unheil anrichten können.

Zellen- und Batterieprüfer

Eine andere Möglichkeit, den Ladezustand zu prüfen, bieten die sogenannten Batterie- und Zellenprüfer. Beim Zellenprüfer werden die beiden Prüfspitzen auf die beiden Pole einer Zelle gedrückt. Über den Widerstand zwischen den Prüfspitzen fließt ein hoher Strom, der die Zelle stark belastet. Der Zellenprüfer bleibt 10 sec. aufgedrückt, wobei der Widerstand natürlich recht heiß wird. Zwischen den beiden Prüfspitzen liegt zusätzlich ein Voltmeter, mit dem die Zellenspannung gemessen wird. Bei der Messung darf der Zeiger des Voltmeters nicht in das rote Feld abfallen. Fällt der Zeiger bei allen Zellen in das rote Feld, ist die Batterie entladen, sinkt er nur bei einer (oder mehreren) Zellen bis in den roten Skalenbereich, so sind diese Zellen defekt.
Diese Messung läßt sich natürlich nur bei freiliegenden Polbrücken vornehmen, da sich der Zellenprüfer nur bei solchen (oder vergossenen Polbrücken) ansetzen läßt. Bei „neuzeitlichen" Kunststoffgehäuse-Batterien mit gekapselten Polbrücken nützt der Zellenprüfer nichts, da bleibt nur die Messung mit dem Batterieprüfer übrig, dessen beide Spitzen auf den Plus- bzw. Minuspol aufgesetzt werden. Sinkt der Zeiger des Voltmeters ins rote Feld, kann die Batterie entweder entladen oder defekt sein. Steht der Zeiger auch bei aufgeladener Batterie im roten Feld, so ist eine Zelle defekt. Welche es ist, läßt sich nicht feststellen, da hilft nur wegschmeißen und eine neue Batterie. Schade, schade!

Korrosionsausblühungen an Polköpfen und Batterieklemmen – sogenannte „Blumenkohle" – lassen sich mit Wasser aufweichen und wegspülen. Besser ist ein Neutralisationsmittel, wie z. B. das Neutralon-Spray von Varta, mit dem sich auch Säurespritzer, verschüttete Batteriesäure und säurefeuchte Batterieoberflächen neutralisieren lassen.

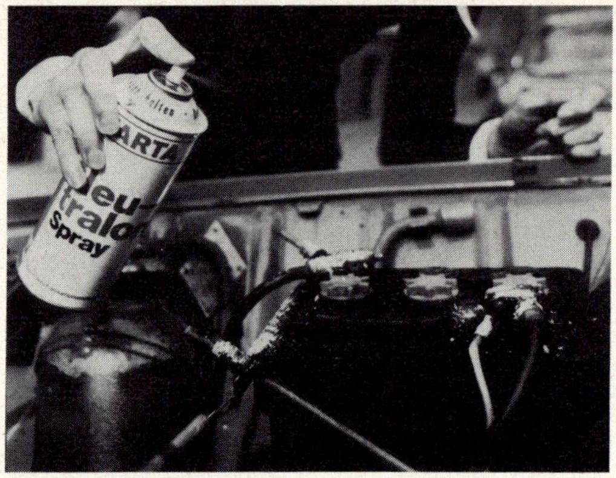

Säubern der Batterieoberfläche

Wie wirkt sich eine säurefeuchte Batterieoberfläche auf die Selbstentladung der Batterie aus? Stimmt es, daß die Selbstentladung über die Batterieoberfläche bei Batterien mit vergossener Oberfläche größer ist, als bei modernen Batterien in Blockdeckelausführung?
Können Kriechströme auf der Batterieoberfläche die Startfähigkeit herabsetzen? Über diese Fragen ranken sich die merkwürdigsten Ansichten.
Mit den Autobatterien ist das so eine Sache. Haben sie ihren Platz im Motorraum, so sind sie zur Kontrolle des Säurestands bequem zugängig. Andererseits begünstigt die im Motorraum herrschende Wärme die Verdunstung des Wassers aus der Batteriesäure. Der Luftdurchsatz durch den Kühler bewirkt im Motorraum auch auf der Batterieoberfläche einen Staubniederschlag. Oft führt ein zu hoher Ladestrom zum Gasen der Batterie. Die dabei mitgerissenen Säuretröpfchen werden zwar zum größten Teil im Labyrinth der Verschlußstopfen zurückgehalten und tropfen wieder in die Zellen zurück, doch einem Bruchteil gelingt immer noch die „Flucht" aus den Gasungsbohrungen der Verschlußstopfen, und sie schlagen sich auf der Batterieoberfläche nieder.

Selbstentladung über Batterieoberfläche?

Nach landläufiger Ansicht soll die Säurefeuchte – besonders in Verbindung mit der Staubschicht – eine schnelle Selbstentladung der Batterie bewirken. Es ist ein Ammenmärchen!
Säurefeuchte Batterieoberflächen deuten auf eine zu hohe Lichtmaschinen-Regelspannung, zeugen ganz allgemein von mangelnder Wartung und Pflege, haben aber keine Batterieentladung zur Folge. Die Selbstentladung innerhalb der Batterie ist größer als der Entladestrom zwischen Plus- und Minuspol über die Batterieoberfläche! Trotzdem sollte man Oberfläche und Polköpfe sauber halten.
Gesäuberte Klemmen wieder auf die Pole drücken, mehrmals hin- und herdrehen, damit sich fester Kontakt zwischen Polkopf und Klemme ergibt. Nach dem Aufsetzen der Klemmen auf die Polköpfe fettet man die ganze Angelegenheit gut mit Säureschutzfett ein. Kleinen Pinsel verwenden, damit man auch an die Klemmenunterseite und versteckte Stellen gelangt. Um Oxydation an den Polköpfen und Klemmen zu verhindern, gibt's im Zubehörhandel Schutzringe, die vor dem Aufsetzen der Klemmen über die Polköpfe gestülpt werden. Bei Verwendung von Schutzringen werden Klemmen und Polköpfe nicht eingefettet.
Beim Wiedereinbau der Batterie zuerst Plusklemme anschließen, danach Minusklemme. (Ein Vertauschen der Kabelklemmen ist – wenn man nicht gerade Gewalt anwendet – kaum möglich, denn der Plus-Polkopf ist bei fast

allen Batterieausführungen dicker als der Minus-Polkopf. Eine Ausnahme war die 6-Volt-Batterie älterer Renault-Modelle.)
Zum Ausbau der Batterie löst man zuerst das Minuskabel und dann erst das Pluskabel. (Wenn man umgekehrt vorgeht, kann es leicht passieren, daß der auf der Mutter der Plus-Batterieklemme angesetzte Schlüssel an ein Blechteil des Wagens kommt, was einen wüsten Kurzschluß gibt.)

Polklemmenpflege

Batteriepole haben oft häßliche „Blumenkohl-Ausblühungen". Derartig oxydierte Pole und Polklemmen reinigt man nicht mit einer Drahtbürste, sondern mit Wasser. Die Drahtbürste kann die Verbleiung der Klemmenschrauben noch weiter zerstören, die Oxydation erfolgt dann noch schneller. Am besten schließt man die Polklemmen ab und hängt sie zur Reinigung in einen mit Wasser gefüllten Gips-Gummibecher. Die Klemmen sitzen oft so fest auf den Polköpfen, daß sie sich nach Lösen der Klemmenschrauben von Hand nicht abziehen lassen. Keinesfalls einen Schraubenzieher zwischen Polklemme und Batteriekasten zum „Abhebeln" ansetzen! Notfalls Klemmenschraube lösen und Schraubenzieherklinge zwischen die Klemmenhälften setzen und etwas spreizen. Polköpfe und Klemmeninnenseite nur sehr vorsichtig mit dem Messer blankschaben, sonst höhlt man die Flächen aus und die Kontaktgabe wird verkleinert. Zum Reinigen von Polköpfen und Klemmeninnenseite gibt's in Werkstätten passende Drahtbürsten und Fräser, private Anschaffung lohnt sich nicht recht, falls möglich, in einer Werkstatt ausleihen.
Die ausgebaute Batterie säubert man mit einer kräftigen Bürste und warmem Wasser, wobei man aber auf den Zellenstopfen nicht zu stark herumbürsten soll, denn sonst kann Wasser in die Entlüftungsbohrungen der Zellenstopfen und weiter in die Batterie gelangen. (Nicht alle Zellenstopfen sind so ausgebildet, daß von außen in die Entlüftungslöcher eindringender Schmutz oder Wasser innerhalb des Zellenstopfens aufgehalten werden.) Fremdstoffe und normales Wasser sind aber Gift für die Batterie und setzen ihre Lebensdauer herab.
(Vorsicht beim Abbürsten der Säurerückstände: auch wenn sie durch Wasser verdünnt sind, fressen sie leicht ein Loch in die Hose!)

Schlechter Investmentfond!

Die Batterie ist ein ziemlich unwirtschaftliches Sparschwein, denn man muß immer vielmehr in sie hineinschicken, als man nachher wieder herausholen kann. (Auch wenn man sie noch so lange ladet – mehr als die Nennkapazität kann man nicht speichern.)

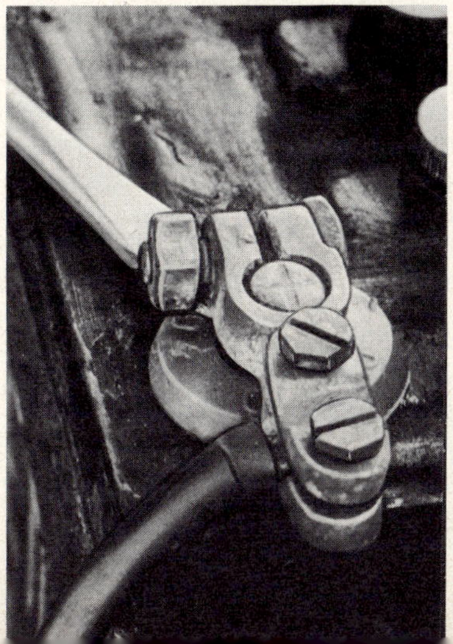

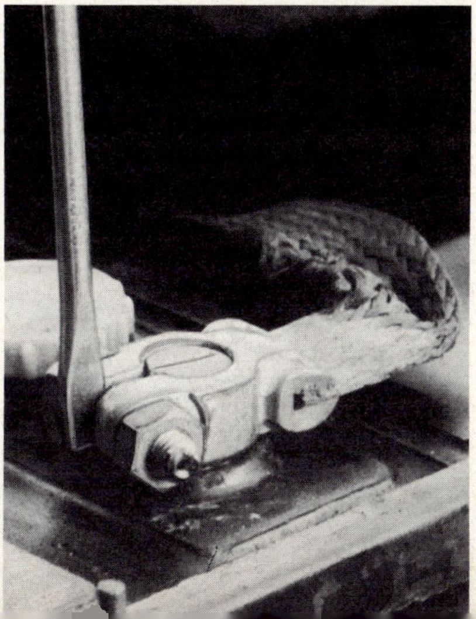

Links: So darf man die Batterieklemmen auf keinen Fall mit einem Schraubenzieher abhebeln, da man sonst den Polkopf der Batterie abreißen kann. Rechts: Wenn man schon kein Abziehwerkzeug hat, so muß man zuerst die Klemmenschraube der Batterieklemme um mehrere Gänge lösen und dann mit der Schraubenzieherklinge die Klemme so spreizen, daß sie sich von Hand abnehmen läßt.

Abgesehen davon, hat das Sparschwein auch noch ein Loch: Jede Bleibatterie entladet sich bei Nichtbenutzung von selbst. Bei normaler Temperatur (ca. 15–20°) hat sich eine geladene Batterie innerhalb von drei Monaten praktisch selbst entladen. Je höher die Temperatur ansteigt, um so schneller geht die Selbstentladung vor sich.
Die Selbstentladung ist noch nicht einmal das Schlimmste. In einer entladenen Batterie bildet sich aber an den Platten Bleisulfat, und die Platten werden zerstört. Wenn ein Fahrzeug vorübergehend stillgelegt wird, so muß die Batterie alle 6–8 Wochen nachgeladen werden, um die Selbstzerstörung zu verhindern. (Das gilt natürlich nur für Batterien, die schon mit Säure gefüllt waren. Eine noch nicht in Betrieb gewesene Batterie ist der Selbstzerstörung nicht ausgesetzt. Ausschütten der Batteriesäure aus einer schon in Betrieb gewesenen Batterie hilft nichts, die Batterie geht noch früher ein.)

Batterieladung

Eigentlich müßte die Batterie immer ausreichend durch die Lichtmaschine des Wagens geladen werden. Fährt man viel im abendlichen Stadtverkehr mit häufigen Ampelaufenthalten, so reicht die Batterieladung durch eine Gleichstrom-Lichtmaschine vielfach nicht aus, da sie bei Leerlaufdrehzahlen des Motors noch keinen Strom abgibt. Es besteht also ein Mißverhältnis zwischen Batterieladung durch die Lichtmaschine und Batterieentladung durch die Stromverbraucher. (Eine Ausnahme sind die frühladenden Gleichstrom-Lichtmaschinen der VW-Modelle. Bei Motoren mit höherer Drehzahl kann man solche Lichtmaschinen aber nicht einbauen, da die Höchstdrehzahl der Lichtmaschine überschritten würde.)
Bei den allgemein verbreiteten Drehstrom-Lichtmaschinen hat man kaum jemals eine ungenügend geladene Batterie zu befürchten, da die Drehstrom-Lichtmaschine–wie schon gesagt–auch bei Motorleerlauf schon Strom abgibt.

Fremdladung mit Kleinlader

Hat man eine Garage mit elektrischem Anschluß, so kann man die Batterie über Nacht mit einem Kleinlader aufladen, wobei die Batterie im Wagen eingebaut bleibt.
Da diese Kleinlader meist nur einen Anfangs-Ladestrom von etwa 3 Ampere abgeben, der dann mit dem Ansteigen der Batteriespannung während der Ladung noch stark zurückgeht, kann man die Zellenstopfen aufgeschraubt lassen, denn die Gasentwicklung ist nicht besonders hoch.
Gewöhnt man sich das Nachladen mit einem Kleinlader allerdings an, so muß man in etwa wöchentlichen Abständen den Säurestand prüfen.
Wie aber schon erwähnt, bei geladener Batterie!

Kleinlader-anschluß

Die Batterienachladung mit einem Kleinlader braucht ihre Zeit. Üblicherweise wird der Lader über Nacht angeschlossen, damit die Batterie am nächsten Morgen wieder genügend „Dampf“ aufbringt. Die meisten Kleinlader haben Federklemmen an den Anschlußleitungen der Sekundärseite, die sich an die Batterieklemmen ansetzen lassen. Ist die Batterie schlecht zugängig, so kann man die Minus-Federklemmen an Masse legen und die Plus-Federklemme an eine gut zugängige Plusleitung, die auch bei ausgeschalteter Zündung mit dem Batteriepluspol verbunden ist.

Anschluß bei Drehstrom-Lichtmaschinen

Auch bei Drehstromlichtmaschinen dürfen Kleinlader an die Batterie angeschlossen werden, ohne daß die Batterieklemmen gelöst werden müssen. Vor einigen Jahren wurde noch davon abgeraten, heute weiß man, daß der Anschluß ungefährlich ist.

Kleinlader haben üblicherweise Federklemmen zum Anschluß an die Batteriepole. Vorsicht vor falscher Polung! Steckermontage zum Anschluß des Kleinladers an die Autosteckdose ist zu empfehlen. Führt man die Leitungen der Federklemmen an eine Steckkupplung, so läßt sich der am Kleinladeranschluß montierte Zentralstecker damit kuppeln und man kann auch eine ausgebaute Batterie nachladen.

Auf jeden Fall müssen die Verbindungen polgerecht vorgenommen werden; der Pluspol des Ladegeräts muß mit dem Pluspol der Batterie verbunden werden, der Minuspol mit dem Minuspol. Bei Gleichstrom-Lichtmaschinen ist eine Falschpolung nicht so tragisch, die meisten Kleinlader haben ohnehin einen Sicherungsautomaten, der bei Falschpolung anspricht und das Gerät abschaltet. Bei Drehstromlichtmaschinen ist die Sache unangenehmer, denn schon bei kurzzeitiger Falschpolung können die Dioden unbrauchbar werden. Auch wenn die Sicherung des Kleinladers bei Falschpolung sofort anspricht, kann das Unglück schon geschehen sein.

Schließt man den Kleinlader über Zentralstecker und Steckdose an das Bordnetz an, so ist eine Falschpolung von vornherein ausgeschlossen. Außerdem spart man sich das Öffnen der Motorhaube oder der Batterieabdeckung. Vielfach findet sich schon eine Steckdose für Zentralstecker serienmäßig im Wagen. Wenn nicht, kann man leicht eine an geeigneter Stelle selbst anbringen. Auf richtigen Masseanschluß achten, die Plusleitung muß entweder an der Klemme 30 des Zündanlaßschlosses oder eine Plusleitung, die auch bei ausgeschalteter Zündung direkte Verbindung mit Batterie-Plus hat, angeschlossen werden, oder es muß eine gesonderte Leitung zu Batterie-Plus geführt werden.

Sofern der Wagen einen Zigarettenanzünder hat, läßt sich auch hier ein dünner Zentralstecker mit dem Zwischenstecker 0 352 321 005 von Bosch ein-

Der Kobe-Kleinlader ist mehr ein Batterie-Frischhaltegerät, er gleicht die Selbstentladung der Batterie aus. Zum Nachladen ist er nicht geeignet. Er wird direkt mit Kabelschwanz geliefert, der auf der einen Seite eine Steckkupplung hat, auf der anderen Seite Federklemmen.

setzen (DM 4,–). Von Hella gibt's einen Zentralstecker, der in Steckdosen und Zigarrenanzünder-Fassung paßt (8 JA 002 252-101, DM 3,50).
An die Steckdose läßt sich nicht nur das Ladegerät anschließen (dessen Sekundärleitungen anstelle der Batterie-Federklemmen mit einem Zentralstecker versehen werden), sondern auch Handlampe, Staubsauger u. a.

Die Batterie im Winter

Im Winter wird die Batterie beim Anlassen des Motors besonders stark beansprucht, denn der Anlasser muß jetzt unter erschwerten Umständen arbeiten. Durch das in der Kälte zähflüssig gewordene Motoröl kann der Motor nur wesentlich schwerer durchgedreht werden als bei normalen Temperaturen.
Als zusätzliche Erschwerung kommt hinzu, daß die Batterie stark temperaturabhängig ist.

Bringt Kälteschutzverpackung der Batterie etwas ein?

Da sich die abgesunkene Temperatur besonders auf die Kapazität der Batterie auswirkt, müßte man versuchen, das Auskühlen der Batterie zu verhindern.
Dafür werden so wunderschöne Schutzkästen aus Styropor oder ähnlichen Werkstoffen angeboten. Leider haben sie ihren Nutzen aber noch nicht bewiesen, denn es ist nun einmal so, daß sich eine Wärmeisolierung in beiden Richtungen auswirkt. Die Isolierkästen verhindern zwar ein schnelles Auskühlen der Batterie, sie verhindern aber auch (wenn die Batterie ausgekühlt ist) den Wärmeübergang vom Motor- und Fahrgastraum zur Batterie.
Da eine nur halb geladene Batterie, die + 20° C hat, den Anlasser auch bei kaltem Motor immer noch wesentlich leichter durchdreht als eine vollgeladene Batterie, die auf –10° C abgekühlt ist, kann man die Batterie abends ausbauen und mit in die Wohnung nehmen. Eine solche Arbeit ist aber mehr als lästig und man wird nur in sehr kalten Nächten zu dieser Notlösung greifen, wenn die Batterie schon sehr altersschwach ist und man das nötige Kleingeld für eine neue Batterie noch nicht zur Hand hat.
Wenn man den Batterieausbau zur winterlichen Dauerlösung macht, dann darf man einen Riemen, den man zum Transport um die Batterie schlingt, keinesfalls tagsüber um die eingebaute Batterie lassen, auch wenn man die Riemenschnalle zur Vermeidung von Kurzschlüssen isoliert. Das „Warum nicht" wird Ihnen Ihre Frau schon klarmachen, wenn der durch Säure brüchig gewordene Riemen reißt und die Batterie auf dem Teppich gelandet ist!

Schnelladen der Batterie

Bekanntlich kann man Batterien auch „Schnelladen" lassen. Hier wird in kurzer Zeit eine gewaltige Menge „Amperestunden" in die Batterie hineingejagt, so daß man anschließend wieder eine halb- oder dreiviertelvolle Batterie zur Verfügung hat.
Eine gesunde Batterie verkraftet diese Gewaltmethode ohne weiteres, doch sollte man das Schnelladen nicht zur Gewohnheit werden lassen.

Die Batterie-Wundermittel

Batterie-Wundermittel, die aus einer altersschwachen Batterie mit hochgedrückten Zellendeckeln eine neue machen oder die Kapazität heraufsetzen, gibt es nicht. Meist sind diese Mittel so teuer, daß man für den Preis schon 1/3 einer neuen Batterie erhält, es ist also schade ums Geld.
Ein Zusatzmittel, das die Korrosion der Batterieplatten verhindern und die Sulfatierung herabsetzen soll, ist unter dem Namen „Cobalt-MG" im Handel. Mehrere nicht mehr ausreichend leistungsfähige Batterien wurden von mir sowie von der Redaktion „mot" damit behandelt. Die Erfahrungen waren

durchweg positiv. Natürlich läßt sich auch durch diese Mittel keine ausgefallene aktive Masse wieder in die Bleigitter zurückholen, tote Batterien lassen sich nicht reparieren! Da der Preis für das Mittel nur rund DM 13,– beträgt, scheint man hiermit kein Risiko einzugehen, wenn man den Preis einer neuen Batterie auf die durchschnittliche Lebensdauer umrechnet.

Trocken vorgeladene Batterien

So bezeichnet man in der Umgangssprache Batterien, die beim Händler, der Werkstatt oder der Tankstelle fabrikneu auf Lager stehen und zum Einbau in einen Wagen nur mit Säure gefüllt zu werden brauchen. Die Batteriehersteller sprechen häufig auch von vorformierten Batterien, was dasselbe ist.
Bei den trocken vorgeladenen Batterien werden die Plattensätze schon vor dem Einbau einem Ladevorgang unterzogen – sie werden formiert. Anschließend werden die Plattensätze gespült – also von Schwefelsäure gereinigt – und getrocknet. Um die Haltbarkeit derartiger Platten zu vergrößern, werden sie normalerweise vor dem Einbau noch konserviert.
Im Gegensatz zu einer „trockenen und ungeladenen" unformierten Batterie, die bei entsprechender Aufbewahrung jahrelang gelagert werden kann, sind die vorformierten Batterien nur ein bis zwei Jahre lagerfähig und sollen dann in Betrieb genommen werden.

Die leidige Vorbereitungszeit

Eine „trockene und ungeladene" Batterie braucht aber eine ziemlich lange Vorbereitungszeit, bis sie in Betrieb genommen werden kann, und diese Zeit hat kaum ein Kraftfahrer.
Bei „trockenen und ungeladenen" Batterien muß zuerst Schwefelsäure mit einer Dichte von 1,28 kg/l eingefüllt werden und anschließend muß die Batterie etwa 5 bis 6 Stunden stehen. Der Säurespiegel sinkt dabei ab, und anschließend muß wieder soviel Säure nachgefüllt werden, daß der Spiegel etwa 15 mm über der Plattenoberkante steht. Jetzt wird die Batterie mit $^1/_{20}$ der Stromstärke geladen werden, die der Kapazität entspricht (bei einer 66 Ah-Batterie also etwa 3 Ampere). Die Batterie muß solange geladen werden, bis alle Zellen lebhaft gasen, was etwa 15–20 Stunden dauert. Zwei Stunden nach beendeter Ladung muß dann noch einmal der Säurestand kontrolliert und gegebenenfalls destilliertes Wasser nachgefüllt werden.
Ganz anders ist die Sache bei trocken vorgeladenen Batterien. Hier wird ganz einfach Schwefelsäure eingefüllt, eine Viertelstunde gewartet, damit die Säure in die Platten eindringen kann, die Batterie leicht geschüttelt, damit evtl. Luftblasen aufsteigen können und der Säurestand wird erforderlichenfalls ergänzt. Jetzt kann man die Batterie einbauen, den Motor starten und losfahren. Spätestens 12 Stunden nach der Füllung der Batterie sollte man aber eine Fahrt von mehreren Stunden machen, damit die Batterie durch die Lichtmaschine voll geladen wird.

Fahren nur mit Batterie

Was kann man tun, wenn man bei Nacht am Aufleuchten der Ladekontrolle feststellt, daß die Lichtmaschine ausgefallen ist?
Nur nicht nervös werden!
Für zwei Stunden reicht der Stromvorrat der Batterie in fast allen Fällen (sofern man keine ganz altersschwache Batterie im Wagen hat), wenn man alle nicht unbedingt notwendigen Stromverbraucher, wie Heizgebläse, Zusatzscheinwerfer, Radio usw. ausschaltet.
Am Tag, wenn Sie nur die Zündung benötigen (und alle anderen Stromverbraucher ausgeschaltet lassen), können Sie selbst bei einer nur halb vollen Batterie mit einer Fahrtzeit von gut sechs Stunden rechnen.

Wenn bei Ausfall der Lichtmaschine nur mit Batteriestrom gefahren werden muß, darf sich die Batterie nicht über einen Defekt in Lichtmaschine oder Reglerschalter entladen. Deshalb müssen beide vom Batterie-Bordnetz abgehängt werden. Bei der Gleichstrom-Lichtmaschine ist dazu an Klemme B + (bzw. 30) das oder die angeschlossenen Kabel (zumeist rot) zu lösen. Hängen mehrere Leitungen an dieser Klemme, wie hier auf dem Bild, dann ist über diese Klemme außer der Lichtmaschine einerseits die Batterie und andrerseits die Klemme 30 des Anlassers oder des Bordnetz verbunden. Mehrere angeschlossene Kabel müssen also gut leitend miteinander verbunden (Steckhülsen tief ineinander schieben) und mit Isoliermaterial (zur Not trockenes Zeitungspapier) gegen Kurzschluß zum Fahrzeugblech dick umwickelt werden. Die Leitungen an den Klemmen DF und D+ führen zur Gleichstrom-Lichtmaschine, die Leitung von Klemme 61 zur Ladekontrollampe.

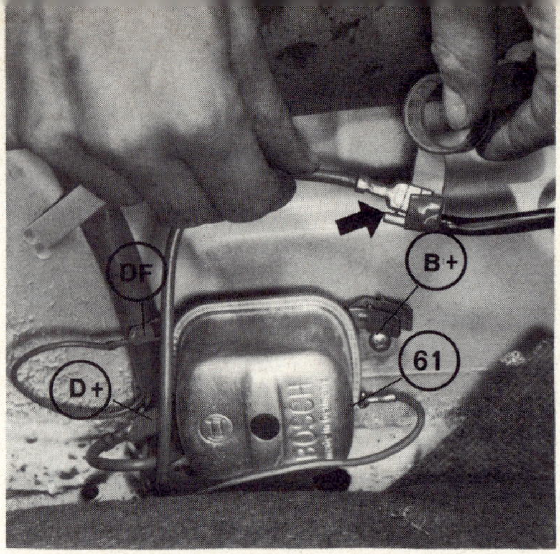

Die kurzzeitig eingeschalteten Stromverbraucher wie Bremsleuchten, Blinkleuchten und Hupe, belasten den Stromhaushalt nicht sehr. (Allerdings soll man an Ampeln die Blinker nicht unnütz eingeschaltet lassen.)

Bei Nachtfahrten mit eingeschaltetem Fern- und Abblendlicht reicht der Stromvorrat der Batterie – wie schon errechnet – nur für einige Stunden.

Aber versuchen Sie nicht, mit Fahren bei Standlicht Strom zu sparen. Das ist nicht nur verboten, sondern auch gefährlich, weil Sie damit, besonders in hell erleuchteten Straßen, zu leicht übersehen werden.

Weil Sie nicht wissen können, ob sich die Batterie nicht über Kurzschlüsse in der Lichtmaschine oder im Reglerschalter zusätzlich entlädt, müssen Sie diese beiden Teile vom Batterienetz abhängen, wie für die Gleichstrom-Lichtmaschine im Bild oben und für die Drehstrom-Lichtmaschine im Bildtext unten beschrieben.

Falls Sie unterwegs anhalten müssen, dann möglichst auf einer abschüssigen Straße, damit Sie Ihr Auto nachher anrollen lassen können und nicht mit dem Anlasser den letzten „Saft“ aus der Batterie lutschen müssen, wenn's zum Starten überhaupt noch reicht.

Die Lebensdauer der Batterie

Üblicherweise kann man bei einer Kraftfahrzeug-Batterie mit einer Lebensdauer von mindestens zwei Jahren rechnen, doch die meisten Batterien werden um einiges älter – in Ausnahmefällen sogar bis zu sechs Jahren.

Stationäre Bleibatterien haben eine wesentlich längere Lebensdauer, doch das ist keine böse Absicht der Batteriehersteller, die gern möglichst viel

Bei einer Drehstrom-Lichtmaschine ist das „Abhängen“ vom Batterie-Bordnetz einfacher. In der Regel ist nur der Dreifach-Kabelstecker (3; hier bereits abgezogen) in dem die Klemmen D + und 2 Anschlüsse B + (5) zusammengefaßt sind, abzuziehen, wenn der zugehörige Spannungsregler (6), wie hier, in die Lichtmaschine eingebaut ist. Bei weggebautem Regler sitzen entweder 2 Mehrfach-Kabelstecker am hinteren Lagerschild, von denen auch jener mit den Klemmen B + abgezogen werden muß oder man sieht (bei älteren Drehstrom-Lichtmaschinen) Einzel-Kabelanschlüsse, von denen ebenfalls Leitung B + (zumeist rot) abgeklemmt wird. Weiter bedeuten hier: 1 – Klemmschraube am Spannbügel (2) zum Nachstellen der Keilriemenspannung; 4 – Klemmbügel zum Festhalten des Dreifach-Kabelsteckers in seiner Steckbuchse (5); 7 – Entstör-Kondensator; 8 – Typenschild der Lichtmaschine.

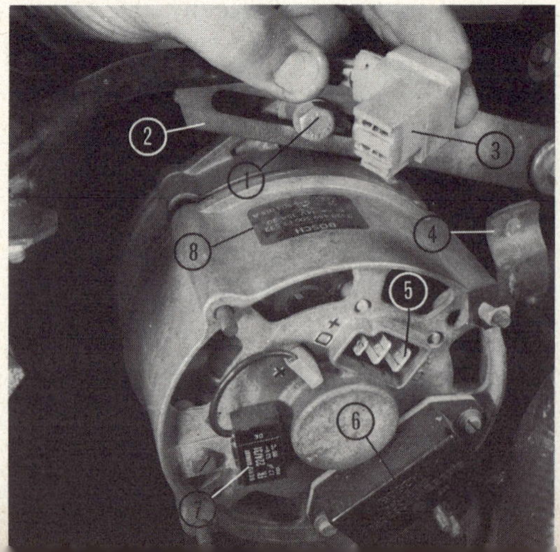

Batterien fürs Auto verkaufen wollen. Es liegt vielmehr daran, daß die Batterien im Wagen recht durchgeschüttelt werden (wobei aktive Masse aus den Bleiplatten ausfallen kann) und außerdem selten unter so günstigen, gleichmäßigen Ladebedingungen betrieben werden, wie dies bei stationären Batterien geschieht.

Wartungsfreie Batterien

Sie kamen 1973–74 auf den Markt. Zwar waren sie um etwa ein Drittel teurer als die konventionellen Batterien, sollten dafür aber jede Wartung überflüssig machen. Heute sind sie nur noch selten im Handel. Ich würde mir keine kaufen.

Ganz so wartungsfrei wie man sich das versprochen hat, sind diese Batterien gar nicht. „Wartungsarm“ ist zutreffender, denn unter schwierigen Betriebszuständen kommen die meisten „wartungsfreien“ Batterien doch nicht ohne ein Mindestmaß an Kontrolle aus. Was läßt sich tun, um diese Batterien möglichst lange zu erhalten?

Wird bei der Batterieladung durch Ladegerät oder Lichtmaschine die sogenannte Gasungsspannung von 2,4 Volt pro Zelle erreicht (das sind bei einer 12 V-Batterie insgesamt 14,4 Volt), dann wird der Wasseranteil der Batteriesäure in Wasserstoff und Sauerstoff zerlegt und entweicht durch die Entlüftungsbohrungen der Zellenstopfen.

Die regelmäßige Kontrolle des Säurestands in der Batterie ist demnach im allgemeinen nicht zu umgehen und das Nachfüllen von destilliertem Wasser ist für die Batterie so wichtig, wie der Ölwechsel für den Motor. (Vermutlich sterben mehr Batterien den Verdurstungstod, als an regulärer Altersschwäche eingehen.)

Fingerzeig: *Soll eine „wartungsfreie“ Batterie nicht totgekocht werden, so darf die Lichtmaschinenspannung nicht über 14 Volt liegen, was aber meistens der Fall ist. Regelspannung also mit genauem Voltmeter kontrollieren. Regler muß evtl. ausgetauscht werden. Kurz, die „Wartungsfreiheit“ dieser Batterien ist eine falsche Hoffnung.*

Wirklich wartungsfreie Batterien

Das „Aqua Gen“ System von Hoppecke macht nach meinen Erfahrungen aus einer normalen Batterie wirklich eine „wartungsfreie“. Die alten Batterieverschlüsse werden ausgeschraubt und durch die Aggregate ersetzt. Die Aggregate enthalten einen Katalysator, der den beim Gasen freiwerdenden Wasserstoff und Sauerstoff auf friedlichem Weg wieder zu Wasser zusammenfügt. (Auf kriegerische Art erfolgt das, wenn sich Wasserstoff und Sauer-

Die im Text erwähnten „Aqua-Gen-Aggregate“ der Firma Hoppecke machen aus jeder Batterie eine echt „Wartungsfreie“.

Auch sogenannte wartungsfreie Batterien haben Wasserverbrauch, vor allem, wenn die Ladespannung zu hoch ist. Nach Abhebeln der Zellenstopfen mit einem feinen Schraubenzieher läßt sich destilliertes Wasser nachfüllen.

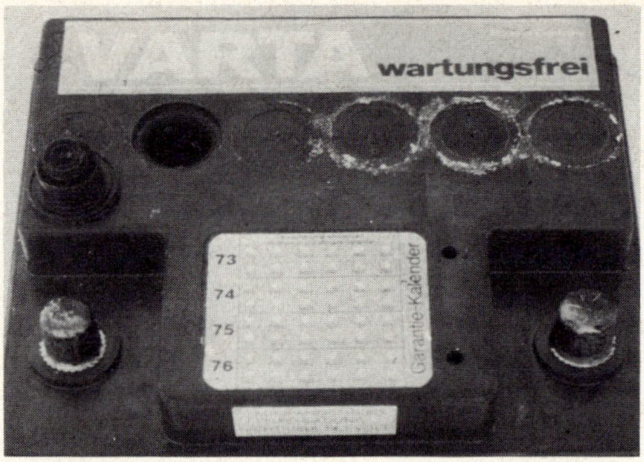

stoff zum Knallgas vereinigen und dieses durch einen Funken zur Explosion gebracht wird.) Das Wasser tropft aus den Aqu-Gen-Aggregaten wieder in die Batteriezellen zurück.

Einbau einer Zweitbatterie

Was soll eine Zweitbatterie? Schließlich fährt man ja auch keinen Reservemotor spazieren.
Autos mit zwei Batterien gibt es serienmäßig. Dafür gibt's verschiedene Gründe. Einmal bei schweren Nutzfahrzeugen, deren kraftprotzige Anlasser mit 24 Volt arbeiten. Hier sind zwei 12-Volt-Batterien im Fahrbetrieb parallel geschaltet und werden von einer 12 Volt-Lichtmaschine aufgeladen. Zum Anlassen werden sie hintereinander geschaltet und geben dann die 24 Volt für den Anlasser ab.
Dann gibt's die Porsche-Modelle mit zwei Batterien. Hier sind zwei Batterien von je 36 Amperestunden aus Platzgründen rechts und links in den vorderen Radkästen untergebracht. Die beiden Batterien sind parallel geschaltet, es ergibt sich also eine Gesamtkapazität von 72 Amperestunden. (Beim neueren Porsche findet sich nur eine Batterie, die hat aber 66 Amperestunden. Die große Masse unserer Autos hat ja nur Batterien von 36 oder 44 Amperestunden.)
Zum Schluß finden sich noch die mit Funk ausgestatteten Polizei- und Sanitätsfahrzeuge sowie manche Taxen, die gleichfalls zwei Batterien haben, wovon aber nur eine als Starterbatterie arbeitet, die andere dient zur Stromversorgung des Funkgeräts.

Zweitbatterie, wofür?

Schon oft wurde gefragt, ob es nicht möglich sei, eine Zweitbatterie einzubauen, um größere Reserven zum Starten und beim Anschluß zusätzlicher Stand-Stromverbraucher, wie Zeltbeleuchtung oder Wohnwagenbetrieb zu haben.
Dazu zuerst einmal eine Klarstellung: Soll eine zusätzlich eingebaute Batterie der serienmäßig eingebauten Batterie so parallel geschaltet werden, daß sie ohne weiteres auch beim Anlassen Strom abgeben kann, dann müssen die Leitungen zur Zweitbatterie ausreichenden Querschnitt haben. Der Minuspol muß über ein Masseband angeschlossen werden, der Pluspol der Zweitbatterie muß mit dem Pluspol der Erstbatterie (oder der Anlasserklemme) über eine Leitung verbunden werden, die mindestens den gleichen Querschnitt hat wie die serienmäßige Leitung vom Batteriepluskopf zum Anlasser, also wenigstens 16 mm². Da die Zweitbatterie vielfach weiter entfernt vom Anlasser eingebaut sein wird als die serienmäßige Batterie, wäre mitunter sogar der nächstgrößere Leitungsquerschnitt von 25 mm² empfehlenswert. Mir

scheint dieser Einbauaufwand zu groß. Wenn die Zweitbatterie hauptsächlich die Aufgabe haben soll, die zum Starten verfügbare Kapazität zu vergrößern, dann ist der Einbau einer Batterie mit größerer Kapazität (beim Ersatz der serienmäßigen Batterie) ratsam. Die meisten Batteriehalterungen sind so ausgelegt, daß sich ohne weiteres eine stärkere Batterie einbauen läßt.

Dauerzuschaltung nicht ratsam

Da sich eine Zweitbatterie, die der Serienbatterie über stark dimensionierte Leitungen dauernd parallel zugeschaltet ist, im Fall der Startschwierigkeiten im gleichen miserablen Ladezustand befindet wie die Serienbatterie, ist dieser Anschluß keine gute Lösung.

Schließt man eine Zweitbatterie so an, daß sie der Erstbatterie nur während des Motorlaufs (also bei ladender Lichtmaschine) parallel liegt, und während des Startvorgangs vom Netz getrennt ist, so hat man bei Startschwierigkeiten, die auf eine leergenuckelte Batterie zurückzuführen sind, mit größerer Sicherheit eine ausreichende Reserve. In diesem Fall läßt sich die entladene Batterie durch eine Zweitbatterie ersetzen (was etwas umständlich ist), oder mit ihr über ausreichend dimensionierte Starthilfekabel verbinden.

Soll eine Zeltbeleuchtung oder der Wohnwagen durch die Zweitbatterie versorgt werden, so muß sie ohnehin so angeschlossen werden, daß sie im Stand vom Bordnetz getrennt wird, denn andernfalls wird der Starterbatterie auch Strom entnommen. Wenn dann die dunkler werdende Zelt- oder Wohnwagenbeleuchtung endlich ausgeschaltet wird, dann haben Sie die Starterbatterie ebenfalls übermäßig strapaziert.

Auswahl und Einbau der Zweitbatterie

Zweckmäßig nimmt man als Zweitbatterie die gleiche Batterieausführung, die serienmäßig im Wagen eingebaut ist. Noch besser natürlich eine größere, die jedoch in die Batteriehalterung des Wagens paßt.

Natürlich darf man eine Zweitbatterie nicht einfach in den Kofferraum stellen, wo sie hin- und hertanzen kann. Auch für die Batterie gibt's eine Vorschrift der StVZO. Hierzu heißt es in § 30, Beschaffenheit der Fahrzeuge: „Batterien dürfen nur dort untergebracht werden, wo eine ausreichende Belüftung gewährleistet wird, und zwar so, daß Kurzschluß durch unbeabsichtigte Berührung mit leitenden Teilen nicht zu erwarten ist."

Es ist also eine feste Montage der Batterie nötig, die Batterie muß verankert werden.

Befestigungsmöglichkeiten

Die weitaus meisten Batterien der heutigen Wagen haben eine Batteriebefestigung durch Klemmbleche. Mit etwas Geschick lassen sich solche Klemmbleche am Boden des Kofferraums anbringen. Z. B. entsprechende Löcher bohren, Schrauben von unten durchstecken, mit Scheiben und Muttern anziehen. Nach dem Einsetzen der Batterien die Klemmbleche aufsetzen, mit zweiter Mutter befestigen. Denken Sie bitte daran, daß es der Benzintank nicht gerne hat, wenn er durch das Bodenblech des Kofferraums angebohrt wird.

Bei einer Rahmenbefestigung müssen die Zuganker an ihrem unteren Ende starke großflächige Scheiben erhalten, die den Druck auf die Unterseite des Kofferraumbodens übertragen. Je nach Einbaulage läßt sich die Batterie evtl. auch in der serienmäßig oft üblichen Schrägverspannung günstig befestigen.

Die Befestigungselemente gibt's als Ersatzteil bei den Autohändlern. Schauen Sie sich vorher die Batteriebefestigung bei verschiedenen Automodellen an, damit Sie eine passende finden. Eine größere, billigere Auswahl findet man in den Autoverwertungen!

Auf jeden Fall vergleichen Sie die Preise der infrage kommenden Batterieausführungen. Je verbreiteter ein Batterietyp ist, um so billiger ist er relativ zu seiner Größe. Kleine, wenig gebräuchliche Typen sind unverhältnismäßig teuer.

Elektrischer Anschluß

Wie gesagt, eine Zweitbatterie muß während des Motorlaufs mit der Lichtmaschine verbunden sein, damit sie geladen wird, bei stehendem Fahrzeug aber vom Bordnetz getrennt sein. Ein Handbetrieb kommt da nicht in Frage. Zwar könnte man in die Plusleitung zur Zweitbatterie einen einfachen Ein-Aus-Schalter legen, aber das Trennen vom Bordnetz würde dabei oft genug vergessen.

Automatik durch Trennrelais

Hier hilft nur eine Automatik, wie sie bei den Fahrzeugen mit Funkbatterie üblich ist, mit einem Bosch-Batterietrennrelais (Bestellnummer 0333304003, Preis DM 42,– plus MWSt.) Beim Kauf des Relais die zum Leitungsanschluß passenden größeren Flachsteckhülsen nicht vergessen, die haben Sie bestimmt nicht in Ihrem Steckersortiment.
Der mechanische Einbau des Relais ist problemlos, irgendwo im Motorraum findet sich schon Platz, natürlich möglichst nicht in Auspuffnähe. Die Leitungen von B+ der Drehstrom-Lichtmaschine bzw. des Gleichstromreglers zu B+ des Trennrelais, von der Klemme 86 des Trennrelais zum Pluspol der Starterbatterie und von der Klemme 87 des Trennrelais zum Pluspol der Zweitbatterie werden in einem Querschnitt von 2,5–4 mm² verlegt. Für die von Klemme D+ bzw. 61 der Drehstrom-Lichtmaschine oder des Gleichstromreglers, zur Klemme 61 des Trennrelais führende Leitung reicht ein Querschnitt von 0,75 mm².

Anschluß bei Drehstrom-Lichtmaschinen

Die Klemme 61, von der aus die Leitung zur Spannungswicklung des Trennrelais geführt wird, findet sich nur an wenigen Drehstromlichtmaschinen. Meist sitzt ein Dreifachstecker an der Drehstromlichtmaschine, von dem aus der Dreifach-Kabelstrang zum Dreifachstecker des Reglers führt. Eine Anzapfen der Leitung der Klemme D+ (oder 61, das ist dasselbe) innerhalb des Kabelstrangs ist zu schwierig. Statt dessen führt man eine Leitung von der Klemme 15 (Zündung) an die Klemme 61 des Relais. Auch hierbei erhält die Spannungswicklung des Relais eine ausreichend hohe Spannung.

Ein Batterietrennrelais schaltet die Zweitbatterie beim Startvorgang automatisch ab, nach dem Anspringen des Motors wird sie wieder zugeschaltet. Beim Kauf eines Trennrelais die überbreiten Flachsteckhülsen nicht vergessen, die haben Sie mit Sicherheit nicht in Ihrem Vorrat.

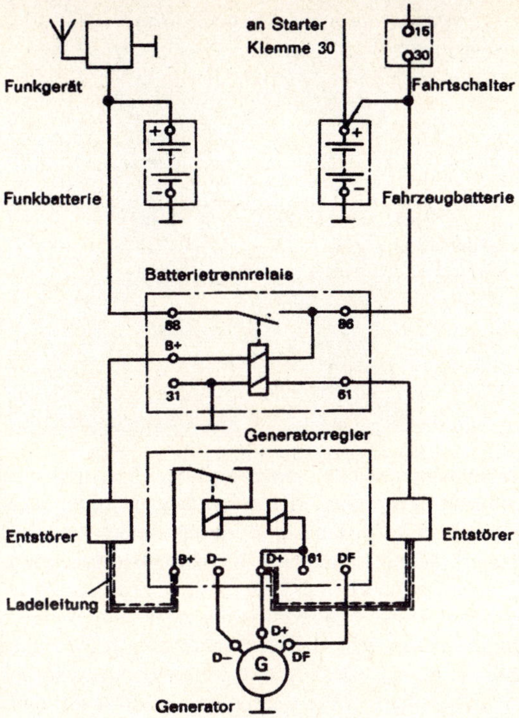

Schaltplan zum Anschluß des Batterietrennrelais: Hier in Verbindung mit einer Gleichstromlichtmaschine. Nähere Angaben für die Leitung zur Klemme 61 im Text. Die Klemme 87 des Trennrelais ist hier mit 88 bezeichnet (neue Normbezeichnung), auf den Relais selbst ist sie fast immer noch mit 87 gekennzeichnet. (Die Entstörer werden nur bei Funkbetrieb benötigt.)

(Die Leitung könnte auch an die Klemme 61 der Ladekontrolle gelegt werden, aber die ist noch schlechter zugängig.) Viele ausländische Drehstrom-Lichtmaschinen haben keine Ladekontrolllampe, sondern ein Volt- oder Amperemeter. Hier entfällt die Klemme 61 ohnehin, man geht direkt an die Klemme 15 der Zündspule. (Bei Dieselmotoren nimmt man einen hinter dem Fahrtschalter liegenden Plusanschluß.)

Anschluß bei Gleichstrom-Lichtmaschinen

Bei Gleichstrom-Lichtmaschinen verbindet man die Klemme 61 des Trennrelais mit der Klemme D+ bzw. 61 des Reglers. Die Gleichstrom-Lichtmaschine gibt erst nach Erreichen der Einschaltdrehzahl die erforderliche Spannung ab, was durch Erlöschen der Ladekontrollampe angezeigt wird. Die Ladekontrolle erlischt erst, wenn die Spannung an Klemme 61 mindestens auf die Batteriespannung angestiegen ist, jetzt zieht auch das an Klemme 61 angeschlossene Trennrelais an. (Eine Drehstrom-Lichtmaschine gibt schon im Motorleerlauf Spannung ab und somit darf das Trennrelais gleich nach dem Einschalten der Zündung anziehen.) Sinkt die Spannung an 61 und gibt die Gleichstrom-Lichtmaschine keine Leistung mehr ab, so trennt das Relais die Zweitbatterie vom Bordnetz. Die an der Zweitbatterie angeschlossenen Verbraucher können also auf keinen Fall die Starterbatterie entladen.

Wird die Lichtmaschine überlastet?

Vielfach wird vom Einbau einer größeren Batterie oder einer Zweitbatterie abgeraten, damit die Lichtmaschine nicht überlastet wird. Bei Drehstrom-Lichtmaschinen ist das ohnehin Nonsens. Selbst die für heutige Begriffe relativ schwache 35 A-Drehstrom-Lichtmaschine der älteren Mercedes-Modelle schafft ohne weiteres den Ladestrom für die 66 Ah-Batterie der Diesel-Pkw.

Wenn bei Startversuchen die eigene Batterie den Motor nur noch ächzend oder gar nicht mehr durchdreht, sind Starthilfekabel das beste Rettungsmittel. Anschieben oder Anschleppen ist dagegen mühselig und für Ungeübte riskant. Allerdings muß außer den Starthilfekabeln auch noch ein „Spenderfahrzeug" mit möglichst gleicher Batteriespannung zur Verfügung stehen. Die Starthilfekabel werden zuerst Plus an Plus (Pfeile rechts), dann Minus an Minus (Pfeile links) der beiden Batterien angeschlossen (Vorsicht! Wenn eines der Fahrzeuge mit Plus an Masse gepolt ist, das ist bei englischen Fahrzeugen nicht selten, auch in diesem Fall muß Plus an Plus und Minus an Minus!) Lassen Sie sich übrigens nicht von schlauen Leuten erzählen, das Minus-Kabel müßte an das Autoblech angeklemmt werden. Das geht zwar auch, gibt aber meist Schmorlöcher in den Lack. Ganz wichtig: Der Motor des Spenderfahrzeugs soll bei den Startversuchen kräftig drehen, sonst zweigt die leere Batterie den „Saft" der vollen Batterie erst einmal für sich ab und der müde Anlasser hat das Nachsehen.

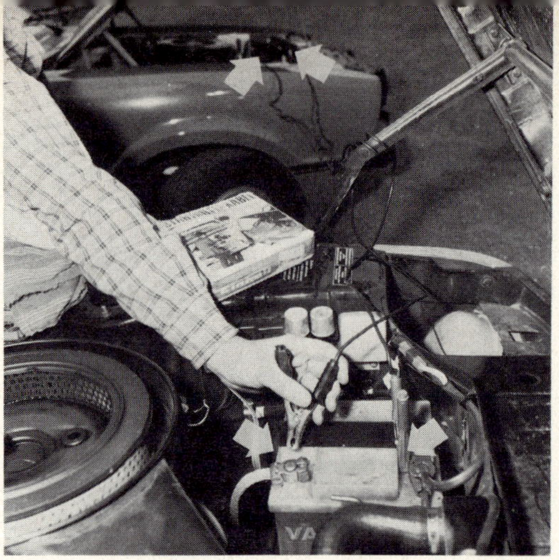

Bei Gleichstrom-Lichtmaschinen ist die Sache etwas anders. Hier muß der Regler verhüten, daß die Lichtmaschine einen zu hohen Strom abgibt und dadurch überlastet wird. Einwandfrei wird das nur durch Dreielementregler erreicht, wie sie z. B. bei Mercedes und manchen Ford-Modellen zu finden waren. Ein Zweielementregler muß sicherheitshalber gegen einen Dreielementregler ersetzt werden, aber dazu müssen Sie wohl in die Werkstatt.
Für den Anschluß bordfremder Verbraucher (Zelt, Wohnwagen) wird die Zweitbatterie an eine Steckdose gelegt. Dazu gibt's Anhängersteckdosen von Hella mit einer eingebauten Zusatzsteckdose für einpolige Stecker. Natürlich tut's eine einfache Anbau- oder Einbausteckdose auch.

Starthilfekabel

Die „Starthilfe", bei der dem wegen schwacher Batterie nicht mehr anspringenden Motor, die nötige elektrische Energie durch eine Fremdbatterie gespendet wird, hat das Anschleppen praktisch verdrängt.

Fragen zur Starthilfe

1. Schadet die Starthilfe der Batterie, der sie entnommen wird?
2. Wie lange darf man den Anlasser des hilflosen Wagens betätigen, wenn man nicht selbst ohne Saft dasitzen will?
3. Soll man während der Starthilfe den Motor des hilfreichen Wagens laufen lassen?
4. Kann man einem Wagen mit 6 Volt-Anlage Starthilfe aus einem Wagen mit 12 Volt-Anlage geben?
5. Wie ist es im umgekehrten Fall: eine 12 Volt-Anlage soll Starthilfe von einer 6 Volt-Anlage erhalten?
6. Was ist bei Wagen mit Drehstrom-Lichtmaschine zu beachten?
7. Worauf muß man beim Kauf der Starthilfekabel achten?

Die Antworten

1: Warum sollte es? Der Batterie ist es gleichgültig, ob sie den Anlasser des eigenen Wagens antreibt oder den eines anderen.
Die Anlasser der verschiedenen Wagen haben aber eine unterschiedliche Leistung und damit auch Stromaufnahme. Der Anlasser eines Fiat 500 hat eine Leistung von 0,5 PS, ein Mercedes-Benz 200 D hat einen Anlasser von 1,8 PS. Verlangt der Fremdanlasser eine zu hohe Stromabgabe von der Eigenbatterie, so verweigert diese das ganz schlicht, der andere Motor wird nicht oder nicht schnell genug durchgedreht.
2: Sie wissen selbst am besten, wie es um Ihre Batterie bestellt ist.

Dreht sie den Anlasser munter durch oder ächzt sie schon? Wenn der Fremdmotor nach 10–20 Sekunden Starthilfe noch nicht angesprungen ist, stimmt wahrscheinlich etwas nicht. Benzinmangel, Zündungsstörung? (Vielleicht wurde die Fremdbatterie auch schon im Anlasser-Dauerbetrieb leergenuckelt, weil das Fremdfahrzeug keinen Sprit hatte oder die Zündung versagte.

Mit mehr als drei bis vier 10-Sekunden-Stromstößen sollte man nicht aushelfen, da muß zuerst der „Wurm" gesucht werden.

3.: Selbstverständlich sollte der Motor des „Spenderfahrzeugs", wenn nur irgend möglich, bei munteren Drehzahlen mitlaufen! Denn die leere Batterie löscht erst einmal selbst gewaltig ihren Durst an der Hilfsbatterie, so daß zumeist für den Anlasser zu wenig übrig bleibt und dieser sich – vor allem bei hartem Frost – nur mühsam dreht. Dagegen können Sie bei zügig mitlaufendem Motor den Anlasser des notleidenden Fahrzeugs unbekümmert orgeln lassen, bis selbst ein etwa vorher „versoffener" Motor wieder trocken und anspringwillig ist.

4: Ja, mit Vorsicht, wenn dessen Batterie sehr entladen ist, aber nur ganz kurz. Fahrer muß im Wagen sitzen. Pluskabel an beide Batteriepluspole klemmen. Minuskabel an einen Batterieminuspol. Sofort nach dem Anklemmen der zweiten Minuspolzange an den anderen Minuspol den Starterschlüssel drehen! (Beim Anklemmen wird's wegen des Spannungsunterschiedes etwas funken.)

Durch den hohen Widerstand der meist zu dünnen Starthilfekabel geht bei den höheren Strömen in die 6 Volt-Anlage viel Spannung im Starthilfekabel verloren. Da kommen von den 12 Volt nur noch so 7–9 Volt an der 6 Volt-Anlage an, und das ist kurzzeitig zulässig. Wenn Sie Zweifel haben, verzichten Sie halt auf die Starthilfe.

5: Da tut sich gar nichts. Mit 6 Volt Speisespannung kann man keinen 12 Volt-Wagen helfen.

6: Nichts. Beim Einsatz von Starthilfekabeln ist es gleichgültig, ob einer oder beide Wagen mit Drehstromgeneratoren ausgerüstet sind.

7: Bei den Starthilfekabeln kommt es vor allem auf den Querschnitt der Kupferleitung an. Je dünner die Leitung, um so mehr Spannung bleibt in ihr stecken. Äußerlich dicke Leitungen besagen gar nichts, das kann die Isolierung sein.

Zu den in Versand- und Kaufhäusern angebotenen Starthilfekabeln werden vielfach leider nur unzureichende Hinweise gemacht. Angaben in Ampere sind etwas fragwürdig, denn Sie wissen ja nicht, wieviel Ampere der Anlasser bzw. die Batterie des hilfebedürftigen Wagens aufnimmt. Allgemeine Angaben „Für leichte Pkw" oder „Auch für schweranlaufende Motoren" taugen auch nichts. Voltangaben sind ebenso uninteressant. Am besten ist die Angabe des Kabelquerschnitts in mm^2. 6 mm^2 sollte das Starthilfekabel mindestens haben. 10 oder gar 16 mm^2 sind besser. Dicke Isolation ist nicht wichtig, sie sollte nur knick- und scheuerfest sein.

Praxis-Tips

Vorsicht, daß die Starthilfekabel nicht vom Ventilatorflügel zerpflückt werden. Gilt nicht nur für's Speisfahrzeug, sondern auch für den Hilfesuchenden.

Zuerst ein Kabel an die Pluspole beider Batterien anklemmen, dann das andere Starthilfekabel an der eigenen und danach an der geladenen Fremdbatterie anschließen. Die Batteriestopfen brauchen nach unseren Erfahrungen nicht losgeschraubt zu werden, wie es manche Auto-Betriebsanleitungen empfehlen.

Altes Elektrizitätswerk

In den Kinderjahren des Autos spielte die Stromversorgung noch keine Rolle, da taten es zwei Paraffinkerzen, die zur Beleuchtung in die Kutschenlaternen vorn am Wagen eingesetzt wurden.
Heute verlangt man neben den zum Betrieb des Autos unbedingt erforderlichen elektrischen Einrichtungen und dem fast selbstverständlichen Autoradio vielfach schon ein Tonband mit Musik.
Ob eine elektrische Einrichtung am Auto wirklich notwendig ist, wie z. B. die Beleuchtungseinrichtungen, ob sie nur den Umgang mit ihm erleichtert, wie z. B. der elektrische Anlasser oder ob sie schon zum Luxus gehört, wie das Tonband; gefüttert wollen sie alle werden. Jedes Auto führt also sein eigenes Elektrizitätswerk mit sich.
Der Stromerzeuger wird zwar fast immer als Lichtmaschine bezeichnet, erzeugt aber kein Licht, sondern liefert elektrische Energie. Diese kann man zwar auch in Licht umsetzen, doch ist das nur eine von vielen Nutzanwendungen.
Die reguläre Bezeichnung wäre eigentlich Generator, denn eine Maschine, die Strom erzeugt, ist ein elektrischer Generator, eine Maschine die Strom frißt, bezeichnet man als elektrischen Motor.

Die Gleichstrom-Lichtmaschine

Bei der Gleichstrom-Lichtmaschine verwendet man eine ganze Anzahl von Drahtstücken, die als sogenannte Wicklung im Anker eingebettet sind und durch ein Magnetfeld gedreht werden, wobei in der Wicklung eine Spannung induziert wird.
Als Magnet könnte man zwar einen Dauermagneten verwenden, doch damit ließe sich keine gleichbleibende Spannung der Lichtmaschine erreichen, denn

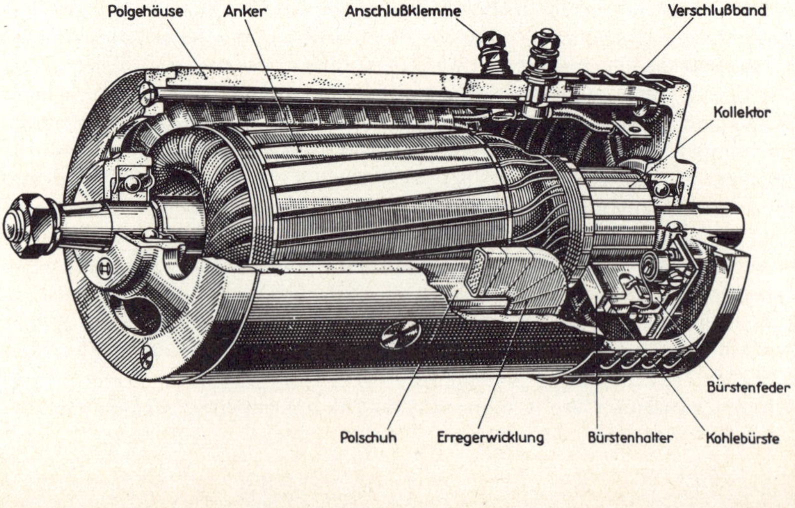

Teilschnitt durch eine Gleichstromlichtmaschine ohne Regler. Der auch für diese Maschine erforderliche Regler ist weggebaut, wie es heute bei der Mehrzahl aller Wagen der Fall ist.

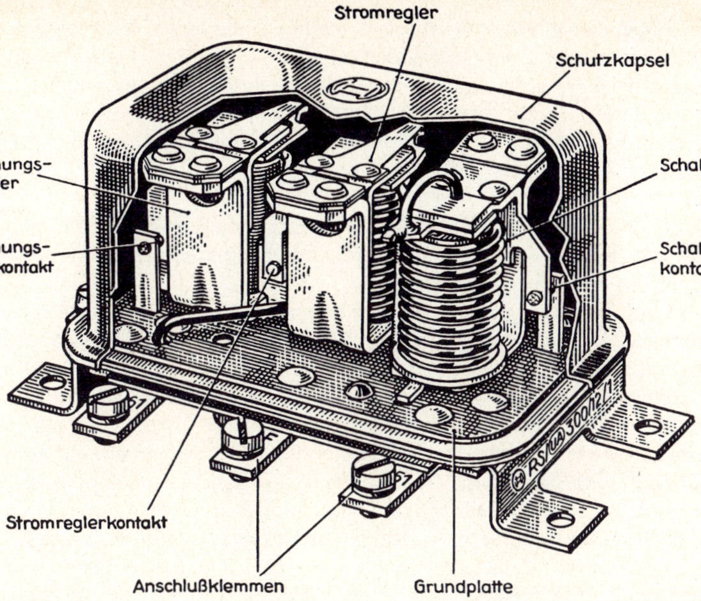

Teilschnitt durch einen sogenannten Dreielementregler, wie er für einige bessere Gleichstromlichtmaschinen verwendet wird.

die „induzierte Spannung" hängt u. a. davon ab, wie schnell der Anker mit den Wicklungen durch das Magnetfeld gedreht wird und von der Stärke des Magnetfeldes.
Eine gleichbleibend hohe Spannung ist aber nötig, damit die Verbraucher beim Ausfall der Batterie nicht durch die zu hohe Lichtmaschinenspannung beschädigt werden.

Wie hält man die Spannung auf gleicher Höhe?

Da der Lichtmaschinenanker über einen Keilriemen von der Kurbelwelle angetrieben wird, ändert er seine Drehzahl mit der Motordrehzahl und die Spannung wäre einmal sehr gering, einmal sehr hoch.
Ändert man die Stärke des Magnetfeldes aber in Abhängigkeit von der Drehzahl der Lichtmaschine so, daß es bei niedriger Drehzahl kräftig ist, bei hoher Drehzahl aber abgeschwächt wird, so erhält man eine gleichbleibend hohe Lichtmaschinenspannung. Die Stärke des Magnetfeldes ändert man dadurch, daß man den Strom in der Wicklung der Erregermagnete verstärkt oder schwächt. Hoher Strom = starke Magnetwirkung, geringer Strom = niedrige Magnetwirkung.
Selbstverständlich braucht man diese Regelung nicht von Hand vorzunehmen, denn die Lichtmaschine hat hierfür einen „Dirigenten" – den sogenannten Regler. Dieser mißt laufend die von der Lichtmaschine abgegebene Spannung und dirigiert je nach ihrer Höhe mehr oder weniger „Erregerstrom" in die Magnetwicklung, so daß die von der Lichtmaschine abgegebene Spannung auf gleicher Höhe bleibt.

Der Regler der Gleichstrom-Lichtmaschine

Vielfach wird der Regler auch als Regler-Schalter bezeichnet, denn er hat mehrere Aufgaben.

- Er muß die Spannung der Lichtmaschine auf gleicher Höhe halten, was er dadurch erreicht, daß er den Strom durch die Feldwicklung der Lichtmaschine verstärkt oder schwächt.
- Er muß dafür sorgen, daß die Lichtmaschine keine größere Leistung abgibt, als sie vertragen kann, ohne zu heiß zu werden.

■ Der Rückstromschalter des Reglers verbindet die Lichtmaschine erst dann mit der Batterie, wenn die Lichtmaschinenspannung auf die Batteriespannung angestiegen ist (was der sogenannten Einschaltdrehzahl entspricht), so daß sich die Batterie nicht über die Lichtmaschine entladen kann. Sinkt die Lichtmaschinenspannung bei abfallender Motordrehzahl unter die Batteriespannung, so trennt er die Verbindung automatisch.

Vorsicht bei Leitungsarbeiten

Bei Arbeiten an der Lichtmaschine und Regler muß man unbedingt darauf achten, daß die Leitungen nie (auch nicht kurzzeitig) vertauscht werden, denn dadurch wird der Regler zerstört.
Die Verbindungsleitung zwischen den Klemmen D+ der Lichtmaschine und D+ (oder 61) des Reglers darf bei laufender Lichtmaschine nie getrennt werden, da die Lichtmaschine sonst „verbrennt."
Die Schrauben für diese Leitung sollte man also immer gut festziehen und evtl. mit einem Tropfen Uhu sichern.
Wartungsarbeiten erfordert der Regler nicht, doch kann man ihn mit normalen Mitteln auch nicht reparieren. Da manche Regler sehr wärmeempfindlich sind, sollte man sie nicht willkürlich an einen anderen Ort verlegen, denn der ursprüngliche Anbringungsort wurde evtl. aus Kühlungsgründen gewählt.

Die „Stromwendung"

Der von der Lichtmaschine abgegebene Strom wäre aber ein Wechselstrom, also zur Batterieladung unbrauchbar, wenn er nicht in Gleichstrom umgeformt würde. Bei der Gleichstrom-Lichtmaschine erfolgt die Gleichrichtung durch den sogenannten Stromwender, der unter dem Namen Kollektor bekannt ist. Auf diesem Kollektor liegen die Kohlebürsten auf, die einen fast reinen Gleichstrom abnehmen. Während der von der Batterie abgegebene Strom ein reiner Gleichstrom ist, ist der von der Lichtmaschine abgegebene Strom noch etwas „wellig", was aber beim Betrieb der Verbraucher und bei der Batterieladung keine Rolle mehr spielt. Je mehr der Anker der Lichtmaschine unterteilt ist – also um so mehr Kollektorlamellen er hat – um so reiner wird der Gleichstrom.

Kollektor und Kohlebürsten

Diese Teile müssen einwandfrei sein, wenn die Lichtmaschine Strom abgeben soll. Der Kollektor muß eine vollkommen glatte grauschwarze Oberfläche haben. (Natürlich ist er im Neuzustand blank, denn die Kupferlamellen werden erst im Betrieb durch die Kohlebürsten geschwärzt.) Er darf auf keinen Fall ölig oder fettig sein, da sonst die Stromabnahme behindert wird und Brandspuren am Kollektor entstehen können.
Leider sind nicht alle Kollektoren und Kohlebürsten so gut zugängig wie beim VW, so daß sie meist nicht so sorgfältig kontrolliert werden können, wie es nötig wäre.
Bei Lichtmaschinen, deren Kohlebürsten nach Abnehmen eines Abdeckbandes zugängig sind, kann man leichter prüfen, ob ein Bürstenwechsel erforderlich ist, als bei geschlossenen Lichtmaschinengehäusen. Zum Wechseln der Kohlebürsten muß man die Lichtmaschine jedoch meist ausbauen, da man sich sonst die Finger verbiegt.
Theoretisch halten die Kohlebürsten ca. 50000 km, doch ist das nicht immer der Fall, so daß man sie doch lieber einmal öfter kontrollieren sollte. Die Ersatzkohlebürsten halten meist nicht so lange, da der Kollektor nicht mehr so gut wie im Neuzustand ist. Spätestens nach Verschleiß der ersten Ersatzbürsten sollte der Kollektor überdreht werden.
Kollektoren mit Öl- oder Fettschicht werden mit einem benzinfeuchten Tuch

An Gleichstrom-Lichtmaschinen sind die Kohlebürsten durch Schaulöcher zugänglich, die zumeist durch Staubschutzbänder verdeckt sind (hier schon demontiert), bei geschützt montierten Lichtmaschinen (z. B. VW Käfer) aber auch fehlen können. Je eine uhrfederartige Haltefeder (1) drückt mit ihrer Lippe (2) die Kohlebürsten (3) in ihren Führungshülsen (4) gegen den Kollektor (Bilder unten). Die Haltefeder muß sehr behutsam behandelt werden, denn bei Verbiegen ändert sich ihr Anpreßdruck, was entweder zu vorschnellem Kohlebürstenverschleiß oder mangelnder Lichtmaschinenleistung führt.
Die Nachschau dieser Kohlebürsten lohnt sich sehr, denn nur zu gern bauen Werkstätten hurtig eine Austausch-Lichtmaschine für teures Geld ein, wo es noch lange Zeit mit einem neuen Satz Kohlebürsten für wenige Mark gegangen wäre. Warten Sie mit der Kontrolle aber zu lange, dann können sich die Kohlebürsten bis auf ihre Metallitze abgeschliffen und Riefen in den Kollektor (5) gezogen haben (Bilder unten). Dann muß der Kollektor der Lichtmaschine abgedreht, oder, wenn Sie keine Zeit zum Warten haben, die Lichtmaschine ausgetauscht werden.

gereinigt. Einen riefigen Kollektor darf man nicht mit der Feile oder mit Schmirgelleinen glätten.

Der Sitz der Kohlebürsten

Die Kohlebürsten werden von Spiralfedern (Schraubenfedern) auf den Kollektor gedrückt und sind über eine eingelötete Kupferlitze mit dem Bürstenhalter verbunden. Sie dürfen nie soweit abgenutzt sein, daß die Kupferlitze am Grund der Aussparung im Bürstenhalter aufliegt, denn die Litze wird jetzt entweder „abgesäbelt" oder sie quetscht sich zwischen Bürstenführung und Bürste, so daß die Bürste klemmt und nicht mehr auf dem Kollektor aufliegt.
Liegt die Bürste nicht mehr richtig auf dem Kollektor auf, so bildet sich zwischen Bürste und Kollektor eine Funkenstrecke, der Kollektor erwärmt sich so stark, daß die Wicklungsenden des Ankers ausgelötet werden und der Anker muß gegen einen neuen ausgetauscht oder repariert werden.

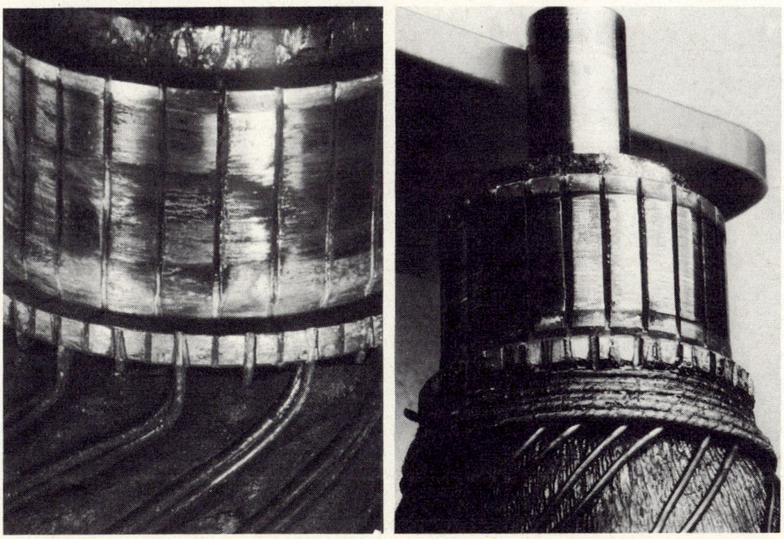

Links: Ein Kollektor einer Gleichstromlichtmaschine mit starken Brandspuren, die entweder auf Schäden in der Ankerwicklung oder nicht richtig aufliegende Kohlebürsten zurückzuführen sind.
Rechts: Stark eingelaufener Kollektor einer Gleichstromlichtmaschine. Ein solcher Kollektor muß auf der Dehbank abgedreht und die Isolation zwischen den einzelnen Kollektorlamellen muß ausgefräst werden.

Die Kohlebürsten dürfen im Bürstenhalter nicht klemmen (sonst gibt es wieder Funkenstrecken) aber auch nicht wackeln. Haben die Kohlebürsten an der Breitseite zuviel Spiel im Bürstenhalter, so setzen sie sich, wenn sie schon ziemlich abgenutzt sind, etwas schräg und liegen nicht mehr auf den Kollektorlamellen auf, auf denen sie sitzen müssen; die Stromwendung wird beeinträchtigt.
Diese senkrecht auf dem Kollektor aufstehenden Kohlebürsten, die infolge zuviel Spiel im Bürstenhalter schräg abgelaufen sind, darf man nicht mit den Kohlebürsten verwechseln, die dadurch eine schräge Lauffläche haben, daß die Bürstenhalter tangential zum Kollektor sitzen. An der Anordnung der Bürstenhalter erkennt man sofort, ob die schräge Lauffläche durch einen fehlerhaften Sitz bedingt ist oder so sein muß.

Auswechseln der Kohlebürsten

Grundsätzlich sollte man nur Originalkohlebürsten verwenden, denn hier hat man die Gewähr für richtigen Sitz und das richtige Bürstenmaterial.
Ob die Kohlebürsten aus dem richtigen Material bestehen, also nicht zu hart oder zu weich sind, kann man am „Laufspiegel" von Kohlebürsten und Kollektor sehen. Beide müssen spiegelglatt und ohne Riefen sein. Wenn Brandspuren am Kollektor oder an der Lauffläche der Kohlebürsten zu sehen sind, so zeigt das an, daß irgend etwas nicht in Ordnung ist, man sollte die Lichtmaschine in die Werkstatt geben.
Beim Ausbau der Kohlebürste löst man zuerst die festgeschraubte Öse der Kohlelitze. Zum Abheben der Spiralfeder von der Bürste biegt man sich einen starken Draht, mit dem man die Feder aber nur soweit anhebt, wie zum Herausziehen der alten Bürste nötig. Nach dem Einsetzen der neuen Kohlebürste läßt man die Feder nicht auf die Bürste schlagen, sondern setzt sie langsam ab. Die Kupferlitze der Kohlebürste muß frei in der Aussparung des Bürstenhalters sitzen und wird mit der Öse so angeschraubt, daß sie nicht verdreht ist und die Leichtgängigkeit der Bürste verhindert.
Vielfach ist mit der Öse der Plusbürste auch der Anfang der Feldwicklung

Kohlebürstenschäden.
Links oben: Starke Riefen durch riefigen Kollektor verursacht (Kollektor muß abgedreht werden).
Links unten: Stark abgenützte Kohlebürste.
Rechts oben: Leichte Riefen, Kohlebürste noch in Ordnung.
Rechts unten: Brandspuren an Kohlebürste, hervorgerufen durch Feuern zwischen Kohlebürste und Kollektor. Kohlebürste zu kurz, Kollektor ebenfalls beschädigt.

verschraubt. Beim Ausbau des Lagerschilds und beim Festschrauben der Litze darf man ihn nicht vergessen.

Die Keilriemenspannung

Der Keilriemen, der die Lichtmaschine antreibt, soll so stramm sitzen, daß man ihn in der Mitte zwischen den beiden Riemenscheiben durch festen Daumendruck etwa 10 mm durchdrücken kann. Ist er zu stramm, dann werden die Lager der Lichtmaschine und der Wasserpumpe überlastet, ist er zu lose, so rutscht er auf den Riemenscheiben und die Lichtmaschine und die Wasserpumpe werden nicht genügend angetrieben; außerdem erhitzt sich der Keilriemen durch den Schlupf.
Der Keilriemen kann durch Schwenken der Lichtmaschine oder Distanzscheiben gespannt oder gelockert werden.

Kann man die Lichtmaschine überlasten?

Bevor man auf diese Frage eine Antwort geben kann, muß man zuerst einmal feststellen, was man unter „Überlastung" verstehen will.
Nehmen wir an, ein Polizeibeamter hätte täglich hundert Parkuhren zu kontrollieren und wäre mit dem Zettelchen-schreiben voll ausgelastet. Eines Tages werden ihm noch zusätzlich weitere fünfzig Parkuhren „zugeteilt". Daraufhin wird er seinem Vorgesetzten erklären: „Das geht nicht, damit bin ich überlastet."
Um die weiteren fünfzig Parkuhren zu „versorgen", benötigt man also einen zweiten Polizeibeamten, der vielleicht bis dahin im Revier die „Einnahmen" gezählt hat.
Den ersten Polizeibeamten könnte man mit der Lichtmaschine vergleichen, die sich immer bewegt hat, um die Stromverbraucher – die Parkuhren – zu versorgen. Will man noch weitere Stromverbraucher versorgen, die von der „Lichtmaschine" nicht mehr geschafft werden können, so muß man den Strom – die Energie – aus der Batterie, dem Revier abziehen.
Auch wenn der erste Polizeibeamte durch mehr als hundert Parkuhren „überlastet" wäre, ein Schaden würde ihm nicht zugefügt.

Links: Sind die Kohlebürsten nicht durch ein Abdeckband zugängig, so klemmt man sie (vor dem Einsetzen des Lagerschilds in die Lichtmaschine) durch die Bürstenfeder fest. Bei festgeklemmten Kohlebürsten läßt sich das Lagerschild in die Lichtmaschine einschieben, ohne daß die Kohlen am Kollektor anstoßen. Rechts: Ist nur noch ein Spalt zwischen Lagerschild und Lichtmaschinengehäuse, so drückt man die Kohlebürsten auf den Kollektor, die Feder legt sich auf die Bürste.

Jetzt nehmen wir an, daß Herr Meier mit seinem zehn Tonnen schweren Laster über die Brücke des Dorfbaches in Kleinhinterdorf fährt, die nur eine Tragfähigkeit von zwei Tonnen hat.
Die Brücke wird dadurch so überlastet, daß sie zusammenbricht und repariert werden muß.
So ähnlich wie im ersten Fall verläuft die „Überlastung" bei der Lichtmaschine. Sie kann nur eine bestimmte Anzahl von Stromverbrauchern speisen. Baut man zuviel zusätzliche Stromverbraucher in seinen Wagen ein und betreibt sie gleichzeitig, so kommt die Lichtmaschine nicht mit, sie wird „überlastet". Die zuviel eingeschalteten Stromverbraucher beziehen ihren Strom dann aus der Batterie.
Die Batterie wird also entladen statt geladen. Ganz sicher wird eine Überlastung aber nur bei Knickreglern vermieden. Lichtmaschinen mit anderen Reglern können einen „Herzinfarkt" erleiden. Eine dauernde starke Überlastung durch große zusätzliche Stromverbraucher bekommt ihnen nicht.

Der Überlastungsschutz

Der automatische „Überlastungsschutz" wird durch den Regler erreicht, der also nicht nur die Aufgabe hat, die von der Lichtmaschine abgegebene Spannung konstant zu halten, sondern die Lichtmaschine auch vor zu großer Leistungsabgabe schützen muß.
Würde einer Lichtmaschine eine höhere Leistung entnommen, als die, für die sie gebaut ist, so würde sie diese Leistung eine gewisse Zeit abgeben, sich dabei aber so erhitzen, daß die Isolation der Wicklungen verbrennt und (bei Gleichstrom-Lichtmaschinen) die Lötstellen am Kollektor schmelzen.
Die Art, wie die Regler eine solche „Überlastung mit Schaden" verhindern, ist unterschiedlich und hängt vom Reglersystem ab.
Bei der Lichtmaschine ist es also genau wie im Leben, die laufenden Ausgaben (an die Stromverbraucher) dürfen nicht größer sein als die laufenden Einkünfte (durch die Lichtmaschine). Will man mehr ausgeben, so muß man den Differenzbetrag vom Sparkonto (der Batterie) abziehen, aber das ist nicht unerschöpflich.
Je nachdem wie lange man zusätzlichen Strom aus der Batterie entnommen hat, wird sie mehr oder weniger geschwächt sein, und man braucht sich nicht zu wundern, wenn sie später nicht mehr genügend Stromvorrat zum Anlassen hat.
Bei etwas Aufmerksamkeit sieht man aber schon am gelblicher werdenden Scheinwerferlicht, daß die Lichtmaschine nicht mehr mit der Stromlieferung nachkommt. Schaltet man dann einen Teil der nicht unbedingt erforderlichen Stromverbraucher aus (z. B. Heizgebläse, Zusatz-Fernscheinwerfer), so wird das normale Scheinwerferlicht wieder weiß.

Modernes Kraftwerk

Als „Lichtmaschine" bezeichnet man eigentlich nur die früher üblichen Gleichstrom-Lichtmaschinen, obwohl auch sie korrekterweise den Namen Gleichstrom-„Generator" tragen. Die Drehstrom-Lichtmaschinen wurden vielfach schon bei ihrer Einführung als „Drehstrom-Generator" bezeichnet, doch die meisten Autoelektriker sprechen auch heute noch von Drehstrom-Lichtmaschinen. (Sie brauchen sich nicht zu schämen, wenn Sie das auch tun. Selbst in neuesten Betriebsanleitungen und Preislisten ist das noch der Fall.) Daneben findet man noch die Bezeichnung „Alternator" und „Kollektorlose Gleichstromlichtmaschine" dafür.

Warum „Drehstrom"?

Die Batterie läßt sich doch nur mit Gleichstrom laden, und viele Stromverbraucher des Autos sind auf Gleichstrom angewiesen. Die Glühlampen ließen sich auch mit Wechselstrom betreiben, aber dann müßte die Lichtmaschinenleistung genau auf die Leistungsaufnahme der Glühlampen abgestimmt sein und das klappt beim Auto nicht, mal sind mehr Lampen eingeschaltet, mal weniger. (Beim Motorrad ist das mit dem Wechselstrombetrieb leichter hinzukriegen und beim Haushaltswechselstrom hält man die Spannung im Lichtnetz auf andere Art konstant.)
Vor einigen Jahren reichte die Stromabgabe der im Pkw eingebauten Gleichstrom-Lichtmaschinen zur Stromversorgung der Verbraucher noch gut aus. Mittlerweile sind die Stromausgaben kräftig gestiegen. Das braucht nicht einmal eine Heckscheibenheizung zu sein, die man nachträglich aufgeklebt

Bosch-Drehstromgeneratoren für Pkw. Links daneben der Regler für den Drehstromgenerator. Bei älteren Bosch-Drehstromgeneratoren und bei den meisten ausländischen, sind die Leitungen an der Lichtmaschine angeschraubt.

Teilschnitt durch einen Bosch-Drehstromgenerator in Klauenpolausführung. Das ist die im Pkw gebräuchliche Ausführung.

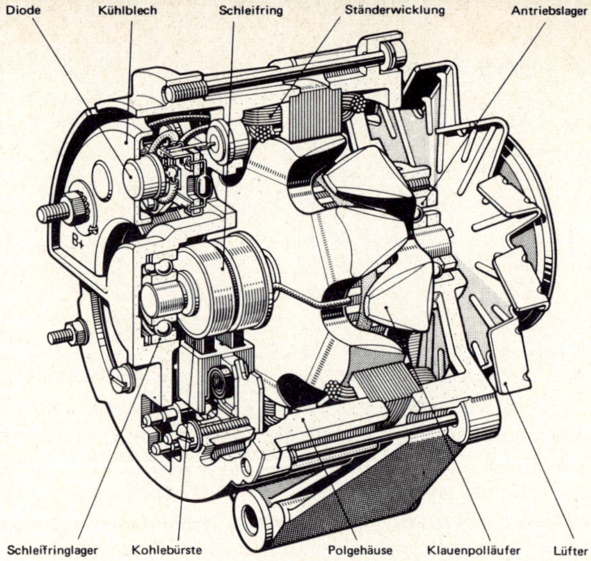

hat. Schon die ewig tickernden Blinker an den Ampeln im Stadtverkehr saufen im Motorleerlauf recht kräftig aus der Batterie, denn dabei gibt die Gleichstrom-Lichtmaschine noch keinen Strom ab. Würde man die Übersetzung zwischen Kurbelwellenriemenscheibe und Gleichstrom-Lichtmaschine so auslegen, daß sie auch bei niedriger Motordrehzahl schon Strom abgibt, dann überschreitet sie bei hoher Motordrehzahl ihre zulässige Höchstdrehzahl, die hauptsächlich durch die Art der Stromabnahme über Kollektor und Kohlebürsten diktiert wird.

Die Drehstrom-Lichtmaschine kann nicht nur gefahrlos höher drehen, sondern gibt darüber hinaus schon Strom bei einer Drehzahl ab, bei der die Gleichstrom-Lichtmaschine noch „stromlos“ ist.

Stattdessen nimmt man heute eine Drehstrom-Lichtmaschine. Sie gibt Wechselstrom ab, der zur Batterieladung durch Dioden gleichgerichtet wird. (Natürlich haben Sie recht, die Drehstrom-Lichtmaschine gibt Drehstrom ab. Der Drehstrom ist aber weiter nichts als eine Zusammenfassung von dreimal Wechselstrom in einem System. Und da Ihnen vom Haushalts-Lichtnetz der

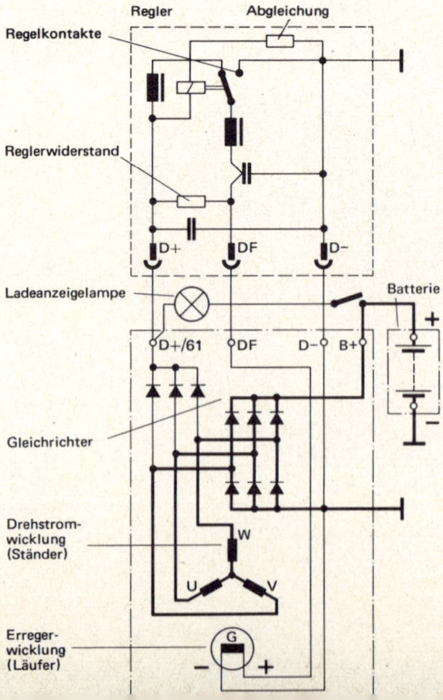

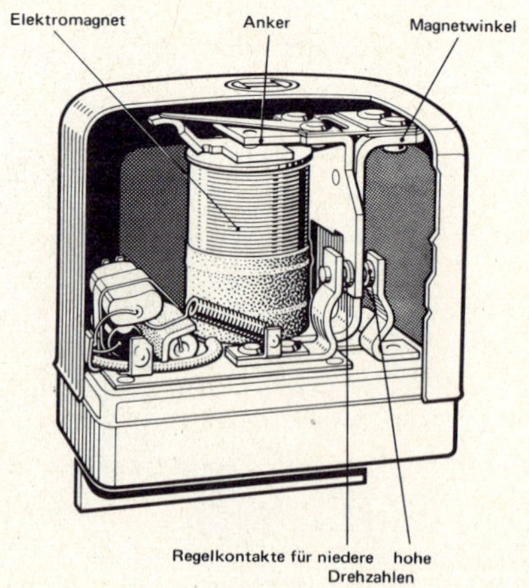

Links: Schaltbild eines Bosch-Drehstromgenerators für Pkw. Rechts: Schnitt durch einen Regler für Drehstromgeneratoren.

zweipolige Wechselstrom geläufiger ist, den man durch einen Gleichrichter in Gleichstrom umformen kann, bleiben wir beim Wechselstrom. Es werden also drei Wechselströme gleichgerichtet, aus der Drehstrom-Lichtmaschine kommt also – einfach ausgedrückt – die dreifach höhere Leistung heraus, als wenn's eine einfache Wechselstrom-Lichtmaschine wäre.)

Stromabgabe schon im Leerlauf

Da die Drehstrom-Lichtmaschine schon dann Strom abgibt, wenn der Motor im Leerlauf dreht, lutschen die im Stadtverkehr eingeschalteten Verbraucher im Motorleerlauf die Batterie nicht leer.
Die Drehstrom-Lichtmaschine gibt aber nicht nur früher Strom ab als die Gleichstrom-Lichtmaschine. Die abgegebene Leistung ist auch wesentlich höher, es lassen sich also mehr Zusatzverbraucher (z. B. Heckscheibenheizung, Nebel- und Fernscheinwerfer) anschließen, ohne daß man alleweil mit einer unterernährten Batterie rechnen muß.
Vor einigen Jahren mußte man bei neuen Wagen noch einen Aufpreis für die Drehstrom-Lichtmaschine berappen, heute gehört die Drehstrom-Lichtmaschine bei fast allen Wagen zur Serienausführung.

Aufbau-Unterschiede

Bei der Gleichstrom-Lichtmaschine wird der Strom vom drehenden Anker über den Kollektor und die Kohlebürsten abgegeben. Die Feldspulen, die die magnetische Erregung bewirken, stehen dagegen fest.
Bei der Drehstrom-Lichtmaschine geht man den anderen Weg: Der Verbraucherstrom wird von feststehenden Wicklungen abgegeben, der Strom für die magnetische Erregung wird einem Läufer zugeführt. Die Zuführung erfolgt über zwei Kohlebürsten und glatte Schleifringe, so daß die Kohlebürsten weniger „abgefeilt" werden als auf einem Kollektor mit vielen einzelnen Lamellen. Außerdem ist die Strombelastung wesentlich kleiner, da nur der geringe Erregerstrom über Kohlebürsten und Schleifringe geführt wird.
Da in den sogenannten Ständerwicklungen (die feststehenden Wicklungen, die den Verbraucherstrom abgeben) ein Wechsel- bzw. Drehstrom erzeugt wird, der zur Batterieladung ungeeignet ist, wird dieser Strom durch in die Lichtmaschine eingebaute Dioden (Gleichrichterelemente) gleichgerichtet, weshalb man auch von „kollektorlosen Gleichstrom-Lichtmaschinen" spricht.

Umrüsten von Gleich- auf Drehstrom

Nun gibt's aber noch einige ältere Wagen, die mit einer Gleichstrom-Lichtmaschine ausgestattet sind und so bei dem heute gestiegenen Stromverbrauch in Bedrängnis kommen. Für einen Teil dieser Alt-Wagen gibt's Umrüstsätze von Bosch.
Vielfach umfassen sie neben der Drehstrom-Lichtmaschine und dem zugehörigen Regler auch noch die Anbauteile für den fraglichen Wagentyp, in anderen Fällen liefert Bosch nur Lichtmaschine und Regler (der Regler muß gleichfalls ersetzt werden, der alte Gleichstromregler kann nicht weiterverwendet werden), während die Anbauteile vom Fahrzeughersteller zu beziehen sind, wenn er sie noch hat.
Diese Umbausätze werden allerdings mit der Zeit immer rarer, denn nach Brauch der Branche werden Ersatzteile nur noch 10 Jahre nach Auslauf des betreffenden Automodells geliefert. Das serienmäßige Umrüsten auf Drehstrom-Lichtmaschinen fand aber schon Ende der 60er Jahre statt. Wenn Sie also für Ihren prächtig gepflegten BMW 1800, stets gewienerten Mercedes 190 C, immer wieder zusammengeflickten VW-Bus älteren Semesters oder Senior-Volvo einen Drehstrom-Umbausatz haben wollen, müssen Sie entweder bei der Werksvertretung oder einem gut geführten Bosch-Dienst Alt-

Bei heutigen Drehstromgeneratoren sind die Leitungsanschlüsse durch Steckverbindungen angeschlossen.
Links: Rückansicht eines Drehstromgenerators mit weggebautem Regler, an der linken Seite die Stekkergruppe zur Verbindung mit dem Regler.
Rechts: Rückansicht eines Drehstromgenerators mit angebautem („integriertem") Transistorregler (das schwarze Kästchen an der linken Seite). In beiden Fällen führt eine Leitung von B + zum Pluspol der Batterie, oder zur Klemme 30 des Anlassers (der Strom fließt dann von dort zu Batterie +).
Eine Leitung von D+ versorgt die Ladekontrolle. An + wird bei Bedarf ein Entstörglied angeschlossen.

Kataloge durchblättern oder dort einen „alten Fuhrmann" befragen, ob es diesen Umbausatz noch gibt und ob er noch mit Aussicht auf Erfolg bestellt werden kann.

Daneben gibt's auch noch den Weg zur Autoverwertung, wo Drehstrom-Lichtmaschinen heute nicht mehr zu den „Ringeltäubchen" gerechnet werden. Dabei braucht die Drehstrom-Lichtmaschine nicht mal unbedingt aus dem gleichen Wagentyp zu sein, den Sie fahren. Wenn die Befestigungsteile sich an Ihrem Motor anpassen lassen, genügt das. Den Regler müssen Sie natürlich ebenfalls aus dem Altwagen mitnehmen. Eine selbstverständliche Einschränkung: Eine Drehstrom-Lichtmaschine aus einem Wagen mit 12 Volt-Anlage paßt nicht in einen Wagen mit 6-Volt-Anlage und umgekehrt. Übrigens werden Drehstrom-Lichtmaschinen mit 7 bzw. 14 Volt angegeben, statt mit 6 bzw. 12 Volt, aber das ist nur eine längstfällige Anpassung der Spannungsangabe an die Wirklichkeit. 6 bzw. 12 Volt ist ja nur die Nennspannung der Anlage im Auto, auch die Gleichstrom-Lichtmaschinen hatten eine Regelspannung von etwa 7 bzw. 14 Volt, denn die Lichtmaschinenspannung muß über der Batteriespannung liegen, damit der Strom aus der Lichtmaschine in die Batterie fließen kann.

Ladekontrolle

Zur sicheren Vorerregung beim Start brauchen Drehstrom-Lichtmaschinen einen Mindesterregerstrom, der beim Einschalten der Zündung über die Ladekontrollampe zur Erregerwicklung der Drehstrom-Lichtmaschine fließt. Hierzu muß die Ladekontrollampe bei 6 Volt-Anlagen eine Leistungsaufnahme von mindestens 1,2 Watt haben, bei 12 Volt-Anlagen von mindestens 2 Watt. Darauf ist bei der Umrüstung besonders zu achten, denn bei 12 Volt-

Der Transistorregler ist direkt an den Schleifring-Bürstenträger angebaut.

Gleichstromanlagen kann die serienmäßige Ladekontrollampe u. U. schwächer sein, sie muß dann durch eine 2 Watt-Lampe ersetzt werden.

Stärkere Drehstrom-Lichtmaschine – warum?

Mit dem serienmäßigen Einbau von Drehstrom-Lichtmaschinen schien die notorische Stromknappheit aus Zeiten der Gleichstrom-Lichtmaschinen ausgemerzt. Immerhin liegt die Leistungsfähigkeit selbst der kleinen Drehstrom-Lichtmaschinen mit rund 400 Watt weit über der von großen Gleichstrom-Lichtmaschinen mit rund 300 Watt Maximalleistung, wie sie sich vor noch etwa 20 Jahren nur in schweren Personenwagen fanden. Was sollen da noch leistungsfähigere Lichtmaschinen, wie sie für fast alle Fahrzeuge in den Sonderausstattungslisten angeboten werden? Ist das nicht etwas übertrieben?
(Sehen wir einmal davon ab, daß die Aufpreise für Sonderausstattungen ein ausgesprochenes Ärgernis sind.)
Da gibt es z. B. im Opel Kadett serienmäßig eine Drehstrom-Lichtmaschine von 14 V/28 A, also rund 390 Watt. 1972 gab es hier eine Drehstrom-Lichtmaschine mit 35 A (490 Watt) zum Aufpreis von DM 13,60. Knapp 500 Watt, das sollte, so könnte man meinen, doch für ein Frachtschiff ausreichen. Langsam, langsam!
1973 wurde für den Kadett eine Drehstrom-Lichtmaschine von 45 Ampere (630 Watt) zum Aufpreis von DM 26,50 angeboten. Wollte man eine heizbare Heckscheibe haben, so war die nur in Verbindung mit der 630 Watt-Lichtmaschine lieferbar!
„Das ist doch utopisch", werden Sie denken, „so viele Verbraucher sind doch nie gleichzeitig eingeschaltet". Da irren Sie sich aber gewaltig!
Zwei Beispiele für die unter extremen Bedingungen eingeschalteten Verbraucher. (Regenfahrt bei Dunkelheit und Kälte, wobei alleweil noch Nebel hinzu kommt.)

FIAT 128

Zündung	15 Watt
Abblendlicht (2× Halogen 55 W)	110 Watt
Nebelscheinwerfer (2× Halogen 55 W)	110 Watt
Begrenzungs-Schluß-Kennzeichenleuchten	30 Watt
Nebelschlußleuchte	35 Watt
Scheibenwischer	15 Watt
Lüftungsgebläse (niedrige Stufe) (hohe Stufe 70 Watt)	45 Watt
Heckscheibengebläse	15 Watt
Radio, Instrumentenbeleuchtung	20 Watt
(Ohne zeitweilig eingeschaltete Verbraucher, wie Blinkleuchten und Ladestrom für die Batterie.)	395 Watt rund 400 Watt.

Volvo 343 DL

Zündung	15 Watt
Abblendlicht (2× Halogen 55 W)	110 Watt
Nebelscheinwerfer (2× Halogen 55 W)	110 Watt
Begrenzungs-Schluß-Kennzeichenleuchten	30 Watt
Nebelschlußleuchte	35 Watt
Front- und Heckwischer (kleine Geschw.)	60 Watt
Front-Lüftungsgebläse (halbe Geschw.)	48 Watt
Heckscheibenheizung (statt Heckgebläse)	122 Watt
Radio, Instrumentenbeleuchtung	20 Watt
(Ohne zeitweilig eingeschaltete Verbraucher und Ladestrom für die Batterie.)	550 Watt.

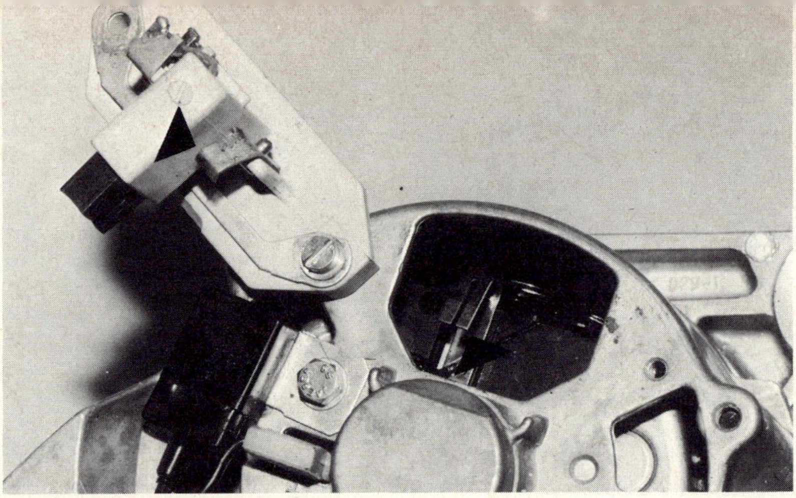

Hat man den Schleifring-Bürstenträger ausgebaut, so muß man darauf achten, daß die Federfahnen von Träger und Generator (Pfeile) nicht verbogen werden. Die Kontaktgabe ist dann automatisch sichergestellt. (Der Schleifring-Bürstenträger ist hier umgekehrt am Generator angeschraubt.)

Das sind die Leistungsaufnahmen bei stehendem Motor, also bei der Batteriespannung von 12 Volt. Läuft die Lichtmaschine und steigt die Spannung, so steigt auch die Stromaufnahme der Verbraucher und es werden wohl 450 bzw. 600 Watt.

Gewiß, es läßt sich einiges an Strom sparen. Nebelscheinwerfer und Abblendlicht brauchen bei entsprechender Schaltung nicht gleichzeitig zu brennen und die heizbare Heckscheibe kann durch ein Gebläse ersetzt werden. Wenn man unter schlechten Bedingungen nicht alles einschaltet, kommt man also auch mit einer kleinen Drehstrom-Lichtmaschine über die Runden.

Serienmäßig gegen Aufpreis

Hat man beim Wagenneukauf die Möglichkeit, gegen einen verhältnismäßig geringen Aufpreis eine leistungsfähigere Lichtmaschine zu erhalten, sollte man das doch tun und lieber auf „eloxierte Radzierringe" verzichten.

14 V × 55 A = 770 Watt. Das ist die stärkste Ausführung für Pkw. Die schwächste Ausführung von 28 A wird serienmäßig in kleinere Wagen eingebaut, weil sie ein paar Mark billiger ist. „35 A" wird dann durchweg gegen Aufpreis von rund 20,– DM angeboten. Diese Maschine fand sich noch vor wenigen Jahren in den meisten größeren Wagen. Sie ist heute dort fast immer durch die 55 A Maschine ersetzt.

Teilweise wird für Wagen mit 28 A-Maschine eine 45 A-Maschine gegen einen Aufpreis von rund 30,– DM angeboten. Im Zweifelsfall nimmt man immer die stärkste Ausführung, Strom hat man nie zuviel.

Nachträglicher Umbau

Wie aber ist es mit der nachträglichen Umrüstung? Der Umbau selbst ist kein Problem, denn für jede schwächere Drehstrom-Lichtmaschine gibt es stärkere Ausführungen mit der gleichen Aufhängung. Aber die Preise! Für eine 35 A-Lichtmaschine muß man mit rund 250,– Mark rechnen, 55 A-Maschinen kommen bis über 300,– DM. Als tragbarer Ausweg bleibt wieder der Weg zur Autoverwertung, zumal die Aufhängungsarten der Maschinen weitgehend gleich sind. Man muß halt nur etwas suchen, um eine stärkere Maschine zu finden. Die Leistung steht auf dem Typenschild (hoffentlich ist es noch vorhanden).

Beim Neukauf einer Maschine braucht man keinen neuen Regler. Der schon im Wagen angebaute Kontaktregler ist praktisch ebenso für eine 28 A-Maschine brauchbar, wie für eine 55 A-Maschine. (Merkwürdig, in Bosch-Listen findet man z. B. für den Regler vom Typ ADN 1/14 V mit der Bestellnr. 0190600009 einen max. Lichtmaschinenstrom von 35 A angegeben. In der

Links: Innenansicht eines nicht entstörten Reglers vom Typ AD.
Rechts: Für Radioempfang entstörte Regler sehen äußerlich gleich aus, das Entstörglied sitzt am Regler. Diese Regler haben die Kennzeichnung ADN.

Praxis sieht das aber anders aus, er findet sich serienmäßig auch in Wagen mit 55 A-Maschinen.)
Neu kosten die Kontaktregler in entstörter Ausführung vom Typ ADN 33,– Mark, in nicht entstörter Ausführung – Typ AD – DM 30,50. (Nicht entstörte AD-Regler lassen sich durch ein Entstörglied entstören. Das Entstörglied allein kostet aber DM 23,–. Beim Neukauf also unbedingt einen entstörten Regler vom Typ ADN nehmen.)

Der Regler der Drehstrom-Lichtmaschine

Der Regler der Drehstrom-Lichtmaschine ist einfacher aufgebaut als der der Gleichstrom-Lichtmaschine. Zuerst einmal entfällt der Rückstromschalter, denn die Dioden der Drehstrom-Lichtmaschine verhindern einen Entladestrom aus der Batterie über die Maschine zur Masse.
Eine Regelung des abgegebenen Stroms durch den Regler ist überflüssig, denn die Drehstrom-Lichtmaschine gibt einfach nicht mehr her, als ihrem Typ entspricht. Bleibt die Regelung der abgegebenen Spannung. Sie erfolgt entweder durch einen außerhalb der Maschine angebrachten Kontaktregler, oder durch einen Transistorregler. Er ist meist in die Maschine eingebaut, was die Leitungsverbindung überflüssig macht und damit schon wieder eine Störungsquelle ausschließt. An beiden Reglerarten kann man natürlich nichts reparieren, bei einem Schaden am Regler muß man schon in die Werkstatt.

Vorsicht bei Leitungsarbeiten!

Drehstrom-Lichtmaschinen sind in ihrem Aufbau zwar sehr robust und bedürfen kaum einer Wartung, doch die in die Lichtmaschine eingebauten Dioden sind gegen Spannungsspitzen äußerst empfindlich. Sämtliche Leitungen zwischen Lichtmaschine, Batterie, Regler und evtl. dem Geber für die Ladeanzeigelampe, dürfen nur bei stehender Lichtmaschine an- und abgeklemmt werden. Bei diesen Arbeiten löst man zuerst immer das Minuskabel der Batterie, damit keine Kurzschlüsse auftreten.

- Die Batterie muß bei laufendem Motor immer angeschlossen sein, ein reiner Lichtmaschinenbetrieb ohne Batterie ist im Gegensatz zur Gleichstrom-Lichtmaschine nicht zulässig.
- Wird die Batterie schnellgeladen, so müssen (nicht bei allen Schnelladern) beide Batterieklemmen vorher gelöst werden, da Spannungsspitzen vom Schnellader auf die Dioden einwirken können.
- Der Schnellader darf nie als Starthilfe verwendet werden, da die Lichtmaschine hierbei Spannungsspitzen bekommt.

■ Bei der Starthilfe mit einer Fremdbatterie darf auch nicht kurzzeitig eine Falschpolung erfolgen!

■ Alle Leitungsanschlüsse an Lichtmaschine und Regler müssen stets gut festgezogen sein; Schraubenanschlüsse sichert man zweckmäßig mit einem Tropfen Uhu.

Störungen an der Drehstrom-Lichtmaschine

Ersieht man an der Ladekontrolle, daß eine Störung an der Lichtmaschine vorliegt, so kann man nicht wie bei der Gleichstrom-Lichtmaschine einfach weiterfahren oder nur das Pluskabel an der Klemme „B+" des Reglers lösen. Hier müssen sämtliche Verbindungen zwischen Lichtmaschine und Batterie bzw. Lichtmaschine und Regler getrennt werden. An der Klemme „B+" der Lichtmaschine wird das dicke Ladekabel gelöst und gut isoliert. Außerdem müssen die Verbindungsleitungen zum Regler getrennt werden. Wenn die Verbindungen über Stecker erfolgen, genügt es, wenn man den Stecker am Regler oder an der Lichtmaschine abzieht. Andernfalls muß man sämtliche Kabel-Schraubverbindungen an der Lichtmaschine lösen, damit diese nur noch leer mitläuft.

Vorteile der Drehstrom-Lichtmaschine

Stromabgabe schon bei Motorleerlauf. Nur wenig Wartungsansprüche. Hohe Lichtmaschinenleistung über einen großen Drehzahlbereich, man kann also viele zusätzliche Stromverbraucher anschließen, ohne zu befürchten, daß der Strom aus der Batterie entnommen wird.

Nachteile

Reiner Lichtmaschinenbetrieb (also bei ausgefallener Batterie) ist ebenso wenig möglich, wie bei den uralten, heute nicht mehr gebauten stromregulierten Lichtmaschinen. Erschwernisse beim Schnelladen, keine Starthilfe mit Schnellader möglich. Weniger bastelfreundlich. Bei Ausfall der Lichtmaschine mehr Abklemmarbeiten nötig als bei der Gleichstrom-Lichtmaschine.

Anschleppen bei abgeklemmter Batterie nicht möglich.

Ladekontrolle der Drehstrom-Lichtmaschine

Während das System der Ladekontrolle bei allen Gleichstrom-Lichtmaschinen einheitlich ist, gibt es bei der Ladekontrolle der Drehstrom-Lichtmaschine verschiedene Systeme.

So fließt z. B. bei den Bosch-Drehstrom-Lichtmaschinen ein Vorerregungsstrom über die Ladekontrolle zur Erregerwicklung, damit der Läufer zu Beginn der Lichtmaschinen-Drehung magnetisiert wird und so die Entstehung des Drehstroms in den Ständerwicklungen einleitet. Ohne diese Vorerregung

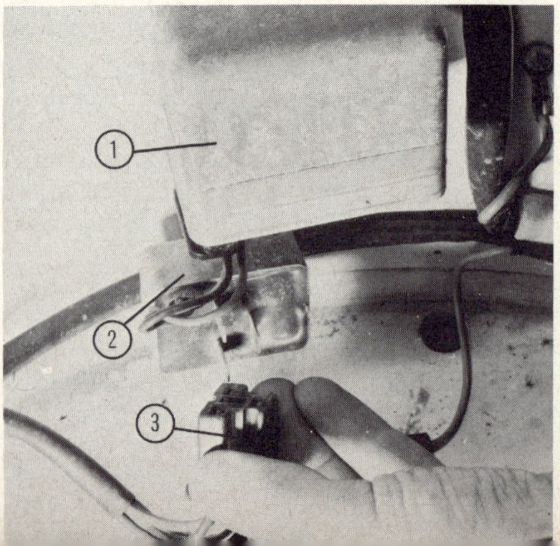

Für nicht entstörte Spannungsregler gibt es zusätzliche Entstörglieder (2), die mit ihrer Dreifach-Steckkupplung einfach zwischen den Regler (1) und den zur Lichtmaschine führenden Dreifachstecker (3) gesteckt werden.

kann die Lichtmaschine keinen Strom abgeben, so daß eine durchgebrannte Glühlampe der Ladekontrolle sofort durch eine Lampe gleicher Leistungsaufnahme ersetzt werden muß. (Wird eine Glühlampe geringerer Leistungsaufnahme eingesetzt, so ist die Vorerregung nicht sichergestellt.)
Bei anderen Drehstrom-Lichtmaschinen (z. B. FIAT) erfolgt die Steuerung der Ladekontrollampe über Geber oder Relais. Hier hat der Ausfall der Ladekontrolle – ebenso wie bei der Gleichstrom-Lichtmaschine – keinen Einfluß auf die Stromabgabe der Lichtmaschine, es fällt nur die Kontrolle aus.

Was zeigt die Ladekontrolle an?

Bei der Bosch-Drehstrom-Lichtmaschine und bei den meisten ausländischen Drehstrom-Lichtmaschinen zeigt die Ladekontrolle nach dem Einschalten der Zündung und Anlassen des Motors das gleiche an wie bei der Gleichstrom-Lichtmaschine:
Beim Einschalten der Zündung leuchtet die Ladekontrolle auf. Nach dem Anlassen des Motors erlischt die Ladekontrolle, sobald Lichtmaschinen- und Batteriespannung gleich hoch sind.
Ein Glimmen der Ladekontrolle bei höherer Motordrehzahl kann ebenso wie bei der Gleichstrom-Lichtmaschine von schlechten Anschlüssen oder Übergangswiderständen an den Verbindungsleitungen herrühren.
Brennt die Ladekontrolle beim Einschalten der Zündung nicht, so können ebenfalls die gleichen Störungen wie bei der Gleichstrom-Lichtmaschine vorliegen: Leere Batterie, durchgebrannte Glühlampe oder Anschlußleitungen zur Kontrolle unterbrochen.
Bei Bosch-Drehstrom-Lichtmaschinen zeigt die Ladekontrolle noch folgendes an:
Ladekontrolle leuchtet bei ausgeschalteter Zündung auf und erlischt beim Einschalten = Kurzschluß von Plus-Dioden, die Batterie kann sich langsam über die Lichtmaschine entladen.
Ladekontrolle erlischt nach dem Anlassen des Motors nicht = Lichtmaschine wird nicht angetrieben, Regler ist defekt, Leitung von der Lichtmaschine zur Kontrollampe hat Masseschluß, Leitungsanschluß an Klemme „D+/61" gelöst, so daß Kontrollampe über Regler und Erregerwicklung an Masse liegt.
Sofern das Glimmen der Ladekontrolle nicht auf schlechte Anschlüsse und Übergangswiderstände zurückzuführen ist, können Dioden der Lichtmaschine unterbrochen sein.
Die Stärke des Glimmens und das Aufleuchten der Kontrolle mit voller oder teilweiser Helligkeit zeigen vielfach die spezielle Fehlerart an, doch ist die Anzeige von den unterschiedlichen Schaltungen der verschiedenen Lichtma-

Bei durchgescheuerten oder durch Schwingungen gebrochenen Ladeleitungen wird die Batterie nicht mehr geladen, doch durch die Ladekontrolle wird das nicht angezeigt, sie bleibt dunkel.

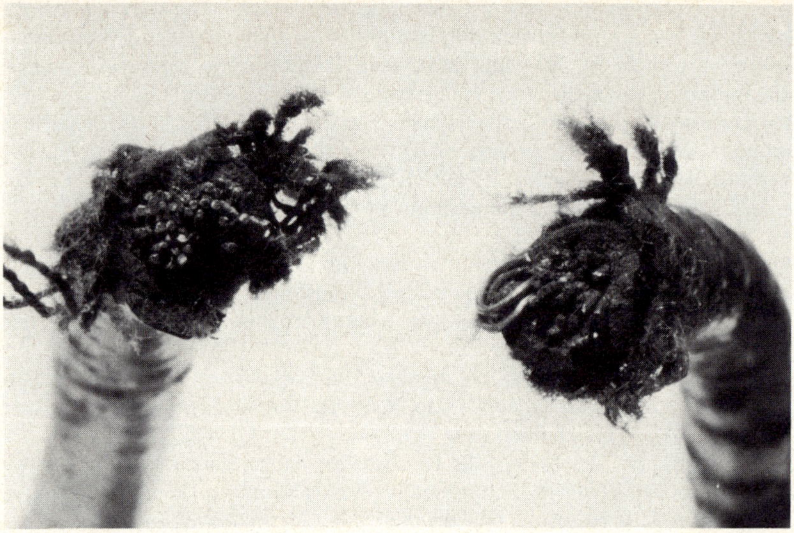

Eine durch Schwingung gebrochene Ladeleitung. Wie gesagt, die „Ladekontrolle" zeigt nicht an, daß die Batterie nicht mehr geladen wird. Nur ein nachträglich eingebautes Volt- oder Amperemeter zeigt den Schaden im Betrieb. Bei laufendem Motor und intakter Ladeleitung zeigt ein Voltmeter über 13 bis 14 Volt an. Bei stehendem Motor nur die Batteriespannung von etwa 12,5 Volt.

schinentypen abhängig, so daß man hierüber keine allgemeingültigen Angaben machen kann, eine Einzelaufzählung aber den Rahmen dieses Buches sprengen würde.

Nicht warnende Ladekontrolle

Was einer Gleichstrom-Lichtmaschine recht ist, muß einer Drehstrom-Lichtmaschine billig sein.
Wenn die Ladeleitung von der Klemme B+ der Drehstrom-Lichtmaschine zum Pluspol der Batterie unterbrochen ist, kann kein Ladestrom von der Lichtmaschine zur Batterie fließen.
So klar das ist, so selbstverständlich nimmt man an, daß diese Störung durch eine aufleuchtende Ladekontrolle angezeigt wird.
Denkste!
Wenn die Ladeleitung unterbrochen ist, kann sich folgender Zustand ergeben: Beim Einschalten der Zündung leuchtet die Ladekontrolle auf, um bei laufendem Motor zu verlöschen, obwohl die Batterie nicht geladen wird!
Wie ich zu der Feststellung komme?
Ein Bekannter kam mit einem Mercedes 200 D zu mir, um die Ladeleistung der Lichtmaschine messen zu lassen. Einige Tage vorher hatte er die Batterie seines Wagens mit einem Ladegerät aufladen müssen, was nicht normal sein konnte, denn die Batterie war noch ziemlich neu.
Motor abstellen, Motorhaube öffnen und Zellenstopfen der Batterie abschrauben. (Man kann nie wissen, eine „trockene" Batterie hat keine Speicherkapazität.)
Die Batterie hatte den erforderlichen Säurestand.
Bei einer Sichtprüfung ergab sich, daß die Ladeleitung unmittelbar an der Lichtmaschine durch Schwingungen gebrochen war.
Nun gibt es zwei Möglichkeiten:
1. Die Lichtmaschine ist im Eimer, denn die Ladeleitung darf bei laufendem Motor niemals unterbrochen sein, und schon gar nicht während des Motorlaufs gelöst werden.
2. Probieren geht über studieren. Vielleicht ist die Lichtmaschine wundersamerweise doch nicht zum Teufel?
Es wurde eine provisorische Ladeleitung von der Lichtmaschine zum Batterie-

Wenn Spritzwasser auf den Drehstromgenerator gelangt, kann das im Winter mit Streusalz versetzte Wasser das Leichtmetall anfressen. Kontrollieren Sie das gelegentlich einmal an Ihrem Wagen nach!

Pluspol und ein Amperemeter in die Leitung gelegt. Zu meiner Überraschung ergab sich bei laufendem Motor ein Ladestrom von rund 10 Ampere.

Bei abgestelltem Motor wurde dann kontrolliert, ob vielleicht wegen defekter Dioden ein Rückstrom fließen würde, was aber nicht der Fall war.

Nach Abklemmen der provisorischen Ladeleitung und Instandsetzen der regulären, wurde darauf gewartet, ob ein verspäteter Schaden auftreten oder die Batterie wieder richtig geladen werden würde.

Glück gehabt, Batterie wird einwandfrei geladen!

Meine Meinung: In solch einem Fall ist ein Lichtmaschinenschaden zu erwarten, er muß aber nicht unbedingt sicher sein.

Betrachtet man sich das Schaltbild von Drehstrom-Lichtmaschine und -regler, so erkennt man:

Wird der Zündschalter geschlossen, so fließt bei stehendem Motor ein Strom von Batterie + über die Ladeanzeigelampe und den Regler zur Erregerwicklung der Lichtmaschine, dann von dort zur Masse, wodurch die Anzeige aufleuchtet.

Bei laufendem Motor gibt die Lichtmaschine Spannung ab. An der Klemme B + sind es (bei einem 12-Volt-Bordnetz) etwa 14 Volt, es fließt Ladestrom in die Batterie. An der Klemme D +/61 liegt die gleiche Spannung.

Wenn die Leitung von B + der Lichtmaschine zum Pluspol der Batterie bei laufender Lichtmaschine unterbrochen ist, erhält die Ladekontrolle beidseitig Plus (einmal von Klemme D +/61, einmal von Batterie +) und erlischt.

Später wurde ein Voltmeter zur Überwachung von Lichtmaschine eingebaut. Heute – drei Jahre nach dem Schaden – arbeitet die Lichtmaschine noch immer einwandfrei!

Die Drehorgel

Früher kam ein „Automobil“ mit einem einzigen Motor aus, nämlich dem Motor, der aus der pferdelosen Kutsche einen „Selbstbeweger“ machte.

Heute sind die Menschen etwas verwöhnter, und so hat ein modernes Auto noch einige Zusatzmotoren bekommen, von denen der elektrische Anlasser nicht unbedingt der wichtigste ist. Ein ausgefallener Anlasser ist zwar unangenehm, doch kann man den Wagen meist durch Anschieben oder Anschleppen in Trab bringen. Wenn Ihnen aber mal bei Regen und verschmutzter Fahrbahn der Scheibenwischermotor ausgefallen ist, dann bekommen Sie eine ganz andere Ansicht von der Rangfolge der Elektromotoren in Ihrem Wagen.

Die in die heutigen Personenwagen eingebauten Anlasser sind in den meisten Fällen sogenannte „Schub-Schraubtrieb-Anlasser“ oder „Schubtrieb-Anlasser“. Trotzdem sie verhältnismäßig klein sind, geben sie eine Leistung ab, die etwa zwischen 0,5 und 1 PS liegt, wie sie zum Durchdrehen eines ausgekühlten Motors im Winter erforderlich ist.

Wenn man normale Elektromotoren dieser Leistung mit einem Anlasser vergleicht, dann fällt einem sofort der Größenunterschied auf. Dieser Größenunterschied beruht nicht darauf, daß die anderen Elektromotoren für 220 oder 380 Volt gebaut sind und die Anlasser nur für 6 oder 12 Volt, sondern hat seinen Grund darin, daß der Anlasser nur für kurzzeitigen Betrieb ausgelegt ist. Wenn er seine Höchstleistung dauernd abgeben müßte, würde er schnell zu heiß. Da die Batterien der Kraftfahrzeuge nur einen bestimmten Stromvorrat haben, sind sie meist schon leer, bevor sich der Anlasser unzulässig erhitzt.

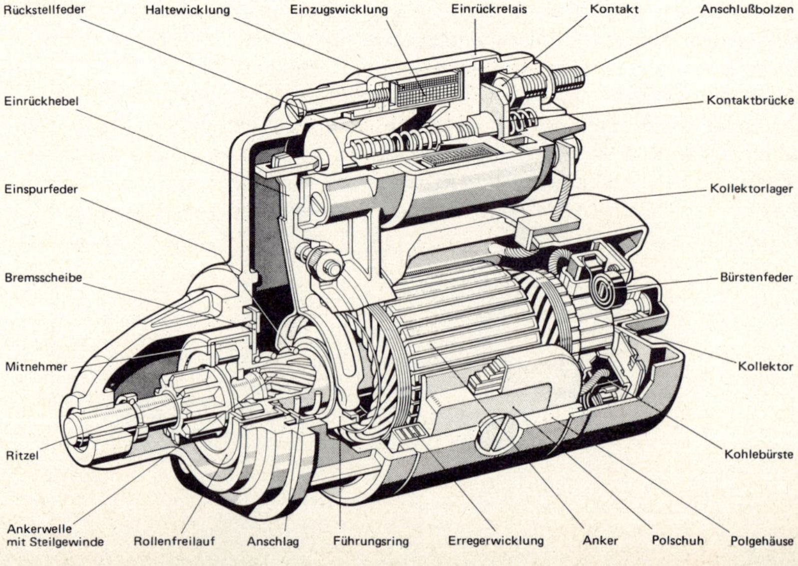

Teilschnitt durch einen Bosch-Schubschraubtrieb-Anlasser. Die im Personenwagen verwendeten Anlasser entsprechen in ihrem Aufbau weitgehend diesem System.

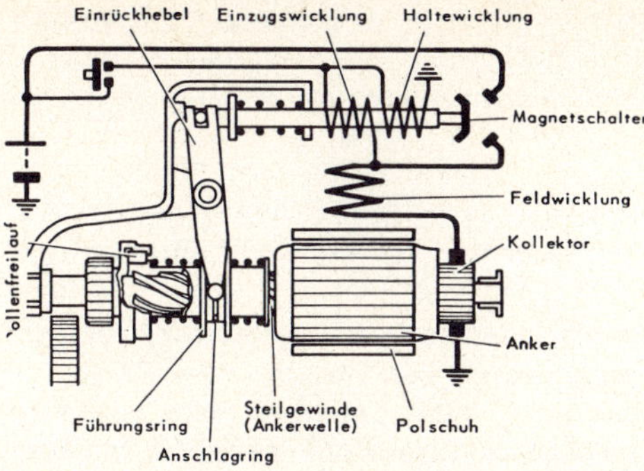

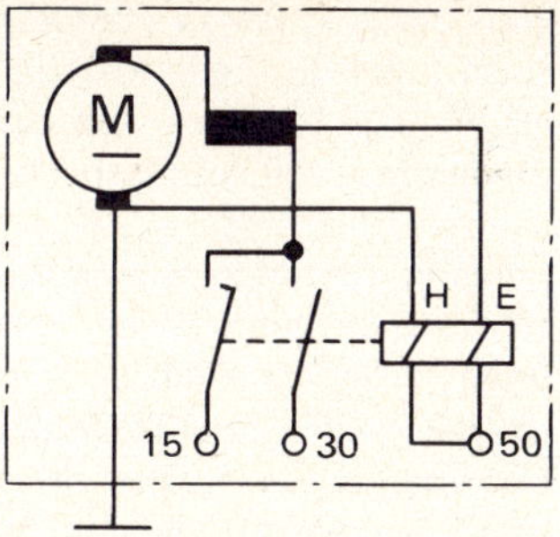

Links: Schematische Darstellung des Stromverlaufs im Anlasser. Beim Einschalten des Magnetschalters rückt der Magnetschalteranker das Ritzel ein. Die Kontaktbrücke schließt den Stromkreis und der Anlasser läuft an. Rechts: Normgerechte Darstellung. An Klemme 30 ist das Pluskabel von der Batterie angeschlossen, an Klemme 50 die Leitung von Zündschloß. Mit Klemme 16 bzw. 15a wird ein Vorwiderstand der Zündspule überbrückt (nicht bei allen Anlassern), siehe Bildtext Seite 112 unten.

Fachgerecht wird der Pkw-Anlasser als Hauptschlußmotor bezeichnet, denn der gesamte Strom, der durch die Ankerwicklung fließt, muß auch das Erregerfeld durchfließen. Umgekehrt wie die Lichtmaschine, deren Anker dadurch Strom abgeben kann, daß er durch ein Magnetfeld gedreht wird, arbeitet der Anlasser. Wird der Strom zum Anlasser eingeschaltet, so wird die Erregerwicklung magnetisch, der Strom fließt dann durch die Ankerwicklungen, wobei der Anker einen entgegengesetzten Magnetpol erhält und sich drehen muß.

Der Schub-Schraubtrieb-Anlasser

Wenn der drehende Anlasseranker den Motor durchdrehen soll, muß er mit diesem verbunden werden. Auf der Welle des Anlasserankers sitzt deshalb ein Ritzel (so bezeichnet man ein kleines Antriebszahnrad), das in eine Verzahnung des Motorschwungrades eingreifen kann.
Dieses Ritzel ist nicht starr mit dem Schwungrad-Zahnkranz verbunden, sondern wird nur bei der Anlasserbetätigung „eingespurt“ – es wird entsprechend verschoben. Das Einschieben des Ritzels in die Schwungradverzahnung wird heute durch den Magnetschalter vorgenommen. Dreht man den Zündschlüssel in die Anlaßstellung, so wird dem Magnetschalter an der Klemme 50 Strom zugeführt. Da der Anlasser und damit der Magnetschalter an Masse liegt, ist nun der Stromkreis geschlossen, die Erregerwicklung des Magnetschalters wird magnetisch und zieht einen Eisenkern gegen die Kraft einer Feder in den Magnetschalter hinein.

Das „Einspuren“

Der Eisenkern (man bezeichnet auch ihn als Anker) greift auf der einen Seite über einen Einrückhebel an einem Mitnehmer des Ritzels an und verschiebt dieses zum Schwungradzahnkranz, in den es – sofern ein Zahn des Ritzels einer Zahnlücke in Schwungrad-Zahnkranz gegenübersteht – zum Teil hineingeschoben wird.
An der anderen Seite des Magnetschalter-Ankers sitzt eine Kontaktscheibe, die jetzt zwei Kontakte verbindet und dadurch den eigentlichen Strom für den Anlasser freigibt, so daß der Anlasser-Anker anläuft. Die Ankerwelle trägt ein Steilgewinde, und das Ritzel sitzt auf einer Führungshülse, die innen das entsprechende Mutterngewinde des Steilgewindes trägt. Durch den anlaufenden Anker wird das Ritzel auf dem Steilgewinde ganz in den Schwungrad-Zahnradkranz hineingeschoben, holt dabei etwas Schwung auf und kann den Motor dadurch leichter „losbrechen“.
Steht ein Zahn des Ritzels auf einem Zahn des Schwungrad-Zahnkranzes, so drückt der Einrückhebel über eine Feder, die dabei zusammengepreßt wird, auf das Ritzel. Wenn jetzt die Kontaktscheibe die Kontakte für den Strom-

kreis des Anlassers verbindet, setzt sich der Anker in Drehung und das Ritzel spurt unter der Federwirkung und dem Schwung des Steilgewindes ganz in die nächste Zahnlücke des Schwungrad-Zahnkranzes ein, wodurch der Motor wiederum kräftig losgebrochen wird.

Der Freilauf

Solange der Magnetschalter des Anlassers unter Strom steht, bleibt das Ritzel im Schwungrad-Zahnkranz eingespurt und der drehende Anlasseranker dreht den Motor durch.
Ist der Motor angesprungen, so wird das noch eingespurte Ritzel vom Schwungrad-Zahnkranz schnell angetrieben. Die Drehzahl des Ritzels ist dabei so hoch, daß der Anlasser-Anker diese Drehzahl nicht aushalten würde, seine Wicklungen würden ausgeschleudert. Aus diesem Grund liegt zwischen Ritzel und Anlasser-Anker ein Freilauf, der die Verbindung zwischen ihnen aufhebt. Das Ritzel dreht sich ziemlich schnell, nimmt den Anlasser-Anker aber nicht mit, dieser dreht sich nur mit der Drehzahl, die durch seine Stromzuführung bedingt ist, so daß er nicht beschädigt werden kann.
Läßt man den Zündschlüssel los, so daß er aus der Anlaßstellung zurückfedert, so wird die Stromzuführung zum Magnetschalter unterbrochen. Der Anker des Magnetschalters federt jetzt zurück, unterbricht die Stromzuführung zum Anlasser und über den Einrückhebel wird gleichzeitig das Ritzel aus dem Schwungrad-Zahnkranz herausgezogen.

Der Schubtrieb-Anlasser

Im großen und ganzen entspricht er in seinem mechanischen und elektrischen Aufbau dem Schub-Schraubtrieb-Anlasser. Lediglich das Steilgewinde auf der Ankerwelle ist hier nicht vorhanden, so daß das Einspuren des Ritzels nur durch den Einrückhebel erfolgt, die Schwung-Unterstützung durch das Steilgewinde zu Beginn des Anlaßvorgangs entfällt also.

Anlasser-Störungen

Für die Typen, über die ein Buch in der Reihe „Jetzt helfe ich mir selbst" erschienen ist, findet man dort angegeben, welche Anlasser eingebaut sind und entsprechende Störungshinweise.
Da heute praktisch alle Anlasser beim Drehen des Zündschlüssels durch einen Magnetschalter eingeschaltet werden, ergeben sich zwei Grund-Störungsmöglichkeiten:

- Störung im Anlasser oder in seiner Stromversorgung,
- Versagen des Magnetschalters.

Sie lassen sich schon dem Gehör nach weitgehend auseinanderhalten. Wenn

Prinzip der Magnetschalterstromzuführung. An Klemme 30 liegt das Batterie-Pluskabel. Z = Zündschloß, 50 = Leitung vom Zündschloß zur Klemme 50 des Magnetschalters.

man beim Drehen des Zündschlüssels in Anlaßstellung aus dem Motorraum ein „Klick“ vernimmt, so weiß man schon, daß der Fehler mit großer Wahrscheinlichkeit im Anlasser selbst liegt.
Hört man beim Drehen des Zündschlüssels kein Geräusch aus dem Motorraum, so kann das, wenn die Batterie nicht entleert ist, (zur Probe die Scheinwerfer einschalten) verschiedene Ursachen haben.
Da defekte Magnetschalter ziemlich selten sind, prüft man (sofern der Anlasser überhaupt zugänglich ist) einmal nach, ob an der Klemme 50 des Anlassers bei gedrehtem Zündschlüssel überhaupt Strom ankommt. Leider muß man dazu zu zweit sein, denn man kann nicht gleichzeitig den Zündschlüssel in Anlaßstellung drehen und an der Klemme 50 des Anlassers prüfen, ob Spannung vorhanden ist. Ob der Magnetschalter noch intakt ist und der Fehler nur an der Stromzuführung von der Batterie über das Zündschloß zum Magnetschalter liegt, kann man aber dadurch feststellen, daß man vom Batteriehauptkabel, das am Anlasser angeschlossen ist, mit einer kurzen dünnen Leitung eine Strombrücke zur Klemme 50 des Anlasser zieht.
Wenn Sie diese Prüfung vornehmen, dann muß natürlich der Leerlauf eingeschaltet sein, damit das Fahrzeug keinen Ruck nach vorn macht und Sie evtl. umwirft. Erschrecken Sie auch nicht vor dem schlagenden Geräusch und davor, daß der Motor durchgedreht wird.

Häufige Magnetschalterstörungen

Das sind sie: Unzureichender Strom in der Magnetschalterwicklung, eingeschlagene Magnetschalter-Ankerachse, abgenützte Kohlebürsten.
Haben Sie schon einmal einen Autofahrer erlebt, der mit einem Holzknüppel oder einem Gummihammer auf den Magnetschalter eingedroschen hat? Diese Prügelei war mehrere Jahre bei einigen Fahrzeugtypen sehr verbreitet. Was es damit auf sich hat? Dafür gibt's mehrere Gründe.

Überhitzte Erregerwicklung

Bei manchen Wagen heizt der heißgefahrene Motor nach dem Abstellen – wenn der kühlende Luftzug fehlt – den Magnetschalter des Anlassers stark auf. Die Kupferwicklung des Anlasser-Magnetschalters hat bei starker Erwärmung einen wesentlich höheren elektrischen Widerstand als in kaltem Zustand. Dieser höhere Widerstand läßt nur noch einen kleineren Strom durch die Magnetwicklung zu. Damit wird die Kraft der Magnetschalterwicklung zu klein um den Magnetschalteranker einzuziehen und das Anlasserritzel in den Schwungradzahnkranz des Motors einzuspuren; der Motor wird nicht durchgedreht und kann nicht anspringen.

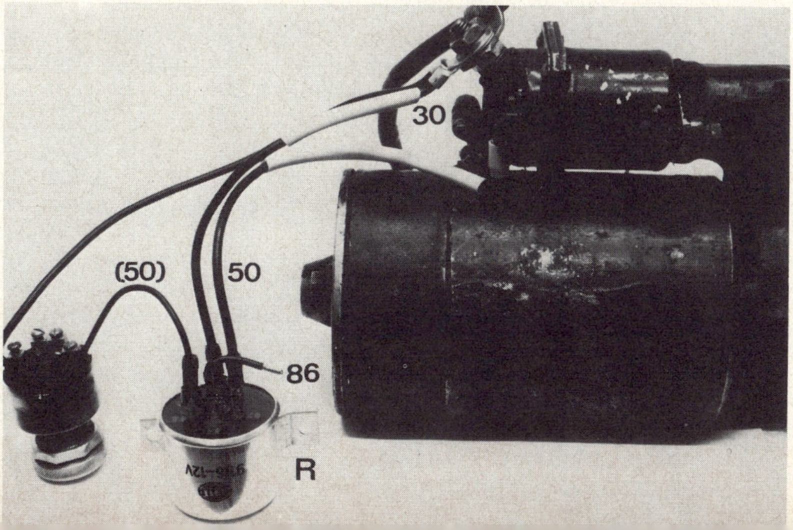

Bei schlechter Stromzuführung zum Magnetschalter kann man ein Relais R in die Leitung zur Klemme 50 des Magnetschalters schalten. (50) Leitung vom Zündschloß zum Relais Klemme 86, 85 kommt an Masse, 50 = Leitung von Relais Klemme 87 zu Klemme 50 des Magnetschalters. Klemme 30/51 des Relais kommt an Batterie-Plus (Klemme 30).

Bei Anlassern mit Staubschutzband über den Bürsten lassen sich die Bürstenfedern nach Demontage dieses Metallbandes mit einem abgewinkelten Draht abheben.

Der Reibungswiderstand der Ruhe ist größer als der der Bewegung, das trifft auch für die Achse des Magnetschalters zu. Durch ein „Klopfen" am Magnetschalter des Anlassers schwingt dessen Anker etwas nach, und jetzt kann auch die geringere Einzugskraft der Magnetwicklung dazu ausreichen, den Anker zu bewegen und das Anlasserritzel wird eingespurt.
Kann der Motor längere Zeit auskühlen, so kühlt auch die Magnetwicklung des Anlassermagnetschalters ab, das Einziehen der Magnetschalterachse klappt wieder einwandfrei.
Die Störung des durch Hitze hängenden Magnetschalters ist in den letzten Jahren bei neuen Fahrzeugen selten geworden, denn die Automobilwerke haben sie auch erkannt und die Stromzuführung zum Anlasser-Magnetschalter verbessert; ausgestorben ist sie aber nicht.

Mangelnde Stromversorgung

Nicht nur eine starke Erhitzung des Magnetschalters verhindert einen ausreichend hohen Strom durch die Erregerwicklung des Magnetschalters. Wenn auf dem Weg über den Zündanlaßschalter zur Klemme 50 des Magnetschalters hohe Spannnungsabfälle durch Übergangs- und Leitungswiderstände auftreten, fließt ebenfalls nicht genügend „Saft" durch die Erregerwicklung.
Im Augenblick des Einschaltens nimmt der Magnetschalter, selbst eines leistungsschwachen 6 Volt-Anlassers, etwa 75 Ampere auf. 75 Ampere, das ist etwa soviel, wie zehn Scheinwerferlampen zusammen verbrauchen! Die 75 Ampere fließen jedoch nur Sekundenbruchteile, so lange nämlich, bis der Magnetschalter eingezogen hat. Anschließend benötigt er nur noch den Strom für die sogenannte Haltewicklung, der etwa 15 Ampere beträgt.
Der hohe Strom muß aber über die Kontakte im Zündanlaßschalter und die Anlasser-Steuerleitung zum Magnetschalter fließen, dann durch die Einzugs- und Haltewicklung des Magnetschalters, schließlich über die Kohlebürsten, den Kollektor und die Ankerwicklung zur Masse.

Abgenützte Kohlebürsten

Abgenützte Kohlebürsten verhindern ebenso das Anziehen des Magnetschalters. Auch hier ist kein „Klick" zu hören, der Fehler liegt trotzdem im Anlasser selbst.
In den beiden ersten Fällen läßt sich durch ein Relais mit Arbeitskontakt erreichen, daß am Magnetschalter die volle Bordnetzspannung ankommt. (Durch die angestiegene Spannung erreicht man auch bei erhitzter Erregerwicklung, daß der Strom in ihr etwas höher wird.) Bei Wagen mit 12 Volt-Bordnetzspannung tritt das Versagen des Magnetschalters durch mangelnde Stromzuführung kaum jemals auf, bei 6 Volt-Anlagen ist es nicht eben selten.

Abgenützte Kohlebürsten verhindern nicht nur das Anlaufen des Anlassers, auch der Magnetschalter kann dann nicht mehr anziehen. Die Magnetschalter-Störung braucht also nicht in der Zuleitung zum Magnetschalter oder in ihm selbst zu liegen. Die zweite Kohlebürste von links zeigt deutliche Brandspuren.

Das Relais, das die Stromversorgung des Magnetschalters verbessern soll, erhält eine direkte Pluszuführung. Am einfachsten ist meist der Anschluß direkt am Pluspol der Batterie, oder man legt einen Kabelschuh unter das von der Batterie am Anlasser ankommende Kabel. Die Leitung von Batterie-Plus zum Relais Klemme 30/51 und die Leitung vom Relais Klemme 87 zur Klemme 50 des Magnetschalters sollen einen Querschnitt von 2,5 mm² haben. Die vom Zündanlaßschalter kommende Leitung, die ehemals an der Klemme 50 des Anlassers lag, wird an die Klemme 85 des Relais gelegt, sie übernimmt nur noch die Stromversorgung für die schwache Steuerwicklung des Relais, Klemme 86 kommt an Masse.

Eingeschlagene Magnetschalterachse

Den Fall findet man normalerweise nur bei starkschwingenden Motoren. Die im Rhythmus der Motorvibrationen mitschwingende Ankerachse wird im Laufe der Zeit durch das Magnetschaltergehäuse eingeschlagen und erhält starke Grate. Wird der Strom im Magnetschalter eingeschaltet, und der Anker soll eingezogen werden, so können sich die Grate an der Bohrung des Magnetschaltergehäuses festhängen und der Anker wird blockiert. Im Anfangsstadium des Schadens klappt das Einziehen des Magnetschalters nach mehrmaligem Schalten des Zündschlüssels in die Anlaßstellung doch noch. Auch hier läßt sich oft mit kräftigen Schlägen an den Magnetschalter nachhelfen. Tritt der Magnetschalter öfter in den Streik, so soll man ihn möglichst ersetzen, bevor

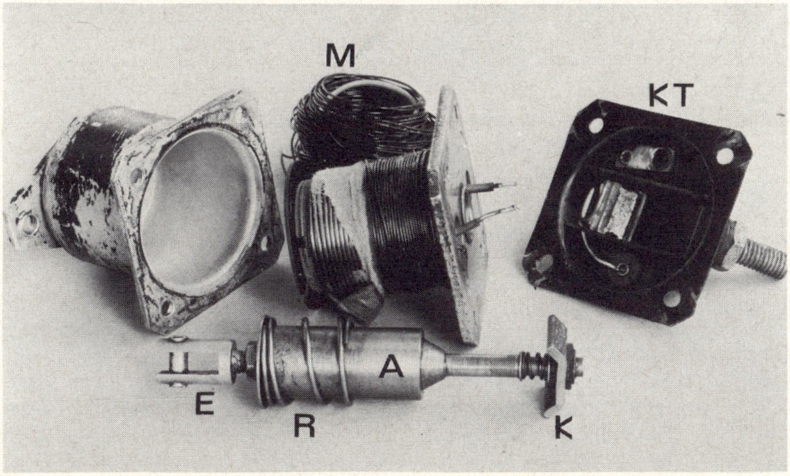

Zerlegter Magnetschalter. E = Einrückgabel, A = Magnetschalteranker, R = Rückstellfeder, K = Kontaktbrücke, KT = Kontaktträger, M = Magnetschalterwicklungen. Die dicke Wicklung ist die Einzugswicklung, die dünne (teilweise abgewickelt) ist die Haltewicklung.

einen das Mißgeschick des absolut hängenden Magnetschalters ausgerechnet auf einer wichtigen Fahrt oder am abgelegenen Urlaubsort ereilt. (Im widrigsten Fall, bei viel Zeit und technischem Geschick kann man den Schaden notdürftig „reparieren“. Bei ausgebautem Magnetschalter „schleift“ man die Grate weg, indem man den Magnetschalteranker an der Gabel oder Öse einige -zigmal gegen die Federkraft hin und herbewegt. Der Anker muß dabei an der Öse auf die Seite gedrückt werden, auf der das Festhängen des Ankers fühlbar wird. Das ist allerdings eine ausgesprochene Murkserei, die man sich nur in Übernotfällen antun soll.) Natürlich muß bei hängender Ankerachse nicht der ganze Anlasser ausgetauscht werden, der Ersatz des Magnetschalters genügt eigentlich. Da eine eingeschlagene Ankerachse durchweg aber nur nach beträchtlicher Kilometerleistung des Wagens auftritt, sollte der ganze Anlasser zumindest überprüft werden. Kohlebürsten und Kollektor werden auch nicht mehr in bestem Zustand sein. Und wenn ich schon zur Generaldurchsicht oder zum Anlassertausch rate, dann ist es schon weit gekommen.

Kleine Störungstabelle

Für alle Schubtrieb- und Schub-Schraubtrieb-Anlasser gelten noch folgende Hinweise:
Beim Drehen des Zündschlüssels in Anlaßstellung ertönt ein Klicken aus dem Motorraum (vom einziehenden Magnetschalter herrührend), der Motor wird aber nicht oder nur ganz langsam durchgedreht:

Mögliche Ursachen	**Störungsabhilfe**
Batterie entladen oder defekt	Aufladen oder ersetzen
Anlasserkabel-Klemmen an Batterie oder Anlasser lose bzw. oxydiert	Klemmen anziehen und reinigen
Masseverbindung fehlt oder ist schlecht	Ersetzen oder richtig anschließen
Kohlebürsten im Anlasser klemmen oder sind abgenutzt	Kohlebürsten kontrollieren
Der Anlasser-Anker dreht sich, der Motor wird aber nicht durchgedreht:	
Einrückhebel gebrochen oder Lagerbolzen der Einrückgabel herausgerutscht, Freilauf rutscht	Anlasser instandsetzen
Anlasser-Anker dreht sich, bis Ritzel eingespurt ist, und bleibt dann stehen:	
Batterie entladen	Batterie aufladen
Anlasserkabel-Klemmen an Anlasser oder Batterie lose bzw. oxydiert	Klemmen anziehen und reinigen
Kontakte am Magnetschalter oxydiert	Magnetschalter kontrollieren
Kohlebürsten klemmen	Kohlebürsten kontrollieren
Masseverbindung fehlt oder ist schlecht	Ersetzen oder richtig anziehen

Bei diesen Störungen schaut man auf jeden Fall einmal nach, ob das Massekabel, das von der Karosserie zum Motor- bzw. Getriebegehäuse führt, richtig sitzt. Wenn das Massekabel gelöst ist, so muß sich der Strom über Starterzug (Choke), Gasgestänge, Radlager oder ähnlicher Nebenwege quälen. Der Anlasser arbeitet entweder überhaupt nicht oder nur mit vermin-

derter Leistung und Chokezug, Radlager usw. können durch den hohen Strom ausglühen.
(Es ist auch schon vorgekommen, daß sich die Nieten für die Massebürstenführung gelockert hatten, wodurch die Masseverbindung des Anlassers ausfiel.)
Beim Drehen des Zündschlüssels ertönt kein Klicken aus dem Motorraum:

Mögliche Ursache	**Störungsabhilfe**
Stecker der Steuerleitung zum Magnetschalter am Zündschloß oder am Magnetschalter gelöst, Stromzuführung zum Zündschloß nicht in Ordnung, Zünd-Anlaßschalter defekt, Leitung unterbrochen	Leitungszug in Ordnung bringen

Versagende Anlasserritzel

Aus einem Leserbrief:
„An meinem Wagen (Kilometerstand 98700) treten seit einiger Zeit seltsame Effekte beim Anlassen auf. Nach Betätigen des Zündanlaßschlosses läuft sofort der Anlasser los, ohne daß das Antriebsritzel in den Zahnkranz einspurt und den Motor antreibt. (Seltsam, da ja der Magnetschalter den Kontakt zum Anlasser schließt und das Ritzel nach vorn drückt). Nach einigen vergeblichen Versuchen kann es sein, daß das Ritzel dann doch greift und der Motor ein bis zwei Umdrehungen angetrieben wird. Danach verliert er wieder den Kontakt zum Zahnkranz. Manchmal reicht dies zum Anspringen des Motors aus, aber meistens nicht. Dann läuft der Anlasser wieder leer durch. Der Anlasser wurde bereits von mir generalüberholt (Kollektor abgedreht, neue Kohlen eingesetzt, gereinigt und wo nötig gefettet)."
Streikende Anlasser sind also nicht nur auf hängende Magnetschalter und abgenützte Kohlebürsten zurückzuführen. Neben elektrischen Fehlern am Anker oder der Feldwicklung findet man auch ganz ordinäre mechanische Schäden.
Der von dem Leser geschilderte Fall ist mit Sicherheit ein Fehler im Ritzeltrieb des Anlassers.
Das Ritzel selbst, das die Drehbewegung des Anlasserankers an das Schwungrad weitergibt, ist nur das letzte Glied der „Antreibapparatur". Auf der Ankerwelle sitzt eine sogenannte Mitnehmerhülse, die am vorderen Ende – zum Schwungrad zu – letztlich das Ritzel trägt.

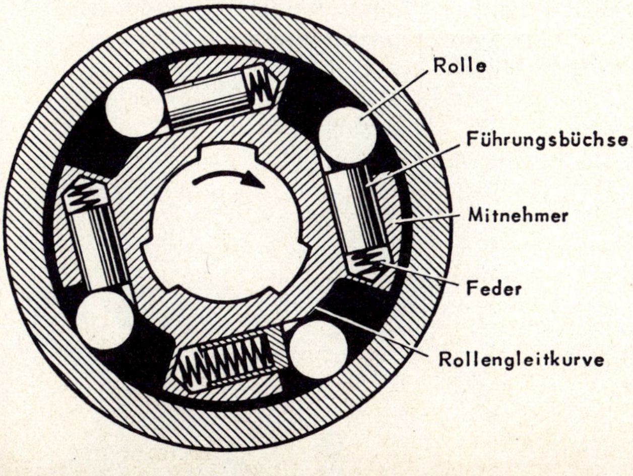

Schema des Klemmrollenfreilaufs. Abgeplattete Walzen des Freilaufs bewirken ein Durchrutschen des Anlassers, der Motor wird nicht durchgedreht. Tritt bei Bosch-Anlassern nicht auf, ist aber von FIAT-Anlassern her bekannt.

Nach diesem Teilschaltplan kann man einen Zusatzdruckknopfschalter im Motorraum vorsehen, der unter Umgehung des Zündschlosses ein direktes Durchdrehen des Motors ermöglicht. Natürlich muß zum Anlassen die Zündung eingeschaltet sein.

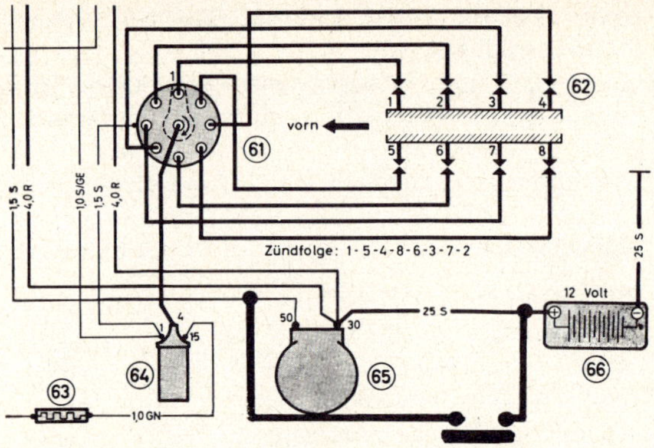

Der Freilauf

Das Ritzel sitzt nicht fest auf der Mitnehmerhülse, sondern wird nur in Andrehrichtung mit ihr gekuppelt. Diese „Kupplung“ übernimmt ein im Ritzelkörper liegender Klemmrollenfreilauf. Es ist genau wie bei der Torpedofreilaufnabe des Fahrrads, in „Antretrichtung“ ergibt sich ein Kraftschluß, im Schiebebetrieb ein „Freilauf“. Wäre das Anlasserritzel starr mit der Anlasserwelle verbunden, so würde der Anlasseranker bei angesprungenem Motor mit hoher Drehzahl angetrieben und im Handumdrehen durch die Fliehkraft zerstört. Durch den Klemmrollenfreilauf wird die Kupplung gelöst, das Anlasserritzel kann die Mitnehmerhülse und damit die Ankerwelle überholen. Während des Anlassens werden die Klemmrollen in den Engstellen zwischen einem Außenring und den Rollengleitkurven des Innenrings geklemmt, dabei werden sie durch Federn unterstützt.
Allgemein sind Freilaufschäden sehr selten. Sind die Klemmrollen abgeplattet, rutscht der Freilauf natürlich durch. Auch ein übermäßiges Schmieren kann dazu führen, wenn durch Federn nicht unterstützte Klemmrollen in den Weitstellen der Rollengleitkurve festklemmen.
Ein durchrutschender Freilauf ist kein elektrischer Fehler, aber ein Laie könnte ihn dafür halten.

Ersatz für den Beifahrer

Bei vielen Arbeiten und Störungssuchen an der Zündung oder am Vergaser sind Sie unterwegs oft um einen Beifahrer verlegen, der den Motor anläßt, während Sie selbst am Motor beschäftigt sind.
Wenn z. B. der Motor nach dem Durchfahren einer Pfütze schlagartig aussetzt, so können Sie sicher sein, daß Wasser auf den Verteiler oder die Zündspule gespritzt ist. Kriechende Funken auf der Isolierkappe der Zünd-

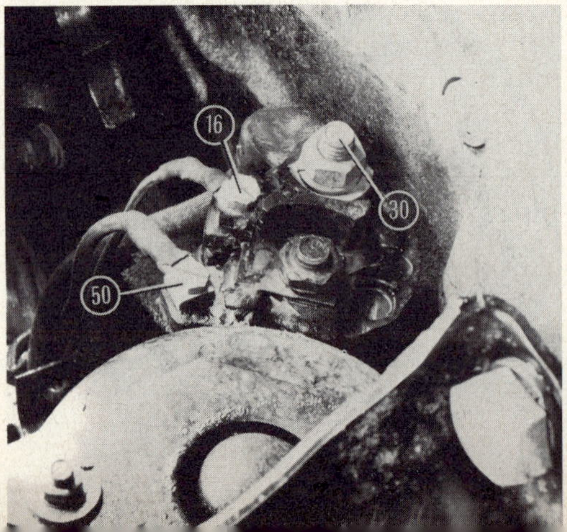

Zündspulen mit Vorwiderstand würden während des Startens, wenn der stromdurstige Anlasser sowieso die Spannung von 12 auf 8,5 bis 9,5 Volt drückt, einen unnötig mageren Zündfunken liefern. Das wird bei Zündspulen, deren Vorwiderstand in die Leitung zwischen Klemme 15 Zündschloß und Klemme 15 Zündspule geschaltet ist, durch einen Trick umgangen: Während des Startens übernimmt sozusagen der Anlasser die Rolle des Vorwiderstandes und er liefert von seiner „Spezial-Klemme“ 16 am Magnetschalter unter Umgehung des Vorwiderstandes direkt Strom an Klemme 15 der Zündspule. Dort oder an der Ausgangsklemme des Vorwiderstandes sind also 2 Leitungen angeschlossen. Die Klemme 16 des Magnetschalters hat nur Strom, solange sie vom Magnetschalter während des Startens (durch Klemme 50 vom Zündschloß) zur Anlasserklemme 30 durchgeschaltet ist. Die Zündspule bekommt damit auch während des Startens ihre normale Spannung. Im gleichen Augenblick, in dem der Anlasser abgeschaltet wird, weil der Motor läuft, wird auch Klemme 16 wieder stromlos.

spule oder der Verteilerkappe können Sie aber nur dann sehen, wenn der Motor vom Anlasser durchgedreht wird. Dazu müßte ein Beifahrer den Zündschlüssel in Anlaßstellung drehen, so daß Sie die nötigen Feststellungen im Motorraum treffen können. Oft werden Sie aber keinen Beifahrer haben, und so können Sie keine Beobachtungen machen.
Hätten Sie im Motorraum elnen zusätzlichen Anlaßdruckknopf, dann könnten Sie den Motor von dort aus in Bewegung setzen und gleichzeitig beobachten, was sich tut. Serienmäßig sind solche zusätzlichen Anlaß-Druckknöpfe kaum jemals eingebaut, es ist aber nicht schwierig, sich solch einen „Beifahrer" selbst zu schaffen.
Etwa 1 bis 1,5 m elektrische Leitung von 2,5 mm^2 Querschnitt und ein Anlaßdruckknopf (gibt's von Bosch unter der Bestell-Nr. 0343003004 oder von Hella unter der Bestell-Nr. 81/10; Preis etwa 3,– DM) ist alles, was man braucht.

Anschluß des zusätzlichen Druckknopfschalters

Entweder zieht man den Stecker der Leitung 50 am Anlasser ab und klemmt unter Verwendung eines neuen Steckers die Zusatzleitung an, oder man schneidet an zugänglicher Stelle die Leitung 50 durch und setzt dort die Zusatzleitung an.
Die Zusatzleitung wird mit ihrem anderen Ende an den einen Anschluß des Druckknopfs angeschlossen, vom anderen Druckknopfanschluß führt man eine Leitung zu einem Pluspol, der nach Möglichkeit auch bei ausgeschalteter Zündung unter Spannung steht. Für den Druckknopf findet man schon eine Befestigungsstelle. Selbstverständlich muß bei der Betätigung dieses Hilfs-Anlaß-Druckknopfes der Leerlauf (bei automatischen Getrieben die Neutral- oder Parkstellung) eingelegt sein, damit sich der Wagen nicht in Bewegung setzt.
Sie werden sich wundern, wie oft Sie den Motor mit diesem Hilfsdruckknopf in Bewegung setzen werden, und sei es nur zur Erleichterung des Motordurchdrehens bei der Zündeinstellung!

Der Schwung-Lichtanlaß-Batteriezünder

Das Aggregat, das diesen Bandwurm-Namen hat, findet sich bei den heute gebauten Wagen nicht mehr. Hier bei dieser Anlage sind Anlasser, Lichtmaschine und Zündunterbrecher (manchmal auch noch die Zündspule) in einer kombinierten Maschine zusammengefaßt, die direkt auf der Kurbelwelle sitzt.
Solche Anlagen waren z. B. bis zum NSU-Prinz 4 und im Sport-Prinz eingebaut, für den ja auch ein Buch in der Reihe „Jetzt helfe ich mir selbst" erschienen ist. Dort ist diese Anlage besonders behandelt. Da sie in fast gleicher Form auch im gelegentlich noch zu findenden Goggomobil eingebaut ist, kann man die dort gegebenen Hinweise auch für diese Typen weitgehend übernehmen.

Funkenflug

Batterie, Zündspule, Verteiler, Zündkerzen und Zündkabel sowie etwas einfache Kupferleitung – auf Ehre: mehr Teile hat die Zündanlage nicht!
Die ganzen anderen elektrischen Einrichtungen Ihres Wagens können Sie ausbauen, wenn Sie nur fahren wollen. (Eine Einschränkung muß ich allerdings machen; wenn die Zündung aus der Batterie leben soll, dann muß die Batterie – je nach ihrem Speichervermögen für elektrischen Strom – nach 10 bis 20 Stunden wieder nachgeladen werden. In dieser Zeit werden Sie aber sicher zu Hause sein, so daß Sie auf die Lichtmaschine verzichten können.) Der Reihe nach ganz kurz –

Die wichtigen Teile

■ Die Batterie: Sie liefert – sofern sie geladen ist – den Strom für die Zündung. Mehr brauchen Sie davon jetzt nicht zu wissen.
■ Die Zündspule: Da man mit der erbärmlichen Batteriespannung von nur 6 oder 12 Volt an den Zündkerzen keinen Zündfunken erzeugen kann, formt man die Batteriespannung in der Zündspule um – es kommen dann so rund 10000 bis 25000 Volt heraus.
■ Der Verteiler: Er verteilt die von der Zündspule gelieferte Hochspannung zu den Zündkerzen. (Er hat zwar noch andere Aufgaben, doch die werden später erklärt.)
■ Die Zündkerzen: An ihren Elektroden springen die Funken über, die das Kraftstoff-Luft-Gemisch im Zylinder entzünden.
■ Die Zündkabel: Sie stellen die Verbindung für den hochgespannten Strom von der Zündspule zum Verteiler und von dort zu den Zündkerzen her.
■ Etwas einfache Kupferleitung: Damit verbindet man die Zündspule mit der Batterie, außerdem führt eine kleine Hilfsleitung von der Zündspule zum Verteiler.
Das ist alles. Damit kann man die erforderlichen Zündfunken erzeugen.
(Siehe auch Bild in vorderer Umschlagklappe.)

Der Abreißfunken

Jetzt werden Sie vielleicht sagen, das sei doch ein beträchtlicher Aufwand für ein paar kümmerliche Fünkchen, wo Sie doch jedesmal einen Funken erzeugen, wenn Sie den Stecker eines größeren Haushalt-Stromverbrauchers aus der Steckdose ziehen.
Sie haben recht! Mit einer derartigen Abreißzündung und dem dabei entstehenden Öffnungsfunken hat man schon vor rund hundert Jahren gearbeitet. (Siegfried Markus verwendete sie 1875 zur Zündung des Gasgemischs in seinem Benzinkraftwagen.)
Leider kam man damit nicht so richtig zurecht, und so müssen wir uns heute mit ein paar Teilen mehr herumschlagen.
Der Öffnungsfunke, den Sie meinen, entsteht immer dann, wenn eine stromführende Leitung unterbrochen wird. Je größer der Strom in dieser Leitung

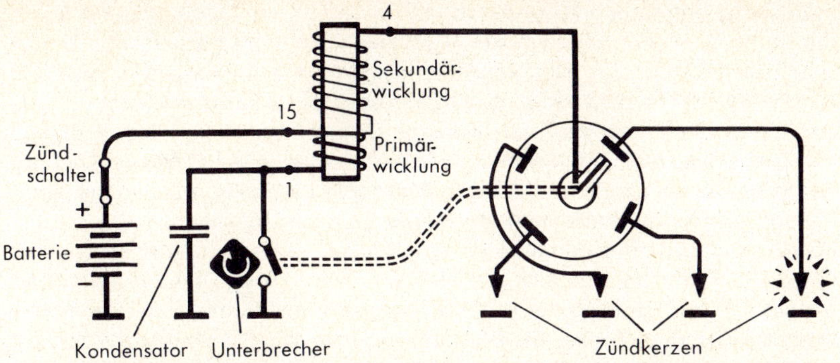

So sieht die Zündanlage schematisch als Schaltbild aus. Bei geschlossenem Zündschalter und Unterbrecher wird die Primärwicklung in der Zündspule vom Strom durchflossen. Beim Öffnen der Unterbrecherkontakte wird der Strom unterbrochen und in der Sekundärwicklung wird eine hohe Spannung induziert, die dem Verteilerfinger zugeführt wird. Der Verteilerfinger läuft mit der Drehzahl des Unterbrechernockens um und verteilt die Zündspannung zu den einzelnen Elektroden in der Verteilerkappe.

ist, um so kräftiger wird der Funke. (Dieser Öffnungsfunke ist auch die Ursache dafür, daß die Kontakte eines Schalters nicht das ewige Leben haben. Je schneller man die Schalterkontakte trennt, um so besser. Bei jedem Trennen der Kontakte reißt der Funken trotzdem kleinste Materialteilchen aus den Kontakten heraus. Im Laufe der Zeit kann sich hierdurch ein zusätzlicher Widerstand ergeben, der einen Spannungsabfall mit sich bringt und für die schlechtere Leistung des an dem Schalter angeschlossenen Verbrauchers verantwortlich ist.)

Einfache Batterie-Zündanlage

Der Primärkreis

Auch dann, wenn Sie keinen Schaltplan lesen können, werden Sie bei etwas Phantasie aus obiger Darstellung herauslesen können, wie die Batterie-Zündung arbeitet.

Sind Zündschalter und Unterbrecher geschlossen, so fließt ein Strom vom Pluspol der Batterie über den Zündschalter durch die Primärwicklung zur Masse (kurze schwarze Striche im Schaltbild sind die Massezeichen). Von hier fließt der Strom zum Minuspol der Batterie zurück. Dieser Strom fließt solange, wie Zündschalter und Unterbrecher geschlossen sind und die Batterie noch nicht entladen ist. (Nun habe ich eben behauptet, der Zündschalter – also das Zünd-Anlaßschloß des Wagens wäre für die Zündanlage überflüssig, jetzt ist er schon im Schaltbild eingezeichnet. Gewiß, aber der Strom zur Zündspule braucht ja nicht über den Zündschalter zu fließen, sondern man kann eine direkte Leitung vom Pluspol der Batterie zur Klemme 15 der Zündspule ziehen.)

Neben dem Unterbrecher ist der sogenannte Kondensator eingezeichnet, der mit dem einen Ende der Zündspulen-Primärwicklung (Klemme 1) und der Masse verbunden ist. Zu dieser Anordnung sagt man auch „parallel" geschaltet. Durch den Kondensator kann kein Strom fließen, denn wie man sieht, besteht zwischen den beiden Kondensatorpolen keine leitende Verbindung.

Der Kondensator

In dem Augenblick, in dem sich die Unterbrecherkontakte öffnen, will der Strom durch die Primärwicklung noch weiter fließen (sagen wir ruhig durch den Schwung, obwohl das recht vereinfacht ist) und ist dadurch in der Lage, den gerade beginnenden Luftspalt zwischen den Unterbrecherkontakten in Form eines Lichtbogens – des sogenannten Öffnungsfunkens – zu überschlagen. Durch den Kondensator wird diese „Schwungelektrizität" aufgespeichert, so daß der Öffnungsfunke weitgehend unterdrückt wird, wodurch die Unterbrecherkontakte weniger stark abgenutzt werden. (Siehe auch Kapitel „Das Horn".) Durch den Kondensator wird der Primärstrom außerdem

schlagartig unterbrochen, wodurch sich eine höhere Zündspannung ergibt. Die im Kondensator während der Unterbrecheröffnung gespeicherte elektrische Energie kann sich beim Schließen der Unterbrecherkontakte wieder ausgleichen, wodurch der Kondensator für die nächste Ladung frei wird.
Der durch die Primärwicklung fließende Strom magnetisiert den Eisenkern der Zündspule. Aus dem Eisenkern wird jetzt solange ein Elektromagnet, wie der Strom durch die Primärwicklung fließt. (Die Elektriker drücken das hochtrabend so aus: Der Strom in der Primärwicklung baut ein Magnetfeld auf!)
Neben dem Unterbrecherhebel ist ein Nocken mit einem Pfeil gezeichnet. Dieser Pfeil gibt an, daß sich der Nocken dreht. Diese Drehung erfolgt abhängig von der Drehung der Kurbelwelle, beim Viertaktmotor mit der halben Drehzahl der Kurbelwelle. Da sich die Nockenwelle, die die Ventile betätigt, gleichfalls mit der halben Drehzahl der Kurbelwelle dreht, sagt man auch: „Der Verteilernocken dreht sich mit Nockenwellendrehzahl".
Jedesmal, wenn ein Höcker des Verteilernockens auf den Unterbrecherhebel aufläuft, werden die Unterbrecherkontakte getrennt – der Unterbrecher wird geöffnet und der Primärstrom wird unterbrochen. In der Stellung zwischen zwei Höckern ist der Unterbrecher geschlossen, der Primärstrom kann fließen. In dem Augenblick, wo der Primärstrom unterbrochen wird, hört die Magnetisierung des Zündspulen-Eisenkerns auf.
Wieder hochtrabend ausgedrückt: Das Magnetfeld bricht zusammen.
Durch das zusammenbrechende Magnetfeld entsteht augenblicklich in der Sekundärwicklung – die aus sehr vielen Windungen dünnen Drahtes besteht – ein hochgespannter Strom. Er wird „induziert", sagen die Elektriker.

Der Sekundärkreis

Die in der Sekundärwicklung entstehende Hochspannung wird jetzt einer Zündkerze zugeführt, wo sie an den Elektroden den Luftspalt überschlägt. Der dabei entstehende Funke entzündet das Kraftstoff/Luft-Gemisch im Zylinder. Natürlich muß die Hochspannung der Zündkerze des Zylinders zugeführt werden, dessen Kolben gerade das „Frischgas" verdichtet hat und jetzt Arbeit abgeben kann.
Die Zuführung zur richtigen Zündkerze erfolgt durch den Verteiler. In dem Schemabild sind Unterbrecher und Verteiler durch eine doppelte, gestrichelte Linie verbunden. Diese Doppellinie stellt keine elektrische Verbindung dar, sondern zeigt nur an, daß der Unterbrechernocken und der Verteilerläufer (der nach rechts oben zeigende schwarze Strich im Verteiler) mechanisch starr miteinander verbunden sind, sich also abhängig voneinander drehen.

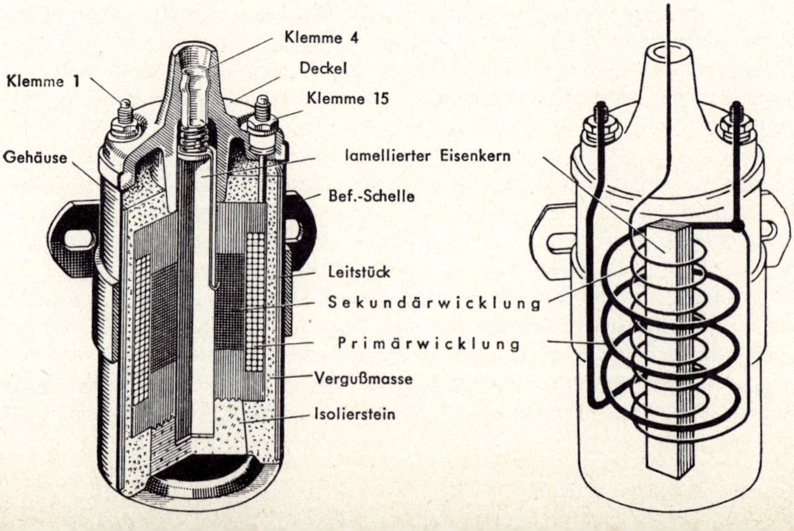

Links: Schnitt durch eine Zündspule. Rechts: Schematischer Aufbau einer Zündspule.

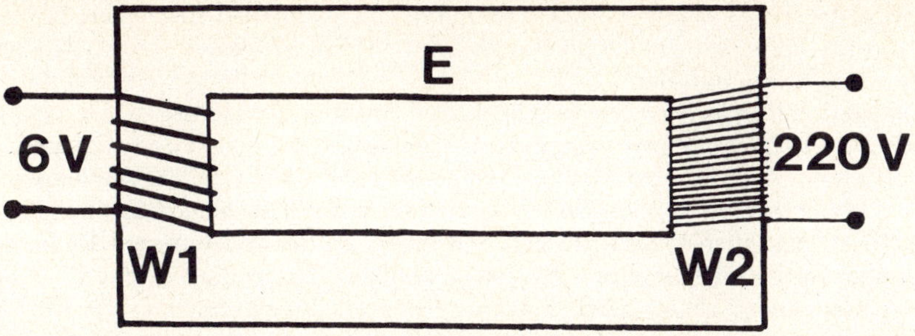

Schema eines Transformators: E – Eisenkern; W 1 und W 2 sind die Wicklungen. Die unterschiedlichen Windungszahlen der beiden Wicklungen werden als Übersetzungsverhältnis bezeichnet. Hat die Wicklung W 2 z. B. 2200 Windungen und die Wicklung W 1 60 Windungen, so kann man, wenn man an die Wicklung W 2 eine Wechselspannung von 220 Volt anlegt, an der Wicklung W 1 eine Spannung von 6 Volt abnehmen. Umgekehrt –: legt man an die Wicklung W 1 eine Wechselspannung von 6 Volt, so kann man an der Wicklung W 2 eine Spannung von 220 Volt abnehmen. So ähnlich arbeitet auch eine Zündspule.

Die an der Klemme 4 der Zündspule vorhandene Zündspannung wird zum Verteilerläufer geführt.
Von dort schlägt der Zündfunke über eine kleine Luftstrecke zu einer der Elektroden in der Verteilerkappe, von der aus die Zündspannung weiter durch das Kerzenkabel zur Zündkerze des Zylinders geführt wird, in dem der Verbrennungstakt erfolgen soll.
Die Zündkerzen zünden nicht in der Reihenfolge der Zylinder, also z. B. bei einem Vierzylinder-Reihenmotor 1 – 2 – 3 – 4, sondern entweder 1 – 3 – 4 – 2 oder 1 – 2 – 4 – 3, da sich nur so ein gleichmäßiger Zündabstand ergibt. (Diese Reihenfolge der Zündung erreicht man dadurch, daß die Zündkabel in dieser Reihenfolge in die Anschlüsse der Verteilerkappe eingesteckt werden.) Für die Fahrzeugtypen, für die ein Buch der Reihe „Jetzt helfe ich mir selbst" erschienen ist, wird die Zündfolge dort angegeben.
Die Zündspannung fließt also beim Funkenüberschlag von der Sekundärwicklung über die Klemme 4, den Verteiler zur Zündkerze, schlägt dort in Form des Zündfunkens zur Masse über, (die untere Begrenzungslinie), von dort über die Batterie zur Klemme 15 der Primärwicklung. Dort ist die Sekundärwicklung mit der Primärwicklung verbunden, so daß der Stromkreis geschlossen ist.

Die Zündspule

Es wurde schon gesagt, daß man zur Erzeugung eines Zündfunkens etwa 10000 Volt benötigt, und daß die Zündspule die Batteriespannung von 6 oder 12 Volt entsprechend umformt. Auf welche Weise geht das nun vor sich?

Der Transformator

Sie kennen doch sicher von Ihrer Wohnung oder von Ihrem Haus einen Klingeltransformator und wissen auch, was er macht. An der einen Seite ist er an das Wechselstromnetz von 220 Volt angeschlossen, an der anderen Seite gibt er 3, 5 oder 8 Volt zum Betrieb der elektrischen Klingel ab.
Bei einem gewöhnlichen Transformator sind bekanntlich zwei Wicklungen auf einen Eisenkern aus Blechlamellen aufgewickelt. (Der Eisenkern ist nur deshalb nicht massiv, weil man durch die voneinander isolierten Blechlamellen die Entstehung von sogenannten Wirbelströmen vermeiden kann und Ummagnetisierungsverluste verhindert.)
Die eine Wicklung – mit vielen Windungen dünnen Drahts – ist mit dem Lichtnetz verbunden. Die andere Wicklung – mit wenigen Windungen dicken Drahts – führt zur Klingel. Obwohl beide Wicklungen nicht miteinander verbunden sind, holt man aus der klingelseitigen Wicklung einen Strom heraus. Dieser merkwürdige Umstand ist auf die sogenannte Induktion zurückzuführen.
Der Wechselstrom im Haushaltsnetz ändert hundertmal in der Sekunde seine Richtung. Er baut jedesmal, wenn er fließt, ein Magnetfeld im Eisenkern auf.

Wenn der Strom wieder zu Null wird, bricht das Magnetfeld zusammen. Beim Zusammenbrechen des Magnetfeldes wird in der klingelseitigen Wicklung eine Spannung „induziert“.
Die an den beiden Wicklungen anliegenden Spannungen verhalten sich dabei wie die Windungszahlen: man spricht – genau wie bei einem Zahnradpaar – von einem Übersetzungsverhältnis. Hat die eine Wicklung z. B. 220 Windungen und die andere 10 Windungen, so kann man, wenn man die 220 Windungen an das Haushaltsnetz von 220 Volt anschließt, an der Wicklung mit 10 Windungen eine Spannung von 10 Volt abnehmen. Die Wicklung, die an der Speisespannung anliegt, wird immer als Primärwicklung bezeichnet, die Wicklung, die die transformierte Spannung abgibt, wird als Sekundärwicklung bezeichnet.
Die Primärwicklung kann also eine höhere Windungszahl haben als die Sekundärwicklung (wie beim Klingeltrafo) oder auch eine geringere Windungszahl (wie bei der Zündspule).

Unterschied zwischen Zündspule und Transformator

Bei einer Zündspule kann man die Windungen der Sekundärwicklung für das erforderliche hohe Übersetzungsverhältnis aber nicht mehr unterbringen, denn die Primärwicklung muß eine Mindestzahl von Wicklungen haben, damit der durch sie hindurchfließende Strom den Eisenkern genügend magnetisch erregt.
Wollte man die hohe Sekundärspannung von 10000 Volt einfach durch das entsprechende Übersetzungsverhältnis erreichen, so müßte die Sekundärwicklung bei einer 6-Volt-Anlage etwa 1600mal so viel Windungen haben wie die Primärwicklung, bei einer 12-Volt-Anlage immer noch 800mal so viel. Die Zündspule würde dadurch so groß, daß nur noch ein Teil der Sekundärwicklung von den magnetischen Kraftlinien durchflossen würde. Hier wendet man einen Kunstgriff an: Dadurch, daß man den Strom in der Primärwicklung schlagartig unterbricht, wird in der Sekundärwicklung eine wesentlich höhere Spannung induziert, wie es nach dem reinen Übersetzungsverhältnis zwischen Primär- und Sekundärwicklung möglich wäre.
Jetzt erhebt sich bei der Zündspule die Frage, wie das „Transformieren“ überhaupt möglich ist, wo man doch nur Wechselstrom und nicht Gleichstrom transformieren kann. Nun, durch das Unterbrechen des Primärstroms im Augenblick der Unterbrecheröffnung wird der Gleichstrom „zerhackt“. Zerhackter Gleichstrom läßt sich aber genauso transformieren wie der Wechselstrom des Haushaltsnetzes.
Die Primärwicklung aus dickem Draht ist an die beiden Klemmen 15 und 1

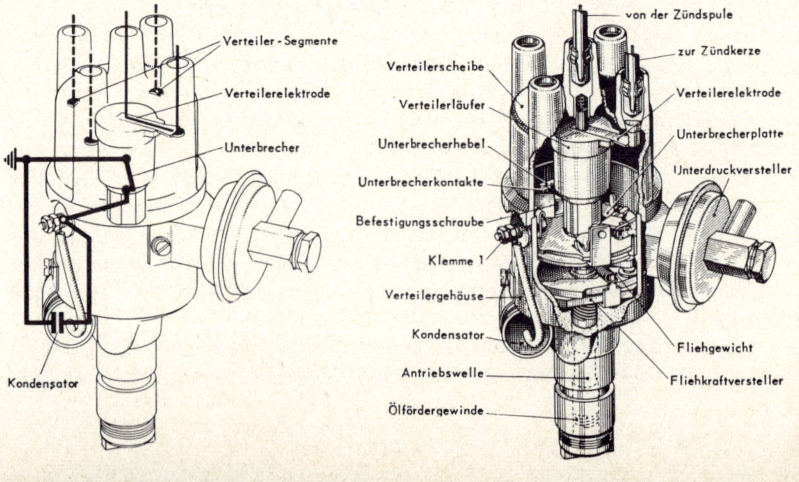

Teilschnitt durch einen Verteiler. Der Aufbau der Verteiler ist bei allen Wagen weitgehend gleich und unterscheidet sich nur durch die Art der Zündverstellung. Es gibt Verteiler, die nur eine Fliehkraftverstellung besitzen, Verteiler mit ausschließlicher Unterdruckverstellung und Verteiler mit Fliehkraft- und Unterdruckverstellung. Ob ein Verteiler Unterdruckverstellung hat, erkennt man an der Unterdruckdose, die außen am Verteiler angeflanscht ist.

der Zündspule gelegt. Im Fahrzeug ist die Klemme 15 der Zündspule mit dem Zünd-Anlaßschalter verbunden. Die Klemme 1 der Zündspule mit dem isolierten Anschluß des Verteilers.
Die Sekundärwicklung – also die Wicklung, die die Zündspannung liefert – ist im Inneren der Zündspule mit dem einen Ende der Primärwicklung verbunden, so daß sie über diese an Masse liegt (man spart sich so einen getrennten Anschluß). Das andere Ende der Sekundärwicklung ist mit der Klemme 4 verbunden, und hier ist das Zündkabel eingesteckt, das zum Verteiler führt.

Versuchsweise Erzeugung des Zündfunkens

Wenn Sie wissen wollen, wie einfach sich ein Zündfunken erzeugen läßt, so machen Sie nachstehenden Versuch:
Ziehen Sie ein Kerzenkabel von einer Kerze ab und aus dem Verteiler heraus. Aus der Klemme 4 der Zündspule ziehen Sie das dicke, zum Verteiler führende Hochspannungskabel heraus und stecken hierfür das aus dem Verteiler gezogene Zündkabel hinein. Auf den Kerzenstecker stecken sie eine Zündkerze, die Sie mit ihrem Eisenkörper auf die Minusklemme der Batterie oder sonst irgendwie an Masse legen. Jetzt lösen Sie das dünne Kabel an Klemme 1 der Zündspule und schließen an dieser Klemme ein kurzes Stück Kabel an, dessen andere Seite natürlich auch etwas abisoliert sein muß. Schalten Sie nun die Zündung des Wagens ein und begeben Sie sich wieder an Ihre improvisierte Zündanlage. Tupfen Sie jetzt mit dem freien Ende des an Klemme 1 angeschlossenen Kabels auf Masse (z. B. an den Motor) und ziehen Sie das Kabel wieder von Masse ab, so springt an der Zündkerze ein schwacher Funke über.
(Statt der Klemme 15 der Zündspule den Strom über den Zünd-Anlaßschalter zuzuführen, könnten Sie ein Kabel vom Pluspol der Batterie zur Klemme 15 ziehen, auch dann würden Sie auf die beschriebene Art einen Zündfunken erhalten.)
So einfach ist die Entstehung des Zündfunkens!
Obwohl die Zündspannung 10000 Volt oder noch mehr betragen kann, ist diese hohe Spannung nicht gefährlich, da nur ganz winzige Ströme fließen. Ausnahmen: Transistor- und Kondensatorzündungen!
Auch wenn Sie einmal bei laufendem Motor ein Kerzenkabel, dessen Isolierung nicht ganz einwandfrei ist, von einer Zündkerze abziehen und dabei einen elektrischen Schlag bekommen, so brauchen Sie keine Angst vor ihm zu haben. Sie müssen nur darum besorgt sein, daß Sie nicht vor Schreck mit der Hand in den laufenden Ventilator kommen, beim Zurückschrecken nicht ausrutschen oder einen ähnlichen Folgeschaden erleiden.

Einfluß des Öffnungsfunkens

Bei dem Versuch haben Sie sicher zu Ihrer Verwunderung festgestellt, daß der Funke, der zwischen Masse und dem abisolierten Ende des an Klemme 1 der Zündspule angeschlossenen Kabels beim Abziehen auftrat, wesentlich kräftiger war als das Fünkchen an den Elektroden der Zündkerze.
Aha, wieder der leidige Öffnungsfunke!
Dieser Öffnungsfunke ist schuld daran, daß der Zündfunke selbst so jämmerlich ausfiel!
Wie weiter vorn gesagt, wird die erforderliche hohe Zündspannung in der Zündspule nicht durch das eigentlich erforderlich hohe Übersetzungsverhältnis zwischen Primär- und Sekundärwicklung erreicht, sondern durch die schlagartige Unterbrechung des Stroms in der Primärwicklung.
Das Abziehen des an Klemme 1 angeschlossenen Kabels ist aber keine

schlagartige Unterbrechung, wie man aus dem Öffnungsfunken erkennen kann. Der Öffnungsfunke entsteht durch den „Schwung“ des Stromes in der Primärwicklung; der Strom will eigentlich noch weiter fließen und dabei ergibt sich im ersten Moment der Öffnungsfunke. Erst wenn der Abstand zwischen dem Kabel und der Masse etwas größer geworden ist, reißt der Funke ab.

Das Abziehen des Kabels geht zwar sehr schnell vor sich, aber doch nicht so schnell, daß kein Funke mehr gezogen würde. Könnte man diesen Öffnungsfunken unterdrücken, so würde die Spannung in der Sekundärwicklung der Zündspule so hoch, daß ein kräftiger Funke entstehen würde. In der Praxis unterdrückt man den Öffnungsfunken auch, und damit kommen wir zum Verteiler, in dem ein Schalter sitzt, der Ihnen während der Fahrt das „unbequeme Unterbrechen des Primärstromes von Hand“ abnimmt.

Der Zündverteiler – warum er so wichtig ist

Der Name sagt es schon – der Verteiler muß etwas verteilen – nämlich die Zündspannung. Der Einfachheit halber hat man in ihm aber noch den Unterbrecher für den Primärstromkreis untergebracht, und außen oder innen hat man den zu dem Unterbrecher gehörenden Kondensator angeschraubt. (Unterhalb des Unterbrechers ist die automatische Zündverstellung angeordnet und außerhalb sitzt vielfach noch die Unterdruckdose für die Unterdruckverstellung. Da diese Einrichtungen für das Verständnis der Verteiler-Arbeitsweise im Augenblick noch nicht wichtig sind, werden sie später behandelt.)

Im Verteiler dreht sich die sogenannte Verteilerwelle, die von der Nockenwelle angetrieben wird, und – wie schon gesagt – mit der halben Drehzahl der Kurbelwelle läuft. (Bei einem Viertaktmotor leistet ja jeder Zylinder auf zwei Kurbelwellenumdrehungen nur einen Arbeitstakt; auf zwei Kurbelwellenumdrehungen entfallen also vier Zündungen.)

Auf die Verteilerwelle ist ein Nockenstück aufgesteckt, dessen vier Nocken den Unterbrecherhebel bei jeder Umdrehung der Verteilerwelle viermal anheben; die Unterbrecherkontakte werden also viermal geöffnet.

Das Oberteil des Verteilers ist die aus Isolierstoff bestehende Verteilerkappe. In ihr rotiert ein ebenfalls aus Isolierstoff bestehender Verteilerläufer, der auf die Verlängerung der Verteilerwelle – das Nockenstück – aufgesteckt ist.

Der Unterbrecher

Der Unterbrecher macht genau das, was Sie im Versuch mit der Zündspule gemacht haben: er unterbricht den Strom in der Primärwicklung der Zündspule, jedoch genau im richtigen Zündzeitpunkt.

Von der Klemme 1 der Zündspule führt ein Kabel an die Klemme 1 des Verteilers, die gegen Masse isoliert am Verteilergehäuse sitzt. Mit ihr ist der sogenannte Unterbrecherhebel – der isoliert auf einer Achse sitzt – durch ein kurzes Kabel verbunden.

Auf der Unterbrechergrundplatte ist der sogenannte Kontaktträger mit dem festen Kontakt aufgeschraubt. Auf den feststehenden Kontakt, der an Masse liegt, legt sich der Kontakt des Unterbrecherhebels, wenn er nicht durch einen Nocken von ihm abgehoben wird.

Verteilung des Zündfunkens

Jedesmal, wenn die Kurbelwelle zwei Umdrehungen gemacht hat, hat sich die Verteilerwelle einmal gedreht und die vier Nocken des Nockenstücks haben die Unterbrecherkontakte viermal geöffnet, so daß die Zündspule vier Hochspannungsstromstöße für die Zündfunken erzeugt hat – für jede Zündkerze einen.

Die vier Hochspannungsstromstöße müssen von der Zündspule zu den vier

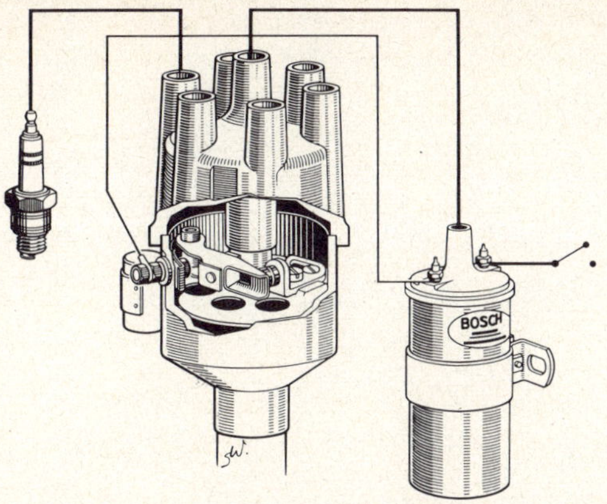

Schematische Zusammenstellung von Zündspule, Verteiler und Zündkerzen. Der Unterbrecher des Verteilers unterbricht den Primärstrom in der Zündspule. Die dort induzierte Hochspannung wird zum Mittelanschluß des Verteilers geführt und in der Zündfolge auf die Anschlüsse der Kerzenkabel verteilt.

Zündkerzen „verteilt" werden. Auch diese Aufgabe übernimmt der Verteiler. Von ihr hat er seinen Namen, obwohl in und an ihm die schon beschriebenen anderen Einrichtungen wie Unterbrecher, Kondensator, Fliehkraftverstellung und Unterdruckverstellung untergebracht sind.
Die von der Zündspule abgegebenen Hochspannungsstromstöße werden durch ein Zündkabel von der Klemme 4 der Zündspule zum Mittelanschluß der Verteilerkappe geführt. Von diesem werden sie zu der Schleifkohle geführt, die innen in der Mitte der Verteilerkappe zu sehen ist.

Verteiler-Schleifkohle

Die Schleifkohle drückt auf den sich mit der Verteilerwelle drehenden Verteilerläufer oder Verteilerfinger. Im Augenblick der einzelnen Zündungen steht die sogenannte umlaufende Elektrode des Verteilerläufers immer einer festen Elektrode der Verteilerkappe gegenüber, d. h. sie bewegt sich gerade daran vorbei. Zwischen umlaufender und fester Elektrode liegt ein kleiner Luftspalt, den der Hochspannungsstromstoß in Form eines kleinen Funkens überschlägt. Die umlaufende Elektrode des Verteilerläufers kommt also nicht mit den festen Elektroden in Berührung. Man spricht demzufolge auch von einem „Überschlagverteiler".
Die zu den festen Elektroden übergeschlagene Hochspannung wird über die Zündkabel zu den Zündkerzen geführt. Da die Elektrizität praktisch zeitlos weitergeleitet wird, springt der Zündfunke an den Zündkerzen in dem Augenblick über, in dem sich die Unterbrecherkontakte öffnen, der Hochspannungsstromstoß in der Zündspule induziert wird und im Verteiler an den Elektroden überschlägt.
Im Verteilerläufer ist zwischen der Auflage für die Schleifkohle der Verteilerkappe und der umlaufenden Elektrode ein Widerstand eingebaut, der zur Fernentstörung der Zündspule dient. Durch den Widerstand werden die Störwellen der Zündanlage gedämpft, so daß sie den Rundfunk- und Fernsehempfang außerhalb des Wagens nicht stören können.

Die Zündkabel

Die Zündkabel sind entweder normale Kupferkabel mit kräftiger Isolierung und entstörten Zündkerzensteckern oder Widerstandskabel mit einfachen Zündkerzensteckern.
In der Serienmontage sind diese Widerstandszündkabel ohne Entstörstecker billiger, was manche Autofabriken immer wieder verleitet, diese Kabel einzubauen. Den Ärger hat dann der Autofahrer, denn Widerstandszündkabel haben ihre Probleme. Sie können Ursache scheinbar unerklärlicher Motorstörun-

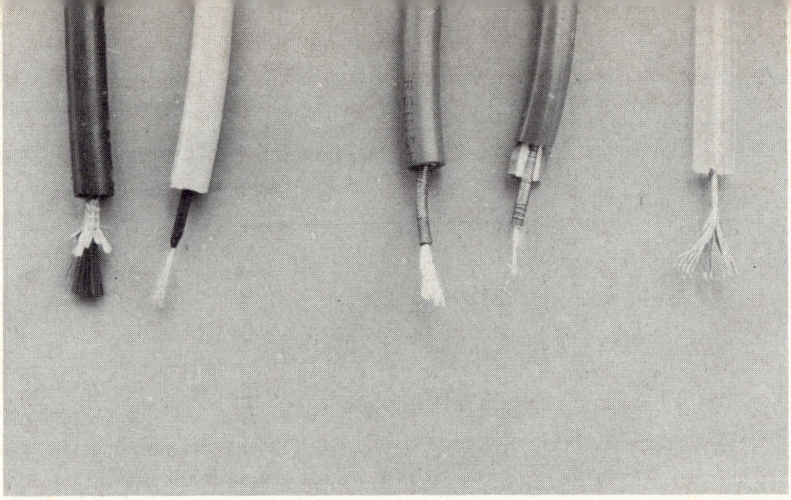

Sehen Sie gelegentlich mal nach, welche Sorte Zündkabel Sie in Ihrem Auto haben. Damit kann es Probleme geben, wie im Text auf der Vorseite beschrieben. Von links nach rechts: Zwei der störanfälligen Widerstandszündkabel mit graphitierter Nylonseele, zwei Widerstandszündkabel mit gewendeltem Drahtfaden um einen nichtleitenden Kern, rechts das altbewährte Kupferlitzen-Zündkabel – noch immer die beste Wahl.

gen sein, die sich nur mit einem Ohm-Meter – und wer hat schon eines? – erkennen lassen. Vor allem die völlig drahtlosen Widerstandszündkabel aus graphitierten Nylonfäden erhöhen bei unvorsichtigem Zerren ihren Widerstand so sehr, daß kein Zündfunke mehr durchgeht (Bild oben). Etwas weniger störanfällig, aber auch nicht ohne, sind die Zündkabel aus fein gewendeltem Draht um einen nichtleitenden Kern. Das gibt eine enorme Drahtlänge, die den notwendigen Widerstand hat. Problemlos sind nur die guten alten Zündkabel aus massiver, gedrillter Kupferlitze, die allerdings nur mit Entstörsteckern verwendet werden dürfen. Diese Kupferlitzenkabel mit Entstörsteckern sind die einzig vernünftige Lösung, wenn Sie serienmäßige Widerstandszündkabel im Verdacht haben.

Überdrehen vermeiden

Zu hohe Drehzahlen gefährden den Motor. In erster Linie gehen sie über den Ventiltrieb her. Um ein Überdrehen zu vermeiden, wird bei manchen Motoren ein drehzahlbegrenzender Verteilerläufer eingebaut, der die Zündspannung kurzschließt. Dazu sitzt im Verteilerläufer eine Art Fliehgewicht, das die Zündspannung beim Erreichen der Maximal-Drehzahl an Masse legt.

Derartig drehzahlbegrenzende Bosch-Verteilerläufer finden sich:
BMW: Das gesamte Programm ab September 1973,
Mercedes-Benz: Sämtliche 280-, 350- und 450er Modelle,
Porsche: Bei sämtlichen Modellen,
VW: Typ 914/4–6, Transporter und Busse.

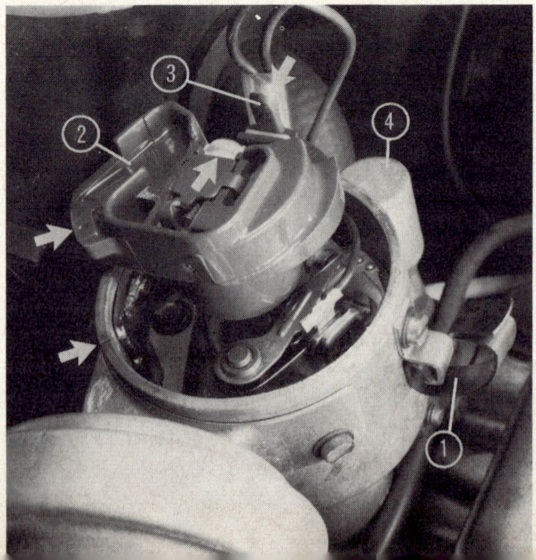

Im Kopf dieses Verteilerläufers (2) ist ein Drehzahlbegrenzer eingebaut, der aus einem Fliehgewicht (mittlerer Pfeil) und einer gegenüberliegenden Kurzschlußkontaktzunge (3) besteht. Bei Drehzahlüberhöhung tritt das Fliehgewicht weit heraus und berührt die gegenüberliegende Kontaktzunge, so daß der Zündstrom nicht mehr zu den Zündkerzen gelangt, sondern über die Verteilerwelle zur Masse abgeleitet und damit wirkungslos wird. Die kleinen weißen Pfeile links zeigen auf die (oben) Zunge des Verteilerläufers, deren Mitte genau über (unten) einer Kerbe im Verteilergehäuserand steht. Diese Kerbe ist die „Zylinder-1-Marke", die erkennen läßt, bei welcher Stellung der Verteilerläufer den Zündfunken an Zylinder 1 des Motors abgibt. Diese Marke ist wichtig für die Zündzeitpunkteinstellung.

Feuchtigkeit, die zu Kurzschlüssen führt, setzt sich besonders leicht im Verteilerdeckel innen an, wenn der Motorraum bei heißem Motor ausgespritzt wurde oder das Auto in nebelfeuchten Nächten im Freien steht. Gegen solche zündfunkenstörende Feuchtigkeit im Verteiler oder an sonstigen Teilen der Zündanlage hilft ein Einsprühen mit einem Isolierspray, wie Aral Intact, Pingo Zündspray, Liqui Multi oder Molykote Multigliss und dergleichen. Diese Sprays haben die Eigenschaft, sich unter dem Feuchtigkeitsfilm auf der festen Masse abzusetzen, wodurch eine isolierende Wirkung erzielt wird und der Strom ohne Verlust fließen kann.

Magneti-Marelli liefert ebenfalls Verteiler mit drehzahlbegrenzten Verteilerläufern u. a. für FIAT-Kleintransporter 850 T und den FIAT 130.
Nachträglicher Einbau:
Die drehzahlbegrenzenden Verteilerläufer lassen sich auch nachträglich in ältere Zündverteiler dieser Fahrzeuge einbauen. Außer dem Verteilerläufer muß u. U. die Verteilerkappe ausgewechselt werden. Genaue Angaben finden sich in den Bosch-Ausrüstungslisten und bei den Fahrzeugvertretungen. Zum nachträglichen Einbau in die Verteiler anderer Motoren sind die Verteilerläufer bislang nicht lieferbar.

Feuchtigkeitsschutz an Zündanlagen

Nässe und Feuchtigkeit erschweren oder verhindern das Zustandekommen des Zündfunkens. Eine feuchte und verschmutzte Zündanlage wird zusätzlich kapazitiv belastet, wodurch die verfügbare Zündspannung absinkt.
Statt von dem Verteilerläufer zu den feststehenden Elektroden überzuschlagen und dann den Weg durch die Zündleitungen zu den Zündkerzen zu nehmen, kann die Zündspannung bei feuchten und verschmutzten Isolierteilen zur Masse oder zur falschen Elektrode schleichen und die Zündung setzt aus. Kriechfunkenstrecken an Verteilerkappen und an Zündspulen wurden schon erwähnt, was aber läßt sich tun, damit es gar nicht zu solchen Schäden kommt?
Zündspulendeckel und Verteilerkappen werden seit einigen Jahren aus Polyester gefertigt, wodurch sie gegen Kriechfunken beständiger sind. Damit nicht genug, Verteilerkappen werden mit einer wasserabstoßenden Lackschicht versehen. Die Lackschicht verhindert, daß sich Feuchtigkeit als zusammenhängender Film auf dem Isolierstoff niederschlägt, sie bewirkt eine Tropfenbildung, ein Kriechstrompfad wird vermieden.
Für spritzwasseranfällige Zündspulendeckel und Verteilerkappen gibt es Kunststoffhauben von Bosch, die einfach über die Zündspule oder Verteilerkappe geknöpft werden. Verschiedene Wagen haben die Schutzhauben serienmäßig eingebaut. Was aber wichtiger ist; man kann sie auch als Ersatzteil kaufen. Sie sind für Zündverteiler mit 65 mm ∅, 80 mm ∅ und 89 mm ∅ erhältlich. (Es gibt noch kleinere Unterschiede darin, so daß man die Schutzhaube beim Bosch-Dienst für seinen Fahrzeugtyp verlangt.)
Polyester-Verteilerkappen und -läufer sind heute – nicht nur bei Bosch – allgemein die Regel. Außerdem sind lackierte Ausführungen und Schutzhauben ebenfalls bei manchen ausländischen Fahrzeugen gebräuchlich.

Schreck auf der Landstraße

Sie fahren mehr oder weniger vergnügt mit Ihrem Wagen dahin. Ohne jede Vorwarnung stellt der Motor plötzlich seine Arbeit ein. Er stottert nicht, er arbeitet nicht mit verminderter Leistung, er hat einfach ausgesetzt und wird durch den Schwung des Wagens angetrieben.
Das schlagartige Aussetzen des Motors hat die Fehlermöglichkeiten schon soweit eingeschränkt, daß Sie für die Diagnose nur noch wenige Handgriffe machen müssen.
Kein Benzin mehr? Kraftstoffleitungen gebrochen? Benzinpumpe defekt? Vergaserdüsen verstopft?
All diese Überlegungen können Sie sich fast immer schenken. Wenn ein Motor aus heiterem Himmel während der Fahrt schlagartig aussetzt, so kann es mit Sicherheit nur die Zündung sein. (Selbst bei schneller Fahrt auf der Autobahn und entsprechend hohem Kraftstoffverbrauch wird sich der Motor bei Störungen in der Kraftstoffzufuhr fast immer durch einige „Stotterer" anmelden.)
Mit dem noch verfügbaren Schwung können Sie nach dem Auskuppeln meist noch eine Stelle erreichen, wo Sie den nachfolgenden Verkehr nicht stören.
Beim Ausrollen nach rechts schalten Sie den Blinker ein.
Erstens um die Nachfolger zu warnen.
Zweitens um die erste Prüfung vorzunehmen.

Beginn der Fehlersuche

Wenn der Blinker arbeitet, so haben Sie schon festgestellt, daß sich die Batteriekabel nicht gelöst haben, daß Strom zum Zündschloß gelangt und an der Klemme, an der das Kabel zur Zündspule angeschlossen ist, wieder austritt, denn an dieser Klemme ist auch der Blinker angeschlossen.
Die jetzt folgenden Prüfungen brauchen nicht in der Reihenfolge vorgenommen zu werden in denen sie beschrieben sind. Die Reihenfolge ist mehr von

Bei einem plötzlichen Aussetzen des Motors gilt der erste Blick dem Hauptzündkabel (4) zwischen Zündspule und der Mittelbuchse des Zündverteilers. Sitzt es richtig in den Buchsen? Sind die Primärleitungen vom Zündschloß an Klemme 15 der Zündspule und Klemme 1 von der Zündspule (hier in der Hand gehalten) zum Verteileranschluß in Ordnung oder vielleicht gelockert? Bei der hier gezeigten Zündspule sind auch noch die Anschlüsse an ihrem Vorwiderstand (Pfeil) zu prüfen, der hier die Leitung zwischen die Klemmen 1 geschaltet ist.

der bequemen Arbeit und der guten Zugänglichkeit der einzelnen Aggregate abhängig, als von der Wahrscheinlichkeit, mit der ein Fehler auftreten kann. Auch die unterschiedliche Anordnung der Aggregate bei den verschiedenen Fahrzeugtypen spielt eine Rolle.

Genau hinsehen

Zuerst machen Sie eine einfache Sichtkontrolle. Steckt das Haupt-Zündkabel richtig in der Zündspule und dem Verteiler?
Liegt es nicht (falls überhaupt möglich) auf dem heißen Auspuffrohr an und die Isolierung ist durchgeschmort?
Sind die Leitungen an Klemme 1 und 15 der Zündspule nicht abgebrochen? Verteilerkappe abnehmen und nachsehen, ob Verteilerläufer richtig sitzt und nicht ausgebrochen oder verbrannt ist.
Ist die Unterbrecherfeder nicht gebrochen, der auf dem Verteilernocken gleitende Schleifklotz noch vorhanden und läßt sich der Unterbrecherhebel noch bewegen oder sind die Unterbrecherkontakte geöffnet, weil die Isolierbuchse des Unterbrecherhebels plötzlich auf ihrem Lagerbolzen gefressen hat und sich der Hebel nicht mehr bewegt?
Hat sich nicht plötzlich die Schraube der Unterbrechergrundplatte gelöst, so daß der ganze Unterbrechersatz zur Seite geschwenkt wurde und sich die Kontakte nicht mehr öffnen können?
Dreht sich die Verteilerwelle überhaupt noch, wenn Sie den Motor am Keilriemen drehen oder den Wagen (bei eingelegtem 4. oder 3. Gang) hin- und herrucken?
Manche dieser Hinweise mögen etwas an-den-Haaren-herbeigezogen wirken, aber Sie können sich kaum vorstellen, was da alles passiert.
Erst dann, wenn nach dem Augenschein alles in Ordnung ist, greifen Sie zur Prüflampe, legen den einen Pol an Masse und beginnen mit der Kontrolle durch die Prüflampe.
Daß hierbei die Zündung eingeschaltet sein muß, ist wohl selbstverständlich.

Suche mit der Prüflampe

Leuchtet die Prüflampe an der Klemme 15 der Zündspule nicht auf, so braucht man, wie gesagt, nicht weiter zu suchen. Irgendwo auf dem Weg vom Zündschloß zur Zündspule ist die Leitung unterbrochen. Sofern die Leitung an Klemme 15 der Zündspule selbst gebrochen ist, braucht man sie nur wieder anzuschließen und der Motor wird wieder anspringen.
Das „Wiederanschließen" ist leichter gesagt als getan, denn die modernen Flachsteckverbindungen sind in diesem Fall nicht praktisch. Bei den altertümlichen Schraubanschlüssen konnte man die Mutter lösen, aus der abiso-

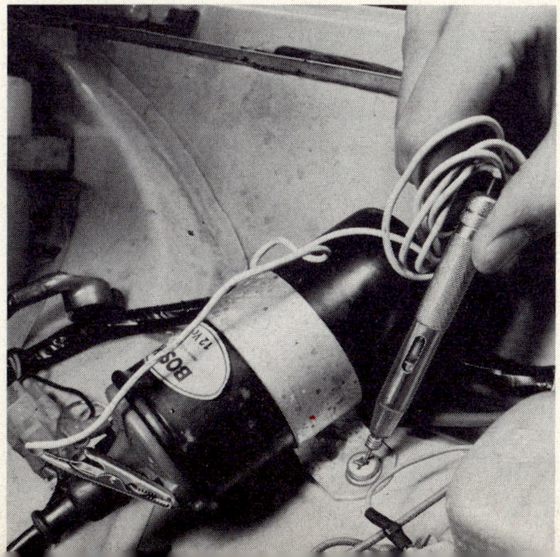

Bei der Fehlersuche mit der Prüflampe beginnt man am besten an der Zündspule. Das ist sozusagen die Mitte der Zündanlage und das Ergebnis zeigt sofort, in welcher Richtung man weitersuchen muß. Zuerst feststellen: Erhält Klemme 15 der Zündspule Strom, wenn die Zündung eingeschaltet ist? Die Prüflampe muß aufleuchten. Anschließend, wie hier gezeigt, die Prüflampe an Klemme 1 anklemmen.
Weil aber geschlossene Unterbrecherkontakte oder ein Kurzschluß in der Leitung 1 das Prüfergebnis verfälschen können, löst man am besten zuerst den Leitungsstecker (Pfeil) von Klemme 1, damit der Strom nur über die Prüflampe fließen kann. Prüfung mit wieder angeklemmtem Kabelstecker oder an Klemme 1 des Verteilers wiederholen, wobei die Unterbrecherkontakte aber offen sein müssen (eventuell ein Stück Papier dazwischen klemmen, siehe Bild Seite 128). Leuchtet die Prüflampe jetzt nicht, kann es an einem defekten Kondensator liegen.

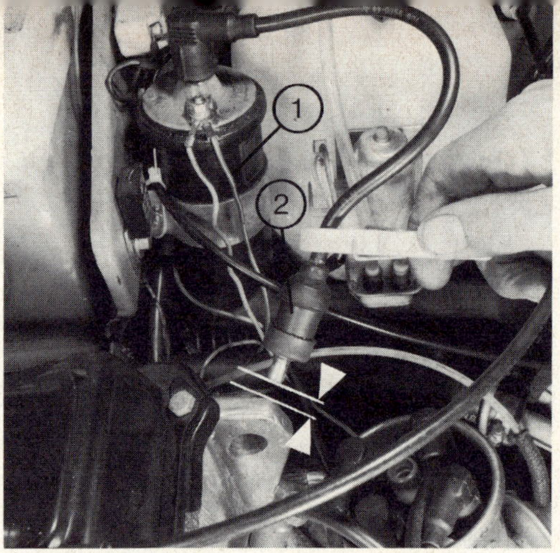

Liefert die Zündspule (1) einen kräftigen Zündfunken? Dies ist die erste behelfsmäßige Prüfung: Das dicke Hauptzündkabel (2) aus der mittleren Buchse des Zündverteilers ziehen, eine eventuell das Kabelende überdeckende Gummimanschette zurückstreifen, damit das blanke Kabelende herausschaut. Motor von Helfer (ohne Gasgeben) mit Anlasser drehen lassen und dabei das Hauptzündkabelende, wie hier, auf etwa 10 mm Abstand gegen Masse halten, am besten mit einer Holz- oder Kunststoffwäscheklammer, denn beim direkten Anfassen schlägt die Zündspannung auf die Finger, was zwar nichts schadet, aber unangenehm ist. Springen kräftige Funken zwischen dem Zündkabel und der Masse über, ist die Zündstromlieferung wahrscheinlich in Ordnung. Sie kann bei hohen Drehzahlen aber trotzdem versagen.

lierten Leitung eine Öse drehen und das Kabel wieder unter die Mutter klemmen. Die modernen Flachsteckzungen besitzen zwar in der Mitte ein Loch (hier federt eine Nase des Flachsteckers ein), doch ist dieses Loch leider so klein, daß man keine Litze mit normalem Querschnitt hindurchführen kann. Ohne weitere Hilfsmittel kann man die Leitung nur um die Flachsteckzunge herumlegen und gut verdrehen. Besser ist es, wenn man sie wenigstens mit etwas Isolierband sichert.

Hilfsleitung ziehen

Wenn die Zuleitung zur Klemme 15 der Zündspule auf der sichtbaren Länge in Ordnung ist, aber trotzdem kein „Strom“ ankommt, so muß man eine provisorische Leitung von einem Pluspol zur Klemme 15 der Zündspule ziehen.
(Auf der Straße eine neue Leitung vom Zündschloß zur Zündspule ziehen, verlangt im allgemeinen soviel Zeit und Körperverrenkungen, daß man sich diese Qual nicht antun sollte. Das Provisorium kann man zu Hause mit wesentlich mehr Ruhe abstellen oder abstellen lassen.)
Sitzt die Batterie im Motorraum, so greift man die Zuleitung am Pluspol der Batterie ab, man klemmt das provisorische Kabel zur Zündspule entweder mit dem dicken Anlasserkabel in die Batterieklemme oder wickelt die lang genug abisolierte Leitung herum. Vorsicht, daß das blanke Ende des provisorischen Kabels nicht an Masse kommt – gegebenenfalls Isolierband herumwickeln. Das provisorische Kabel darf auch nicht auf dem heißen Auspuff aufliegen oder sich in den Ventilatorflügel verwickeln können!
Wenn die Batterie weit entfernt von der Zündspule angeordnet ist, so kann

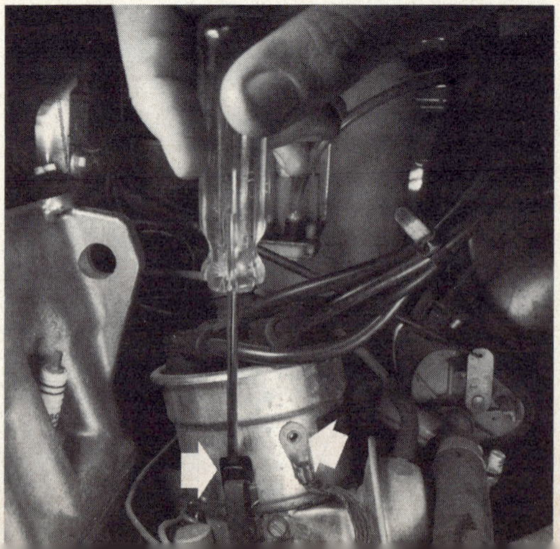

Wenn Sie den Zündverteiler von innen besichtigen wollen, sollten Sie nicht versuchen, mit den Fingernägeln die beiden Halteklammern (auf die eine zeigt der linke weiße Pfeil) für den Verteilerkopf abzuziehen. Die Fingernägel brechen an den stramm sitzenden Haltebügeln mit Sicherheit ab. Stattdessen, wie hier gezeigt, die Halteklammern mit einem feinen Schraubenzieher abhebeln. Dann läßt sich der Verteilerkopf nach oben ziehen. Beim Wiederaufsetzen des Verteilerkopfes müssen Sie darauf achten, daß er seitenrichtig genau in seinen Einrastkerben im Verteilergehäuserand sitzt und sich seitlich nicht mehr verdrehen läßt (probieren!). Dann mit dem Daumen oder einem längs geführten Schraubenzieher die beiden Halteklammern andrücken.
Der hier gezeigte Zündverteiler ist mit einem Metalltrichter nahentstört. Das rechts neben der Haltezunge angenietete Masseanschlußkabel (Pfeil) leitet die von der Kapsel aufgefangenen Störimpulse an Masse ab.

Was ist was im Zündverteiler? Es bedeuten: 1 – Halteklammern des Verteilerdeckels; 2 – Verteilerfinger, auch als Verteilerläufer bezeichnet (hier abgezogen); 3 – Verteilerwelle mit Einkerbung für den richtigen Sitz des Verteilerläufers; 4 – Unterbrecherhebel oder -hammer; 5 – Unterbrecherkontakte; 6 – Leitungsanschluß für Kabel 1 von der Zündspule; 7 – Kondensator außen am Verteilergehäuse; 8 – Zugstange der Unterdruckdose (9) zur automatischen Zündzeitpunktverstellung; 10 – Unterdruckleitung zum Vergaser.

man schlecht ein Kabel an ihr anschließen und man muß eine andere Pluszuführung suchen. Nehmen Sie die Prüflampe zu Hilfe und tasten Sie alle erreichbaren Klemmen bei eingeschalteter Zündung daraufhin ab, ob sie Strom führen. Die Prüflampe muß dabei genau so hell aufleuchten, wie sie es tut, wenn sie direkt an die beiden Batteriepole angeschlossen wird.
Manche Klemmen sind unbrauchbar. Notfalls käme ein Anschluß an die Plusklemmen für die Rück- oder Standleuchten in Frage. Natürlich muß dann während der Fahrt das Standlicht eingeschaltet werden, damit die Zündspule Strom erhält.
Da die Möglichkeiten für einen direkten Plusanschluß bei den verschiedenen Fahrzeugen recht unterschiedlich sind, muß ich die Suche danach auch Ihnen etwas überlassen.

Motor abstellen

Wenn Sie den Motor nach solch einer provisorischen Verbindung abstellen wollen, müssen Sie die Verbindung trennen. Vorsicht, daß das Kabel – wenn Sie es an der Zündspule lösen – nicht an Masse kommt und einen Kurzschluß erzeugt!
Sofern Sie das provisorische Pluskabel zur Zündspule an das Stand- oder Schlußlicht angeschlossen haben, brauchen Sie nur das Standlicht auszuschalten, um den Motor abzustellen. Anschließend dürfen Sie das Standlicht in der Dunkelheit bei eingestelltem Wagen aber nicht einfach wieder einschalten, denn nicht alle Zündspulen sind dauerstromsicher – auch hier muß die provisorische Verbindung dann wieder getrennt werden.

Es kommt kein Strom zum Zündschloß

Arbeitete der Blinker beim Rechtsheranfahren nicht, so ist der Fall ziemlich klar – die Stromzuführung zum Zündschloß ist mit großer Wahrscheinlichkeit unterbrochen. Wenn das zutrifft, ist der Fall häßlicher, denn – sofern es sich um einen Wagen handelt, der durch Drehen des Zündschlüssels angelassen wird – bezieht auch der Magnetschalter des Anlassers seinen Strom vom Zündschloß. Sie können den Wagen also nicht mehr mit dem Zündschlüssel starten. Eine provisorische Kabelverbindung zur Zündspule sorgt zwar dafür, daß die Zündung wieder arbeitet, doch zum Anlassen müssen Sie entweder eine Hilfsleitung zum Anlasser-Magnetschalter ziehen oder den Wagen anschieben.
Sofern man zu Beginn der Prüfungen feststellt, daß die Prüflampe bei eingeschalteter Zündung an Klemme 15 der Zündspule aufleuchtet, tastet man als nächstes die Klemme 1 an der Zündspule und dem Verteiler ab. Diese Klem-

Wenn man bei abgenommener Verteilerkappe einen Papierstreifen, so wie hier gezeigt, zwischen die geschlossenen Unterbrecherkontakte klemmt, läßt sich bei eingeschalteter Zündung an den Klemmen 15 und 1 der Zündspule mit einer Prüflampe feststellen, ob Spannung anliegt. Sind die Unterbrecherkontakte ohne isolierende Zwischenlage geschlossen, hat der Strom über diese Kontakte geringeren Widerstand als über das Glühlämpchen der Prüflampe. Die Prüflampe wird nicht aufleuchten. Vergessen Sie aber zuletzt nicht, den Papierstreifen wieder zwischen den geöffneten Unterbrecherkontakten herauszuziehen.

men können aber nur dann stromführend sein, wenn die Unterbrecherkontakte geöffnet sind. Bleibt die Prüflampe dunkel, so nimmt man die Verteilerkappe sowie evtl. den Verteilerläufer ab und klemmt ein Stück Papier oder ein Streichholz zwischen die Unterbrecherkontakte, so daß sie voneinander isoliert sind. Die Prüflampe muß jetzt an den Klemmen 1 der Zündspule und des Verteilers aufleuchten.

Verteileranschlüsse in Ordnung

Leuchtet die Prüflampe an den Klemmen 1 nicht auf, so überlegt man weiter: Kommt vielleicht der Anschlußdraht des Kondensators an Masse? Es ist allerdings sehr unwahrscheinlich, daß dieser Fehler während der Fahrt schlagartig auftritt. Bei Arbeiten am Zündverteiler kann der Anschlußdraht aber schon einmal so verbogen worden sein, daß er am Verteiler oder Kondensator anliegt und sich die Isolierung allmählich durchscheuert; wie gesagt, sehr seltener Fehler.

Ist die Durchführung des Anschlusses von Klemme 1 am Zündverteiler in Ordnung? Früher war die Isolation aus Bakelit, das bei starkem Anziehen der Mutter brechen und dann im Laufe der Zeit verloren gehen konnte. Heute ist die Buchse meist aus Nylon, so daß der Fehler kaum noch auftritt.

Hat sich die Mutter, unter der Flachsteckerzunge und Kondensatoranschluß festgeklemmt sind, gelöst?

Bei Zündverteilern, an denen das Kabel von der Zündspule zum Verteiler angeschraubt und nicht mit einem Stecker befestigt ist, können sich die Mutter zur Befestigung der Durchführungsschraube und die Mutter für das Kabel gleichzeitig gelöst haben.

(Es soll keiner sagen, das könnte nicht gleichzeitig geschehen, ich habe einen solchen Fall vor einigen Jahren auf der Autobahn erlebt. Hier kam die Durchführungsschraube an das Verteilergehäuse, so daß die Klemme 1 des Verteilers immer an Masse lag. Natürlich wird die Primärwicklung der Zündspule hierbei dauernd von Strom durchflossen, der Unterbrecher ist kurzgeschlossen und es kommt kein Zündfunke mehr zustande. Leider habe ich dabei vergessen zu fragen, ob das schlagartig geschah oder sich durch Zündaussetzer angemeldet hat. Da der Gedanke zu diesem Buch neueren Datums ist, lasse ich mir erst seit einiger Zeit den Verlauf einer Störung genau erzählen.)

Auf jeden Fall könnte eine gelockerte Schraube zum schlagartigen wie zu „stotternden" Aussetzern führen.

Es besteht vielleicht noch die Möglichkeit, daß der Kondensator „durchge-

Links: Diese modernen Bosch-Verteiler haben zwischen Gehäuse und Verteilerfinger eine Kunststoffkappe, die sogenannte Kondenssperre. Sie verhindert, daß Wasserdampf (aus dem Kurbelgehäuse über Verteilerantrieb und Verteilerunterteil) in den Verteilerraum, und Staub bzw. Kohleabrieb auf die Unterbrecherkontakte gelangen.
Rechts: Nach Abziehen des Verteilerläufers läßt sich die Kondenssperre abnehmen. Die vorne am Verteiler sitzende Steckdose dient als Steueranschluß für eine elektronische Benzineinspritzung.

schlagen" ist, obwohl ich einen solchen Fall noch nicht kennengelernt habe. Wenn man also trotz allen Suchens zwar „Strom" an Klemme 15 der Zündspule hat, an den Klemmen 1 der Zündspule und des Verteilers aber nicht, so klemmt man die Leitung von der Klemme 1 des Verteilers zum Kondensator ab und prüft dann noch einmal.

Störungen durch Wasser

Wenn der Motor beim Durchfahren einer Wasserpfütze schlagartig wegbleibt, ist die Diagnose klar, es ist Wasser auf den Verteiler oder die Zündspule gespritzt und der Zündstrom fließt jetzt direkt zur Masse.
(Es gibt immer noch Wagen, bei denen Zündspule und Verteiler nicht genügend gegen Spritzwasser geschützt sind.)
Man wischt Zündspulen-Oberteil, die Verteilerkappe innen und außen sowie die Zündkabel trocken.
Der Motor wird jetzt in den meisten Fällen sofort wieder anspringen.
Tut er das nicht, so „kriecht" der Zündfunke immer noch weg. Die Ursache sind Kriechfunkenstrecken an der Isolierkappe der Zündspule oder innerhalb der Verteilerkappe. Was man hier tun kann, lesen Sie im Abschnitt „Zündaussetzer".

Der Motor hat Zündaussetzer

Wenn der Wagen während der Fahrt zu „stottern" beginnt, kann es entweder an der Kraftstoffversorgung oder an der Zündung liegen. Ganz genau kann man das fast nie unterscheiden, wenn man die unterschiedlichen Fehler noch nicht erlebt hat.

Wenn es nach Abnehmen der Verteilerkappe im Verteiler so aussieht, braucht man sich über das Versagen der Zündung nicht zu wundern. Der Abrieb kann von der Schleifkohle in der Verteilerkappe stammen, dann ist er schwarz, es kann aber auch metallischer Abrieb sein, dann glänzt er. Da hilft nur eine Generalüberholung – zweckmäßig durch eine Fachwerkstatt.

Die Störungsmerkmale

Bleibt der Motor kurzzeitig ganz weg, um dann schlagartig mit voller Kraft wieder einzusetzen, ist es meistens (aber nicht ganz sicher) die Kraftstoffanlage. Auch bei „Schaukelpferdbewegungen“ (kurzes Ziehen und Zurückbleiben des Motors) dürfte der Fehler in der Kraftstoffanlage zu suchen sein. Da sich dieses Buch aber mit der Elektrik im Auto befaßt, soll vorausgesetzt werden, daß die Kraftstoffversorgung in Ordnung ist.

Bei dieser Art von Fehler – den Zündaussetzern – fährt man ebenfalls an einer Stelle rechts heraus, an der man den nachfolgenden Verkehr nicht behindert.

Das „Stottern“ des Motors erweckt zuerst einmal den Verdacht auf einen Wackelkontakt. Man stellt den Motor also nicht ab, sondern läßt ihn im Leerlauf weiter arbeiten. Nach dem Öffnen der Motorhaube wird aber zuerst die Zündspule auf eine Kriechfunkenstrecke überprüft. Die Zündspule kann ewig lang mit einer solchen Kriechfunkenstrecke arbeiten, die sich im Laufe der Zeit durch Schmutz und Feuchtigkeit eingegraben hat. (Die Zündspannung kriecht dann ganz oder teilweise aus dem inneren Anschluß heraus über den Isolierstoff zur Masse bzw. der Klemme 1 oder 15. Kommt Wasser auf die Zündspule – z. B. beim Durchfahren einer Pfütze – so wird die Zündung ganz aussetzen. Siehe auch Bilder in vorderer Umschlagklappe.)

Zündaussetzer durch Luftfeuchtigkeit

Irgendwann wird sich die Kriechfunkenstrecke aber auch unter anderen Umständen bemerkbar machen. Es kann durchaus der Fall sein, daß die Zündaussetzer immer dann auftreten, wenn Sie an einer nebligen Wiese vorbeifahren oder ein Waldstück passieren, in dem die Luftfeuchtigkeit höher ist. (Wenn Sie zufällig beobachtet haben, ob die Zündaussetzer mit diesen Veränderungen der durchfahrenen Strecke zusammenhängen, so haben Sie schon festgestellt, daß der Fehler nur auf der Hochspannungsseite zu suchen ist.)

Eine Zündspule mit einer solchen Kriechfunkenstrecke kann man ohne weiteres dadurch „reparieren“, daß man die Kriechspur mit einem Taschenmesser oder ähnlichem so tief ausschabt, daß man wieder auf „gesundes Fleisch“ kommt.

Zu Hause brauchen Sie die Zündspule nicht gegen eine neue auszutauschen. Sie kaufen sich bloß für alle Fälle eine neue. Vielleicht fahren Sie dann – wie es bei mir nach solch einem Schaden der Fall war – noch fünf Jahre oder länger mit der „reparierten“ Zündspule herum. Nach einem solchen Schaden werden Sie dann aber immer daran denken, die Oberfläche der Zündspule sauber zu halten und gelegentlich abzuputzen. Die heute hergestellten Zündspulen haben meist einen Isolierdeckel aus Polyesterpreßmasse. Hier ergeben sich keine Brandkanäle durch Kriechfunken. Wenn man eine neue Zündspule kauft, sollte man eine solche mit Polyester-Isolierdeckel verlangen.

Liegt ein Wackelkontakt vor?

Wenn die Zündspule äußerlich in Ordnung ist, wackelt man einmal an allen erreichbaren Klemmen und Leitungen der Zündanlage, also am Hauptzündkabel an der Zündspule und Verteiler, an den Leitungsanschlüssen von Klemme 15 und 1 der Zündspule, an der Klemme 1 des Verteilers, an der Verteilerkappe selbst und eventuell auch an den Zündkerzenkabeln.

Verstärken sich hierbei die Zündaussetzer, so hat man den Fehler ziemlich schnell gefunden, aber leicht ist das sehr selten. Entweder wird die betreffende Mutter nachgezogen, der Stecker abgezogen und wieder aufgeschoben, die Leitung ersetzt usw.

Ändert sich der Motorlauf bei diesen Handgriffen aber nicht, so würde ich ein

Beim Abnehmen der Verteilerkappe muß man darauf achten, daß die Schleifkohle, die auf den Verteilerläufer drückt, nicht verloren geht. Zwar ergibt sich durch die verlorene Schleifkohle kein Zündaussetzer, sondern höchstens eine Zündstörung im Radio, aber die Feder kann den Verteilerläufer anfräsen.

provisorisches Kabel vom Pluspol der Batterie zur Klemme 15 der Zündspule ziehen, weiterfahren und darauf warten, daß die Störungen wieder beginnen. Schließlich kann ja auch ein Wackelkontakt im oder am Zündschloß liegen, der nach Anschluß des provisorischen Kabels aber verschwinden würde. Wo die Unterbrechung liegt, kann man dann in Ruhe zu Hause feststellen.

Ist nach dieser „Probefahrt" noch immer „der Wurm drin", so muß man sich überlegen, ob der Fehler so störend ist, daß er unbedingt behoben werden sollte oder ob man notfalls noch weiterfahren kann.

(Wenn man auf einer Urlaubsfahrt ist, genügend Zeit und schönes Wetter hat, kann die Suche nach der Störung recht unterhaltsam sein. Aber das ist Geschmacksache.)

Starre Suchmethode taugt nichts

Natürlich kann der Fehler – wie beim schlagartigen Aussetzen – entweder auf der Primärseite oder auf der Sekundärseite liegen.

Einen allgemeingültigen Fahrplan zur Störungssuche kann man auch hier nicht bringen. Ich muß Ihnen sagen, wie ich vorgehen würde, wobei die Handgriffe und Überlegungen davon diktiert sind, wo ich die Fehler am häufigsten erlebt habe.

Sofern die Zündspule keine Kriechfunkenstrecke hat, kann man sie mit gutem Gewissen vergessen, denn Fehler in der Sekundärwicklung sind überaus selten, Fehler in der Primärwicklung kommen so gut wie gar nicht vor.

Die Verteilerkappe

Nach dem erneuten Anhalten wird der Motor stillgesetzt und jetzt nimmt man zuerst die Verteilerkappe ab. Hat sie eventuell Kriechfunkenstrecken zwischen der Mittelelektrode und den einzelnen Seitenelektroden bzw. zwischen den letzteren?

Diese Kriechfunkenstrecken können sich langsam im Laufe der Zeit gebildet haben, ohne daß sie sich bisher bemerkbar machten. Sie können sich gerade auf dieser Fahrt soweit vertieft haben, daß sie die Störung verschuldeten. Auch hier kann wieder die schwankende Luftfeuchtigkeit die zeitweilige Störung verursachen.

Auch eine solche Kriechfunkenstrecke in der Verteilerkappe kann man ausschaben, so daß die Verteilerkappe wieder richtig arbeitet. Eine solche Verteilerkappe sollte man aber sobald wie möglich durch eine neue ersetzen. Sie wollen ja nicht (wie ich) wissen, wie lange sie noch bis zur nächsten

Trägt die Verteilerkappe auf der Innenseite solche Kriechfunkenstrecken, so muß sie ersetzt werden. Auswischen hilft da nicht mehr.

Störung hält. (Bei mir haben zwei derartig „reparierte" Verteilerkappen noch vier bzw. sechs Wochen gehalten, bis das Elend von neuem los ging.) Für viele Verteiler gibt es neuerdings Verteilerkappen aus Polyester, die gegen solche Kriechfunkenstrecken weitgehend unempfindlich sind. Während die Verteilerkappen aus Bakelit meist etwas stumpffarbig wirken, sind solche aus Polyester in ihrer Farbe kräftiger. Im Vergleich zu Bakelitkappen sind Polyesterkappen fühlbar schwerer.

In der Mitte der Verteilerkappe sitzt innen eine Schleifkohle, die von einer Feder auf den Verteilerläufer gedrückt wird. Diese Schleifkohle muß noch vorhanden sein. Zwar sitzt die Schleifkohle mit einer Nut in einer Windung der Schraubenfeder und wird so von dieser gehalten, doch kann sie mal beim unvorsichtigen Trockenwischen der Verteilerkappeninnenseite verlorengegangen sein. Die Schraubenfeder drückt nun direkt auf das Messingblech in der Mitte des Verteilerläufers, wobei sich in der ersten Zeit noch keine Zündstörung ergibt. Nach und nach kann die aus Stahl bestehende Schraubenfeder aber das dünne Messingblech des Verteilerläufers buchstäblich durchfräsen, so daß es dann zuerst zum zeitweiligen, und nach und nach zum vollkommenen Aussetzen der Zündung kommt.

Der Verteilerläufer

Als nächster Sündenbock kommt der Verteilerläufer selbst in Frage. Nachdem die Fernentstörung der Zündanlage vorgeschrieben wurde, erhielten die Zündkerzenkabel zuerst am kerzen- und verteilerseitigen Ende Entstörstecker. Später kam man dann dahinter, daß man am Verteiler ja nur einen Entstörwiderstand im Verteilerläufer braucht, da die störende Zündspannung nacheinander immer nur zu einem Zündkabelanschluß überspringt.

Der entstörte Verteilerläufer wurde „erfunden" und eine neue Störungsquelle. Der aus Draht bestehende Entstörwiderstand kann ganz ausgebrannt sein, was man auf den ersten Blick sieht, er kann aber auch einen von außen nicht sichtbaren Fehler haben.

Schließlich können auch noch Funken direkt vom Mittelpol des Verteilerläufers zum Rand kriechen und von dort zeitweilig zu einer Elektrode in der Verteilerkappe überspringen, weil dieser Weg für die Hochspannung bequemer sein kann als der durch den Entstörwiderstand.

Übrigens, sitzt der Verteilerläufer wirklich richtig und fest auf dem Verteilernocken? Wackeln Sie mal leicht daran! Vielleicht ist er gebrochen oder ausgebrochen! Sie brauchen dann nicht unbedingt auf die Werkstatt zu schimpfen, die die letzte Inspektion durchgeführt hat.

Ich war dabei, als man bei einem Wagen, der zur ersten Inspektion in die

Ein verbrannter Entstörwiderstand im Verteilerläufer führt zu Beginn nur zu Zündaussetzern, doch mit zunehmender Zerstörung kommt es schließlich so weit, daß die Zündung ganz wegbleibt. Die Zündspannung, die vom Mittelanschluß des Verteilers zur umlaufenden Elektrode fließt, führt buchstäblich zu einem eingebrannten Krater.

Werkstatt kam, einen solchen ausgebrochenen Verteilerläufer entdeckte. Da der Besitzer des Wagens denselben gerade vom Werk geholt und sofort eine Urlaubsreise angetreten hatte, in deren Verlauf er die erste Inspektion durchführen ließ, war es glaubhaft, daß er noch nie einen Handgriff daran getan hatte, zumal er sich gerade auf der Hochzeitsreise befand. (Und da faßt man kaum solche Dinge wie einen Verteilerläufer an.)
Der Verteilerläufer war also im Werk so eingebaut worden. (Bruchstücke des ausgebrochenen Verteilerläufers lagen nicht im Verteiler.)
Nach diesen Verteilerläufer-Erlebnissen werden Sie einsehen, daß ein Reserve-Verteilerläufer nicht zu verachten ist!

Arbeitet der Unterbrecher?

Sind Verteilerkappe und Verteilerläufer nach dem äußeren Anschein in Ordnung, so betrachtet man bei abgezogenem Verteilerläufer den Unterbrecher. Der Unterbrecherhebel muß sich leicht bewegen lassen und von der Feder einwandfrei zurückgeholt werden. Dreht er sich mit seiner Isolierbuchse zu schwer auf dem Lagerbolzen, so kann er zeitweise hängen bleiben. Die Buchse kann auch auf dem Lagerbolzen gefressen haben und der Unterbrecherhebel hat sich auf der Isolierbuchse losgedreht. (Unterwegs kann man einen solchen Fehler schwerlich beheben, wenn man nicht einen besonders großen Werkzeugsatz mitschleppt.) Damit der Fehler gar nicht erst auftritt, schauen Sie lieber einmal zu Hause nach, ob sich der Unterbrecherhebel leicht auf dem Lagerbolzen dreht. (Allerdings soll er auch nicht wackeln.)
Ist der Schleifklotz am Unterbrecherhebel fest angenietet oder vielleicht lose? Sind die Unterbrecherkontakte einwandfrei oder vielleicht blau angelaufen? (Kleine Krater und Höcker dürfen sie haben.)
Blau angelaufene Unterbrecherkontakte lassen auf einen defekten oder losen Kondensator schließen, wobei der Kondensator allerdings nur zeitweilig eine innere oder äußere Unterbrechung hat, da die Zündung ja „stottert“.
Hat die Sichtkontrolle keinen Fehler ergeben, so setze ich einen neuen Verteilerläufer ein, den ich ebenso wie einen Zündkabel-Reservesatz immer bei mir habe. (Bei den entstörten Zündanlagen, ob entstörter Verteilerläufer, Entstörstecker der Zündkerzen oder den entstörten Zündkabeln, kann man nämlich die unangenehmsten Überraschungen erleben.)
Die Möglichkeit, daß die Fliehkraft- oder Unterdruckverstellung an den zeitweiligen Zündaussetzern schuld sind, ist verschwindend gering. Wenn Sie aber hieran unterwegs arbeiten, dann sind Sie schon ein Experte, der dieses Buch gar nicht braucht. Was über Fliehkraft- und Unterdruckverstellung zu sagen ist, lesen Sie ab Seite 140.

können Sie an dem Zündkerzengesicht erkennen, wenn Sie einige hundert Kilometer in dem Ihnen normalerweise entsprechenden Fahrbereich gefahren sind und den Motor sofort abstellen, ohne ihn zuerst noch lange im Leerlauf laufen zu lassen. Im Allgemeinen gilt:

Isolator der Kerze zeigt eine hellbraune Farbe oder pulvrige Niederschläge in hellgelblicher bis grauweißer Farbe, Stahlkörper der Kerze trägt einen leichten, mattschwarzen, trockenen oder hellgelblichen bis grau-weißen pulvrigen Niederschlag.	Zündkerze in Ordnung, Wärmewert richtig, Vergasereinstellung korrekt.
Isolator trägt einen stärkeren, mattschwarzen Belag.	Zündkerze wird im Betrieb nicht heiß genug (brennt sich nicht frei) = zu hoher Wärmewert, bzw. der Motor erhält durch zu fette Vergasereinstellung zuviel Kraftstoff.
Isolator ist silbrigweiß mit kleinen Schmelzperlen; glasähnlicher Belag an Isolator und Elektroden.	Zündkerze wird im Betrieb zu heiß = zu niedriger Wärmewert; evtl. zu magere Vergasereinstellung.
Isolator, teilweise auch der Stahlkörper der Kerze und die Elektroden, tragen einen glänzenden, glasähnlichen gelbroten bis braunen Überzug.	Kerze verbleit (Bleiverbindung aus dem Kraftstoffzusatz). Meist Wärmewert der Kerze zu niedrig.
Glänzender, blauschwarzer gesinterter Belag (sieht ähnlich aus wie Email-Glasur der Kochtöpfe).	In der Motorhitze geschmolzene Verbleiung. Bei stärkerer Motorbelastung treten Zündaussetzer auf. Wärmewert der Kerze zu hoch. (Bei niedrigerem Wärmewert kann die Verbleiung verbrennen.)
Isolator, Elektroden und Stahlkörper sind ölig-schwarz.	Kommt selten vor. In diesem Fall gelangt meist Öl durch die Ventilführungen – seltener an den Kolbenringen vorbei – in den Verbrennungsraum.

Zündkerzen reinigen bzw. wechseln

Das Reinigen der Zündkerzen mit Stahl- oder Messingbürsten und Kratzen mit scharfen Gegenständen hat keinen Reinigungswert, sondern schadet der Kerze.
Am besten wird die Kerze gar nicht gereinigt. Reinigen in Zündkerzenreinigungsgeräten, wobei ganz feine Glasperlen oder Sand gegen den Isolator und die Elektroden gestrahlt werden, ist gerade noch vertretbar, da die Rückstände anschließend ausgespült oder ausgeblasen werden.
Vielfach liest man, daß die Zündkerzen nach 15000 km gewechselt werden sollen. Sofern der Motor keine Zündstörungen hat oder sich ein Nachlassen der Motorleistung bemerkbar macht, sollte man die Kerzen aber nicht einfach

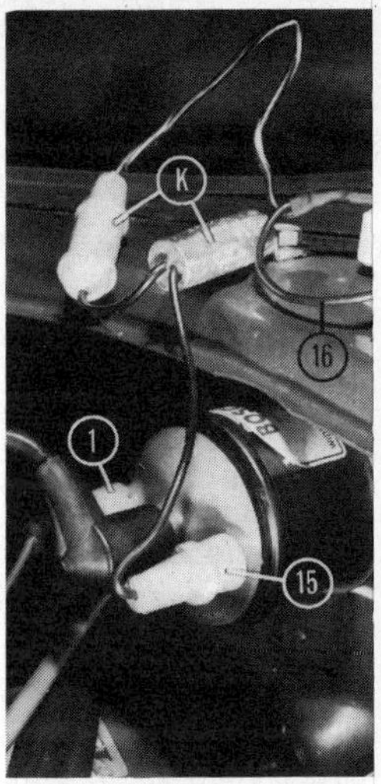

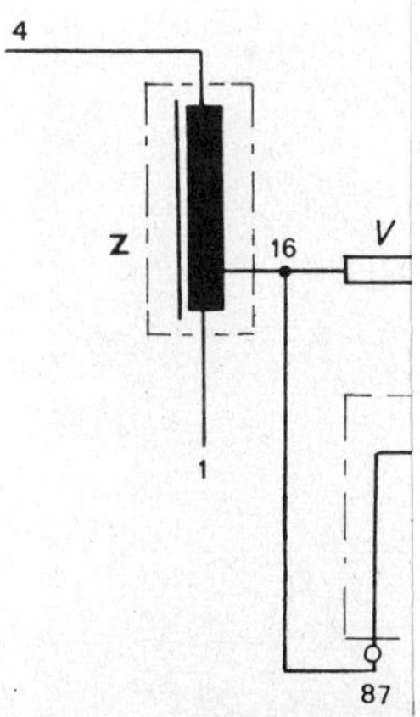

auswechseln. Auch bei Zündstörungen und nachlassender Motorleistung sollte man die Schuld nicht zuerst bei den Kerzen suchen, sondern den Motor und die Zündanlage prüfen oder prüfen lassen. Die Kerzen halten meist wesentlich länger als 15000 km, doch muß evtl. der Elektrodenabstand wieder auf den richtigen Wert gebracht werden, da er im Laufe der Betriebszeit durch den Abbrand größer wird.
Wenn die Zündkerzen schon nach wesentlich weniger als 15000 km nicht mehr richtig arbeiten, dann haben sie meist einen falschen Wärmewert. Wird der Motor ständig hoch belastet, so versucht man es mit einem höheren Wärmewert, bei niedrig belastetem Motor mit einem niedrigeren Wärmewert.
Nach rund 5000 km sollte man den Elektrodenabstand der Zündkerzen schon kontrollieren und gegebenenfalls auf den richtigen Wert – meist 0,7 mm – bringen. Hierfür gibt es Kontrollehren und Nachbiegewerkzeuge von den Zündkerzenherstellern.

Vorsicht bei Kerzenwechsel

Werden Sie bitte nicht zum Zündkerzenfanatiker und schrauben alle paar hundert Kilometer die Zündkerzen heraus.
Die Zündkerzen sitzen mit ihrem Stahlkörper im Gewinde des Zylinderkopfes. Dieser ist oft aus Leichtmetall und besitzt meistens leider keine Gewindebüchsen aus Stahl. Laufendes Heraus- und Hineinschrauben der Kerzen bekommt diesen Gewinden auf die Dauer nicht gut. Auf keinen Fall sollten Sie die Zündkerzen bei heißem Motor hineinschrauben und stark anziehen. Überhaupt sollte man die Zündkerzen beim Hineinschrauben so weit wie möglich mit dem Kerzenschlüssel ohne Stift hineindrehen. Nur das letzte Festziehen sollte man mit dem Kerzenschlüssel und Steckstift vornehmen.
Schon das geringste Schief-ansetzen der Zündkerzengewinde kann das Gewinde im Leichtmetall-Zylinderkopf beschädigen und die dann erforderliche Reparatur ist nicht gerade billig.
Um die Leichtgängigkeit des Zündkerzengewindes zu verbessern, fettet man das Gewinde der Kerze und das Gewinde im Zylinderkopf mit etwas Molybdänsulfit-Paste (z. B. Molykote, Liqui-Moly) ein. Auf keinen Fall normales Fett oder Öl verwenden, da diese verbrennen und die Rückstände das Kerzengewinde noch schwergängiger machen.
Bei Verwendung derartiger Schmiermittel soll man die Kerzen nicht ganz so stark anziehen wie sonst. Durch das Schmiermittel dreht sich das Gewinde leichter, so daß die Kerzen trotzdem fest sitzen.
Welche Zündkerzen für welche Betriebsbedingungen des Wagens in Frage kommen, wird in den Büchern der Reihe „Jetzt helfe ich mir selbst“ ausführlich behandelt.
In der Zeitschrift „mot – auto-journal“ (Vereinigte Motor-Verlage), finden Sie immer wieder Erfahrungsberichte über Zündkerzen und Zündkerzentabellen.

Gewiß, das hört sich unglaublich an, ist aber gesetzlich zulässig. Allerdings darf man diese neun Scheinwerfer nicht gleichzeitig einschalten, selbst wenn die Lichtmaschine den hierfür erforderlichen Strombedarf decken kann.
Es hilft alles nichts, wenn Sie Ihren Wagen mit einem „Christbaum" ausstatten wollen, dann müssen Sie genau darüber Bescheid wissen, welche Vorschriften es gibt.
Welche Scheinwerfer an einem Kraftfahrzeug zulässig sind, ist in der Straßenverkehrs-Zulassungs-Ordnung (StVZO) festgelegt. Zu den einzelnen Paragraphen gibt es furchtbar viel Anmerkungen und Ausführungsbestimmungen, so daß eine Taschenbuchausgabe der StVZO, die ein Polizeibeamter auf der Straße mit sich trägt, natürlich nicht vollständig sein kann.

Die wichtigsten Paragraphen über Scheinwerfer

Wenn man sich unangenehme Scherereien und unnötige Geldausgaben bei der Polizei ersparen will, dann muß man etwas von den wichtigsten Paragraphen wissen, die den Scheinwerferanbau betreffen.
Auch wenn der Abschnitt manchmal etwas langweilig erscheint, können wir uns nicht kürzer fassen, falls Sie sich mit hieb- und stichfesten Argumenten gegenüber einem Beamten durchsetzen wollen, der die „Befeuerung" Ihres Wagens beanstandet.

§ 49 a „Lichttechnische Einrichtungen, allgemeine Grundsätze"

§ 50 „Scheinwerfer für Fern- und Abblendlicht" (hierunter fallen auch die Halogen-Fernscheinwerfer.)

§ 52 „Zusätzliche Scheinwerfer und Leuchten" (für Normalverbraucher fallen hierunter die Nebelscheinwerfer, die Suchscheinwerfer und die Rückfahrscheinwerfer. Die zusätzlich anzubauenden Halogen-Fernscheinwerfer fallen nicht hierunter!)

Wenn wir anschließend Paragraphen zitieren, dann nur soweit, wie sie für den Fahrzeugbesitzer wirklich von Interesse sind oder sein können.

§ 49 a „Lichttechnische Einrichtungen, allgemeine Grundsätze"

„(1) An Kraftfahrzeugen und ihren Anhängern dürfen nur die vorgeschriebenen und die für zulässig erklärten lichttechnischen Einrichtungen angebracht sein. Als lichttechnische Einrichtungen gelten auch Leuchtstoffe und rückstrahlende Mittel. Die lichttechnischen Einrichtungen müssen vorschriftsmäßig und fest angebracht sowie ständig betriebsfertig sein. Lichttechnische Einrichtungen dürfen nicht verdeckt sein."
Es mag überflüssig erscheinen, diese allgemeinen Paragraphen hier auszugsweise im Wortlaut zu zitieren, denn Sie wollen ja nur wissen, was an Scheinwerfern zulässig ist.

Das ist der Normalfall der Frontbefeuerung mit zusätzlichen Scheinwerfern. Außer den Hauptscheinwerfern sind noch zwei Halogen-Fernscheinwerfer angebaut (Mitte) und zwei Halogen-Nebelscheinwerfer (zwischen Haupt- und Fernscheinwerfer). Zulässig sind außerdem noch zwei Teilfernlichtscheinwerfer, aber die sind heute kaum noch erhältlich. Wagen mit Doppelscheinwerfer auf jeder Seite dürfen keine zusätzlichen Fernscheinwerfer haben.

Hochspannungs-Kondensatorzündanlagen

Vom Zweck des Vorwiderstands

Zündspulen mit Vorwiderstar
sie nur für 12-Volt-Anlagen) k
bei hohen Motordrehzahlen e
kräftigeren Zündfunken liefe
das so ist, beschreibt der Tex
diesen Seiten. An dieser Zün
von Magneti Marelli sitzt der
stand in einem Keramikblock
der Zündspule. Diese gute Lö
hütet Verwechslungen mit Zü
spulen ohne Vorwiderstand.

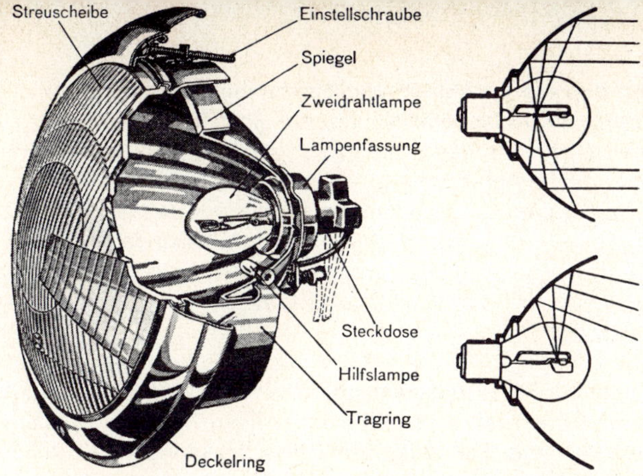

Links: Der Teilschnitt durch einen asymmetrischen Scheinwerfer läßt den Aufbau der Einzelteile erkennen. Rechts oben: Strahlengang eines Scheinwerfers bei Fernlicht. Rechts unten: Strahlengang eines Scheinwerfers bei Abblendlicht.

Mancher Kraftfahrer stellt sich aber auf den Standpunkt: „Es geht die Polizei nichts an, wieviel Scheinwerfer ich an meinem Wagen habe, denn ich fahre oft ins Ausland und benutze dort die in Deutschland nicht zulässigen Scheinwerfer. In Deutschland decke ich sie mit den bekannten Rally-Kappen ab und damit ist die Sache abgetan."
Leider stimmt das nicht, denn schon das „Anbringen", nicht nur das Benutzen ist verboten. Mit solchen Rallye-Kappen kann man sich also nicht herausreden.

Keine Regel ohne Ausnahme

Hier gibt es allerdings eine Ausnahme. Der Satz 4 „Lichttechnische Einrichtungen dürfen nicht verdeckt sein" aus § 49a gilt nicht für Nebelscheinwerfer. Hierzu heißt es in Absatz (1), letzter Satz in § 52, Zusätzliche Scheinwerfer und Leuchten:
„Nebelscheinwerfer dürfen während der Zeit der Nichtbenutzung abgedeckt sein."

Immer auf „Draht" sein

Sehr wichtig ist auch die Bestimmung, daß lichttechnische Einrichtungen ständig betriebsfertig sein müssen.
Diese Forderung gilt sowohl für die vorgeschriebenen wie für die zulässigen Beleuchtungseinrichtungen. Sie dürfen also mit nachträglich angebrachten Fernscheinwerfern, Nebelscheinwerfern, Nebelschlußleuchten usw. nicht einmal herumfahren, wenn Sie mit der Bastelei nicht fertig wurden und die Verkabelung am nächsten Tag vornehmen wollen. Fallen Sie unter diesen Umständen einer Verkehrskontrolle in die Hände, so hängt es nur vom guten Willen der Beamten ab, ob diese ein Auge zudrücken. Sie selbst befinden sich nach dem Buchstaben des Gesetzes im Unrecht.

Scheinwerfer für Fern- und Abblendlicht

Die Vorschriften sind in § 50 der StVZO zusammengefaßt. Soweit es für uns von Interesse ist, heißt es dort:
(1) Für die Beleuchtung der Fahrbahn darf nur weißes Licht verwendet werden.
(2) Kraftfahrzeuge müssen mit zwei nach vorn wirkenden Scheinwerfern ausgerüstet sein, Krafträder – auch mit Beiwagen – mit einem Scheinwerfer.
(3) Die untere Spiegelkante von Scheinwerfern darf nicht höher als 1000 mm über der Fahrbahn liegen.
(4) Für das Fernlicht und für das Abblendlicht dürfen besondere Scheinwerfer vorhanden sein; sie dürfen so geschaltet sein, daß bei Fernlicht die Abblendscheinwerfer mitbrennen.

Ausführungsarten

Als Scheinwerferarten für Fern- und Abblendlicht findet man
a) Scheinwerfer für Fern- und Abblendlicht,
b) besondere Scheinwerfer für Fernlicht,
c) besondere Scheinwerfer für Abblendlicht.
An einem Wagen dürfen demnach vorhanden sein:
2 Scheinwerfer für Fern- und Abblendlicht (a) plus 2 besondere Scheinwerfer für Fernlicht (b) oder
2 besondere Scheinwerfer für Fernlicht (b) plus 2 besondere Scheinwerfer für Abblendlicht (c).

Serienmäßige Scheinwerfer für Fern- und Abblendlicht

Serienmäßig sind nicht nur die Einbauscheinwerfer eines Wagens, sondern auch die angebauten Scheinwerfer (z. B. Halogen-Fernscheinwerfer beim Rallye-Kadett), mit denen das Fahrzeug vom Werk ausgeliefert wird. Sie dürfen sich darauf verlassen, daß sie den gesetzlichen Bestimmungen entsprechen.
Gelegentlich gibt es Beamte, die die Paragraphen auf ihre eigene Art auslegen und päpstlicher sein wollen als der Papst. Wenn sie glauben, an der serienmäßigen Beleuchtung Ihres Wagens etwas aussetzen zu müssen, dann sollen sie sich an das Herstellerwerk halten, dort wird man ihnen zeigen, wo der Bartel den Most holt!
Die serienmäßigen Scheinwerfer für Fern- und Abblendlicht können ohne weiteres gegen andere Schweinwerfer der gleichen Art bzw. gegen Scheinwerfereinsätze mit einer internationalen oder deutschen Prüfnummer ausgetauscht werden.

Das asymmetrische Abblendlicht

Fast alle heute gebauten Wagen sind mit dem europäischen asymmetrischen Abblendlicht ausgerüstet. Hier ist das Abblendlicht so gestaltet, daß es in Ländern mit Rechtsverkehr auf der rechten Fahrzeugseite angehoben ist, wodurch die rechte Straßenseite beim Abblendlicht besser ausgeleuchtet wird. Die Leistungsaufnahme herkömmlicher Zweifadenlampen für asymmetrisches Abblendlicht beträgt 45 Watt für den Fernlichtfaden, 40 Watt für den Abblendfaden.

Keine unzulässigen Glühlampen einsetzen

Für Scheinwerfer werden gelegentlich ausländische Glühlampen angeboten, die eine höhere Leistungsaufnahme haben, als zulässig ist. Diese Glühlampen darf man nicht einsetzen. Ebenso sind die gelbgefärbten Glühlampen, wie sie in französischen Scheinwerfern gebräuchlich sind, bei uns nicht zulässig.

Halogen-H 4-Scheinwerfer

Sie strahlen ein wesentlich helleres Licht aus als die herkömmlichen Scheinwerfer für asymmetrisches Abblendlicht. Seit 1972 sind die meisten Wagen mit herkömmlichen Scheinwerfern oder – gegen Aufpreis – mit Halogenscheinwerfern lieferbar.

Was sind Halogenscheinwerfer?

Halogen-Scheinwerfer haben eine größere Lichtausbeute als Scheinwerfer mit herkömmlichen Glühlampen, was hauptsächlich durch die verwendeten Halogen-Glühlampen erreicht wird. Daneben spielt die andere Gestaltung der Streuscheibe und des Reflektors auch eine Rolle.
Eine Halogen-Glühlampe unterscheidet sich schon rein äußerlich stark von einer herkömmlichen Glühlampe. Der Lampenkolben ist sehr klein. Er ist nicht luftleer gepumpt, sondern mit Edelgas gefüllt und der Glühwendel brennt mit wesentlich höherer Temperatur als der einer normalen Glühlampe.

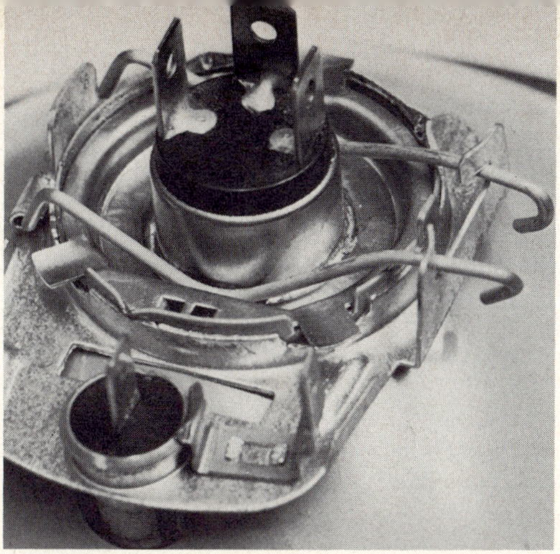

Die Halogen-Scheinwerferlampe hat zwar den gleichen Dreifach-Kabelstecker wie die normalen „Bilux"-Lampen, aber einen anderen Lampensockel (Norm-Bezeichnung: P 43 t), mit drei Fixierlappen, der den Einbau der H 4-Lampen in den normalen Scheinwerfer verhindern soll. Die Glühlampe wird bei der hier gezeigten Konstruktion von zwei Klemmfedern im Lampenträger gehalten. Unten links im Bild das „Standlicht"-Lämpchen, offiziell als Begrenzungslicht bezeichnet.

Der Lampenkolben besteht aus temperaturbeständigem Quarz, denn Glas würde der hohen Temperatur nicht standhalten. Der Edelgasfüllung im Kolben ist eine geringe Menge eines Halogens, z. B. Brom oder Jod, beigefügt.
Das bei der sehr hohen Glühwendeltemperatur verdampfte Wolfram schlägt sich nicht mehr an der Kolbenwand nieder, sondern geht mit dem Halogen eine Verbindung ein und kehrt zum Glühwendel zurück. Es ergibt sich ein Kreisprozeß, der die große Lichtleistung und eine längere Lebensdauer der Halogen-Glühlampe bewirkt.
Eine höhere Lichtleistung ergibt sich außerdem dadurch, daß die Halogen-Glühlampen eine höhere Leistungsaufnahme haben. Bei den Halogen-Einfaden-Glühlampen vom Typ H 1 und H 3 beträgt diese 55 Watt, während die Leistungsaufnahme der Halogen-Zweifadenlampe H 4 beim Fernlicht-Glühfaden 60 Watt beträgt, beim Abblendfaden 55 Watt.

Einsätze für Halogen-Hauptlicht

Da Halogenlampen bei ihrem Aufkommen nur mit einem Glühfaden gefertigt werden konnten, gab es sie ursprünglich nur für Fern- und Nebelscheinwerfer. Ein helles Halogenlicht aus Fern- und Nebelscheinwerfern ist zwar sehr angenehm, viel wichtiger ist aber ein besseres Abblendlicht, da man heute wegen des Gegenverkehrs nur noch relativ selten über längere Strecken das Fernlicht eingeschaltet lassen kann. Für das Abblendlicht gibt es allerdings keine Zusatzscheinwerfer, hier muß der serienmäßige Scheinwerfereinsatz durch einen solchen für Halogenlampen ersetzt werden.
Bei 4-Scheinwerfersystemen ist der Austausch schon seit langer Zeit kein Problem, viele Fahrzeuge werden ja auch serienmäßig mit einem Halogen-4-Scheinwerfersystem geliefert.

Einsätze für H 4-Halogenlampen

Seit 1972 gibt es die Halogen-Zweifadenlampe vom Typ H 4 für Scheinwerfer mit Fern- und Abblendlicht. Manche Wagen werden serienmäßig mit diesen Scheinwerfern ausgestattet und für die meisten Fahrzeuge sind Umrüstsätze lieferbar. Die herkömmliche Zweifadenlampe darf und kann nicht allein gegen die H 4 ausgetauscht werden, es müssen die kompletten Scheinwerfer ersetzt werden.
Umrüstsätze gibt's für viele in- und ausländische Wagen von Bosch und Hella. Daneben liefern Carello, Cibié, Lucas und Marchal ebenfalls H 4-Einsätze, vorwiegend für ausländische Wagen.
Wie bei den bisherigen Scheinwerfer-Zweifadenlampen, sind auch hier Fernlicht- und Abblendfaden in einem Glaskolben vereinigt. Leider kann

man nicht einfach die bisherige Scheinwerferlampe gegen die Halogenlampe austauschen, sondern muß den gesamten Scheinwerfer ersetzen. Die Lichtausbeute der Halogen-Zweifadenlampe ist so hoch, daß die Beleuchtungsstärke an einigen Straßenpunkten zur Blendung führen würde. Durch eine geänderte Streuscheibe wird die Beleuchtungsstärke in diesen Punkten herabgesetzt und eine Blendung des Gegenverkehrs vermieden. Damit die zugehörige Streuscheibe wirklich verwendet wird, ist sie einem Reflektor zugeordnet, der eine ebenfalls abgeänderte Lampenhalterung hat. Die Halogen-Zweifadenlampe H 4 kann also nur in die zugehörigen Scheinwerfereinsätze eingesetzt werden.
Daneben gibt es vereinzelt noch Halogen-Scheinwerfereinsätze, die mit je einer Halogen-Glühlampe vom Typ H 1 fürs Fern- und Abblendlicht ausgerüstet sind. Diese Umbausätze sind aber nur für wenige Fahrzeuge mit Rundscheinwerfern erhältlich und verhältnismäßig teuer.

Fernlicht-Zusatzscheinwerfer

Diese Scheinwerfer gelten im Sinne der Straßenverkehrs-Zulassungs-Ordnung nicht als zusätzliche Scheinwerfer, sie fallen also nicht unter den § 52, sondern unter den § 50, Absatz 4: „Für das Fernlicht und für das Abblendlicht dürfen besondere Scheinwerfer vorhanden sein; sie dürfen so geschaltet sein, daß bei Fernlicht die Abblendscheinwerfer mitbrennen."
(Fragen Sie nicht, warum das so kompliziert ist, dafür sind Sie noch zu jung!)
Die gesonderten Fernscheinwerfer verbessern das Fernlicht beträchtlich, gleichzeitig können sie allerdings von Übel sein, denn bei einem ohnehin kärglichen Abblendlicht wird der Übergang vom Fern- zum Abblendlicht besonders kraß, so daß man beim Umschalten auf Abblendlicht vielfach kaum mehr etwas erkennen kann.

Wo dürfen die Fernlichtscheinwerfer angebracht werden?

Für die Anbringung der gesonderten Fernscheinwerfer gibt es nur die Vorschrift, daß die untere Spiegelkante des Scheinwerfers nicht mehr als 1000 mm über der Fahrbahn liegen darf, und daß die Scheinwerfer gleichen Abstand von der Mittellinie der Fahrzeugspur haben müssen. Normalerweise wird man die Fernscheinwerfer aber so weit wie möglich auseinandersetzen, damit man schon gleich vor dem Wagen eine möglichst breite Seitenstreuung des Lichts erreicht. (Sofern man auch Nebelscheinwerfer am Wagen montiert, sollen diese allerdings möglichst weit zur Fahrzeugaußenkante liegen, da die Seitenstreuung hier noch wichtiger ist. Außerdem dürfen Nebelscheinwerfer nur dann ohne Abblendscheinwerfer eingeschaltet werden, wenn der äußere Rand der Lichtaustrittsfläche nicht mehr als 40 cm von der Fahrzeugaußenkante entfernt ist.)

Die mechanische Befestigung

Bei manchen Fahrzeugen ist die Stoßstange so dünn und die Stoßstangenhalterung so schwach, daß man die Fernscheinwerfer und die Nebelscheinwerfer nicht daran montieren sollte. Zwar wird kaum die Gefahr eines Bruchs bestehen, aber die an der Stoßstange befestigten Scheinwerfer und damit die Lichtbündel schwingen so stark, daß das Auge übermäßig strapaziert wird.
Bevor man Scheinwerfer an der Stoßstange anbringt, sollte man versuchen, bei Nacht mit einem Fahrzeug gleichen Typs zu fahren, an dem die Scheinwerfer schon dort angebracht sind, wo man sie selbst anbringen möchte. Hierbei kann man feststellen, ob eine zusätzliche Abstützung oder Verstärkung der Stoßstange oder ihrer Aufhängung erforderlich ist.
Wenn die Anbringungshöhe der Fernscheinwerfer auch nicht so entscheidend

für die Sichtweite ist wie die der Abblendscheinwerfer, so sollte man sie doch nicht tiefer als unbedingt nötig anbringen, denn sonst ergeben sich schon durch kleine Fahrbahnunebenheiten starke Schlagschatten.

Welche Fernscheinwerfer soll man kaufen?

Hier läßt sich nur ein Rat geben: Der Durchmesser sollte so groß wie möglich sein! Zusatzscheinwerfer schafft man ja nicht als zusätzlichen Chromzierrat an, sondern wegen des Nutzeffekts. Je größer die Lichtaustrittsöffnung des Scheinwerfers ist, um so größer ist die Reichweite des Scheinwerferlichts.
Ob der Scheinwerfer flach gebaut sein soll, so daß Halogen-Glühlampe quer zur Fahrtrichtung liegt, oder tief, so daß die Glühlampe in Längsrichtung liegt, hängt weitgehend von den Anbaumöglichkeiten ab. Flache Scheinwerfer lassen sich meist besser montieren als tiefe. Da die Reflektoren auf die Glühlampenanordnung ausgelegt sind, spielt die Ausführung in technischer Hinsicht keine Rolle.
Zusätzliche Fernscheinwerfer baut man nur dann an, wenn man ein besseres Fernlicht haben will.

Zulässige Schaltung für Fernscheinwerfer

Zusätzliche Fernscheinwerfer dürfen nur so geschaltet sein, daß sie entweder:
a) Allein für die Fahrbahnbeleuchtung bei Fernlicht benutzt werden,
b) Zusammen mit dem serienmäßig am Fahrzeug vorhandenen Fernlicht für die Fahrbahnbeleuchtung bei Fernlicht benutzt werden.
c) Zusammen mit dem Abblendlicht der serienmäßig vorhandenen Scheinwerfer für die Fahrbahnbeleuchtung bei Fernlicht benutzt werden.

Nicht zulässige Schaltung

Ein Zu- bzw. Abschalten der zusätzlichen Fernscheinwerfer ist nicht zulässig. Die Begründung hierfür gibt das Verkehrsblatt vom 15. Dezember 1966. Dort meint das Bundesverkehrsministerium:
„Nach mir vorliegenden Anfragen bestehen Zweifel darüber, ob das Fernlicht besonderer Fernscheinwerfer (z. B. Halogenscheinwerfer) getrennt von dem der vorhandenen Scheinwerfer für Fern- und Abblendlicht zu- und abgeschaltet werden darf. Dazu vermerke ich:
Die wahlweise Zu- und Abschaltbarkeit des Lichtes besonderer Scheinwerfer für Fernlicht ist nicht vertretbar. Nach den Erfahrungen, die bei Versuchsfahrten gewonnen wurden, kann nicht erwartet werden, daß alle Fahrzeugführer die Schaltung der jeweiligen Verkehrssituation entsprechend betätigen, wenn sie zwischen drei Schaltstellungen (zwei für Fernlicht, eine für Abblendlicht) wählen müssen."

Keine Regel ohne Ausnahme

Bei verschiedenen Ausländern, z. B. beim DAF 66 Marathon (dem jetzigen Volvo 66 GL), ist das anders. Die beiden zusätzlichen Fernscheinwerfer dürfen aufgrund einer im Kraftfahrzeugschein eingetragenen Ausnahmegenehmigung des Kraftfahrtbundesamtes zu- bzw. abschaltbar sein.
Der Unterschied zwischen der allgemein zulässigen Schaltung nach b) und der „Ausnahmeschaltung" ist nicht groß. Er liegt in einem einfachen Ein-Ausschalter, den SIE nicht einbauen dürfen!

1. Besondere Fernscheinwerfer allein

Die Schaltung macht keine Schwierigkeiten. Hat man die Fernscheinwerfer montiert, so genügt es, wenn man die elektrischen Anschlüsse für das Fernlicht von den Zweifadenlampen abklemmt und nach entsprechender Verlängerung zu den Fernlichtscheinwerfern führt. Natürlich müssen die Verlängerungsleitungen einen ausreichenden Querschnitt haben; bei 12 Volt 1 oder besser 1,5 mm^2, bei 6 Volt-Anlagen 1,5 oder besser 2,5 mm^2.

Anschlußplan für zusätzliche Halogen-Fernscheinwerfer anstelle der bisher verwendeten Fernlicht-Fäden in den Haupt-Scheinwerfern. Die bisher zur Klemme 56 a führenden Leitungen der Haupt-Scheinwerfer werden abgeklemmt. Die vorhandenen Leitungen sind dünn ausgezogen, die neu zu verlegenden Leitungen dick.

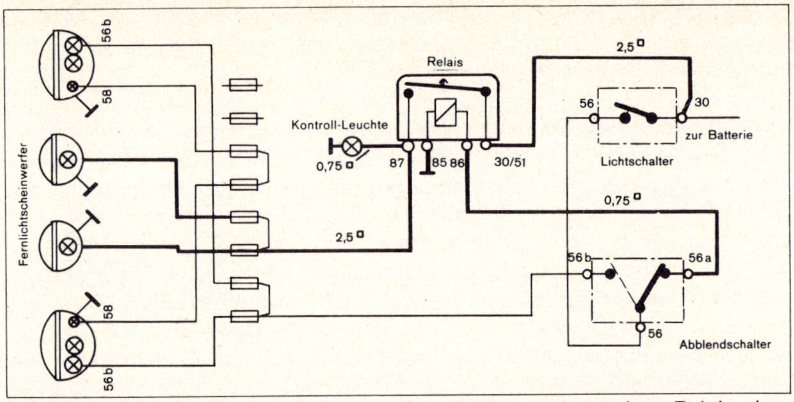

Schaltung über Arbeitsstromrelais

Besser, wenn auch etwas aufwendiger, ist die Verwendung eines Relais, denn wenn man schon besondere Fernscheinwerfer an den Wagen anbaut, sollen sie ihr volles Licht abgeben, und das ist nur möglich, wenn sie die volle Spannung erhalten. Auf dem Umweg über Licht- und Abblendschalter geht aber einiges an Spannung verloren, so daß man den erwünschten Lichtgewinn oft nicht bekommt.

(Sofern man einen Wagen mit Abblend- oder Schrittschaltrelais hat, z. B. ältere BMW's mit 6-Volt-Anlage oder Audi-Modelle, braucht man natürlich kein besonderes Relais, man schließt die Fernlichtscheinwerfer an der Klemme des Abblendrelais an, an der bisher die Fernlicht-Glühfäden angeschlossen waren.)

Verwendet man ein Relais, so bringt man es in der Nähe der Fernscheinwerfer an, damit die Leitungen möglichst kurz bleiben. Die Klemme 30/51 des Relais wird durch eine Leitung von 2,5 mm² möglichst direkt mit dem Pluspol der Batterie verbunden. Natürlich kann man auch einen anderen Plusanschluß verwenden, der immer unter Spannung steht, doch bekommt man dabei selten die volle Spannung. Von der Klemme 87 des Relais werden jetzt die beiden direkten Pluszuführungen zu den Fernlichtscheinwerfern ebenfalls mit 2,5 mm² gezogen.

Sind Sicherungen nötig?

Man kann die Leitungen über die Sicherungen für das Fernlicht führen, nachdem man dort die ehemaligen Leitungen gelöst hat, doch wäre das ein unnötiger Umweg für den Strom. Bei manchen Fahrzeugen sind die Scheinwerfer-Glühlampen ohnehin nicht abgesichert, so daß man darauf verzichten

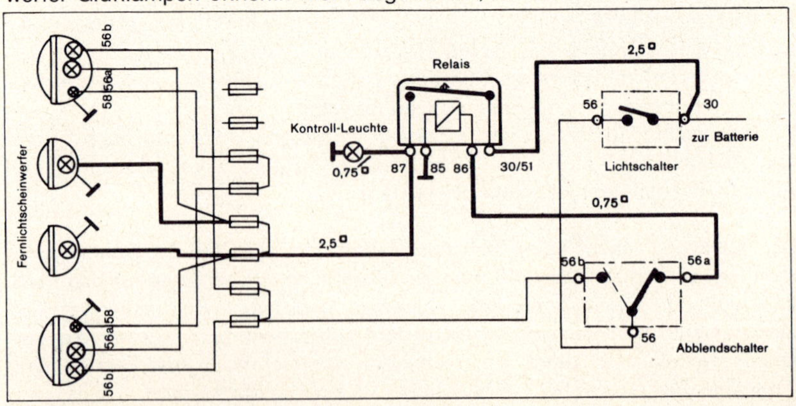

Die Halogen-Zusatz-Fernscheinwerfer werden zusammen mit den bisherigen Fernlicht-Scheinwerfern betrieben. Die vorhandenen Leitungen sind dünn ausgezogen, die neu zu verlegenden Leitungen dick. Die Sicherungen zu den Fernlicht-Scheinwerfern werden auf 25 A verstärkt.

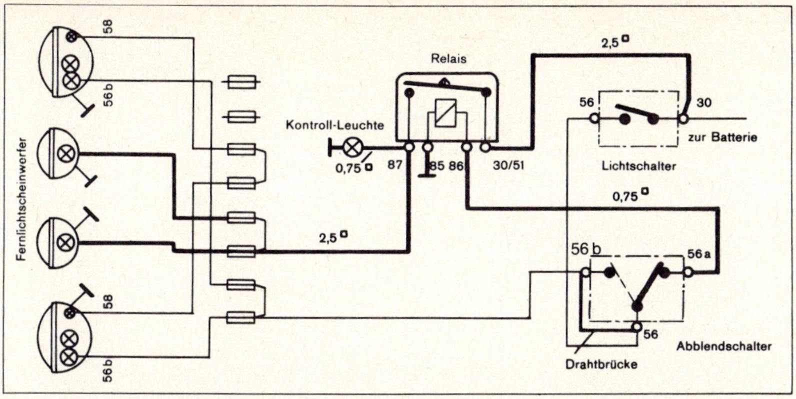

Zusatz-Halogen-Fernscheinwerfer in Verbindung mit dem Abblendlicht der serienmäßigen Scheinwerfer. Die Klemmen 56 und 56 b des Abblendschalters werden überbrückt. Die vorhandenen Leitungen sind dünn ausgezogen, die neu zu verlegenden Leitungen dick.

kann. Will man die Fernscheinwerfer trotzdem absichern, so kann man ja die weiter vorn beschriebenen Sicherungshalter (fliegende Sicherungen) verwenden oder eine getrennte Sicherungsdose für zwei Sicherungen in der Nähe der Fernscheinwerfer oder des Relais anbringen.
Im Handel gibt's auch Relais mit angebauten Sicherungen. Kaufen Sie aber nur solche, bei denen die Sicherung auf der Oberseite sitzt. An der Relais-Unterseite sind sie schlecht zugängig.

Steuerleitung für das Relais

Für das Magnetsystem des Relais ist eine Steuerleitung erforderlich, die dann Strom führt, wenn das Fernlicht eingeschaltet ist. Hier nimmt man einfach die Leitung, die zu einem der Fernlicht-Glühfäden der Hauptscheinwerfer führte. Nachdem man sie dort abgezogen hat, legt man sie (nachdem man sie gegebenenfalls verlängert hat) an die Klemme 86 des Relais. Da die Leitung keinen großen Strom führt, kann man zur Verlängerung einen geringen Leitungsquerschnitt verwenden. Der Anschluß zum Fernlicht-Glühfaden des anderen Scheinwerfers wird abgezogen, gut isoliert und irgendwo angebunden.
Die Klemme 85 des Relais wird über eine Leitung kleinen Querschnitts an Masse gelegt.

2. Fernscheinwerfer und Hauptscheinwerfer-Fernlicht zusammen als Fernlicht

Eigentlich könnte man die Stromzuführungen zu den Fernlicht-Glühfäden der Scheinwerfer belassen und nur vom Anschluß eines Fernlichtfadens am Scheinwerfer eine Steuerleitung zu dem Relais für die Halogen-Fernscheinwerfer ziehen. Die weitere Verschaltung des Relais erfolgt dann so, wie im vorhergehenden Abschnitt beschrieben.
Trotzdem ist es zweckmäßig – sofern kein Abblendrelais im Wagen eingebaut ist – die beiden Zuleitungen zu den Fernlicht-Glühfäden abzuziehen und einen davon als Zuleitung zur Klemme 86 des Arbeitsstromrelais für die Halogen-Fernscheinwerfer zu legen. Von der Klemme 87 des Relais werden dann sowohl die Leitungen zu den Halogen-Fernscheinwerfern gelegt, wie zu den Fernlicht-Glühfäden, da auf diese Art auch der Spannungsabfall an den Fernlicht-Glühfäden so klein wie möglich gehalten wird. Da hier 2×45 bzw. 60 Watt der Fernlicht-Glühfäden und 2×55 Watt der Halogen-Fernscheinwerfer über das Relais laufen – zusammen also 200 Watt – muß das Relais entsprechend hoch belastbar sein (siehe Tabelle im Kapitel „Relais").
Wenn der Wagen mit einem Abblend- oder einem Schrittschaltrelais ausgerüstet ist, dann darf man die Halogen-Fernscheinwerfer nicht zusätzlich an die Klemme des Relais anschließen, an der die Fernlicht-Glühfäden ange-

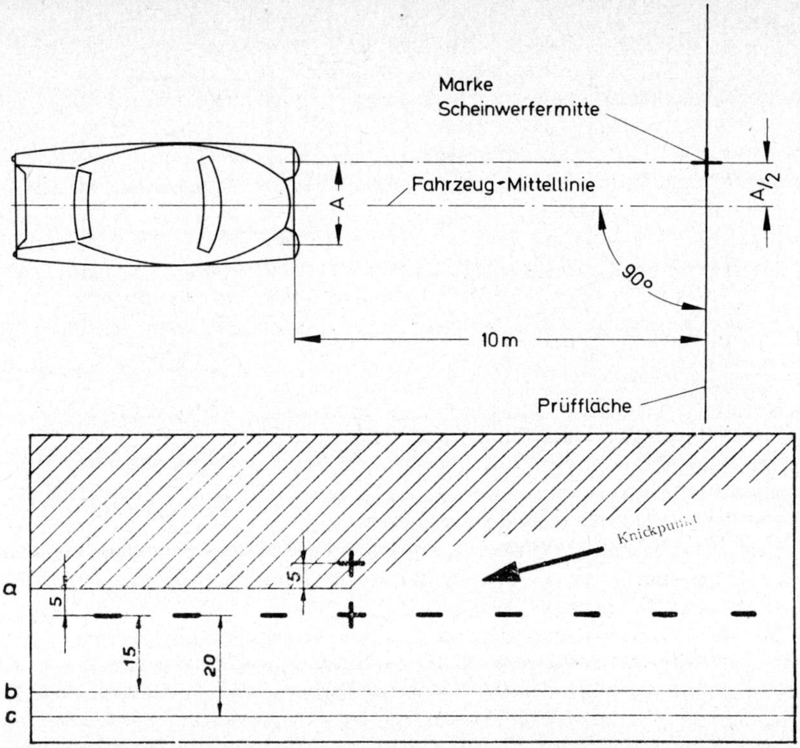

So läßt sich die Hell-Dunkel-Grenze der Scheinwerfereinstellung in Eigenarbeit kontrollieren. Auf einer weißen Wand wird in Mitte der Scheinwerferhöhe ein Einstellkreuz markiert. 10 cm darunter kommt ein weiteres Kreuz mit durchgehender Linie. Der Wagen muß auf ebener Fläche in 10 m Entfernung mit einem Scheinwerfer senkrecht davor stehen. Einen hinteren Sitzplatz mit einer Person belasten. Bei Abblendlicht muß der waagerechte Teil der Hell-Dunkel-Grenze auf der durchgehenden Linie liegen. Natürlich muß der Wagen mit jedem Scheinwerfer einzeln vor die Einstellfläche gefahren werden. Der nicht einzustellende Scheinwerfer wird abgedeckt. Bei einer polizeilichen Kontrolle ist man großzügiger: höchste Lage der Hell-Dunkel-Grenze 5 cm unter dem Einstellkreuz.
a= Höchste Lage der Hell-Dunkel-Grenze für alle Fahrzeuge
b= Tiefste Lage der Hell-Dunkel-Grenze für Pkw
c= Tiefste Lage der Hell-Dunkel-Grenze für Lkw.

schlossen sind, denn derartige Relais sind üblicherweise nur bis 100 Watt belastbar. (Die geringfügige Überschreitung um 10 Watt, die sich ergibt, wenn man statt des serienmäßigen Fernlichts nur die Halogen-Fernscheinwerfer anschließt, spielt allerdings keine Rolle.) Für die Halogen-Fernscheinwerfer benötigt man also ein zusätzliches Relais.

3. Halogen-Fernscheinwerfer und Abblendlicht zusammen als Fernlicht

Diese Art der zusammengeschalteten Scheinwerfer ist vielfach angenehmer als Halogen-Fernscheinwerfer zusammen mit dem serienmäßigen Fernlicht, da hier der Straßenvordergrund durch das Abblendlicht besser aufgehellt wird. Als Fernlicht reicht das Licht der Halogen-Fernscheinwerfer (also ohne serienmäßiges Fernlicht) vollkommen aus.
Bei einfacher Schaltung ohne Relais werden die Klemmen 56 und 56b des Abblendschalters durch eine Drahtbrücke miteinander verbunden. In der Stellung „Abblenden“ des Abblendschalters brennen nur die Abblendfäden, in der Stellung „Fernlicht“ brennen die Halogen-Fernscheinwerfer (die man anstelle der Fernlicht-Glühfäden angeschlossen hat) und (durch die Drahtbrücke) gleichzeitig auch die Abblendfäden.

Schaltung über Relais

Selbstverständlich ist die Schaltung über Relais auch in diesem Fall weitaus besser. Am einfachsten ist es, wenn man zwei getrennte Arbeitsstromrelais verwendet. Sofern der Wagen ein Abblendrelais hat, kann dieses die Stromversorgung der Abblendfäden übernehmen, so daß nur die Halogen-Fernscheinwerfer über ein zusätzliches Arbeitsstromrelais gesteuert werden.
Bei Fahrzeugen mit einem Schrittschaltrelais (z. B. Audi-Modelle) läßt sich diese Schaltung allerdings nur nach Einbau eines Abblendschalters mit den getrennten Stellungen „Fernlicht“ – „Abblendlicht“, ausführen.

Die Nebelscheinwerfer

Nach § 52 der StVZO dürfen Kraftwagen mit zwei Nebelscheinwerfern ausgerüstet sein. Sie dürfen nicht höher als die am Fahrzeug befindlichen Scheinwerfer für Abblendlicht angebracht sein und nur zusammen mit dem Abblendlicht oder den Begrenzungsleuchten brennen.
Nebelscheinwerfer haben den größten Nutzen, wenn der Fahrer nicht durch zusätzliches Licht irritiert wird, das nach oben in den Nebel strahlt und dort die gefürchtete „weiße Wand" aufbaut. Diese „weiße Wand" kann durch Direktlicht entstehen, das bei manchen Scheinwerfern von den Abblend-Glühfäden ausgestrahlt wird. (Das Direktlicht tritt direkt nach vorn aus, wird also nicht vom Reflektor ausgestrahlt.) Damit die Nebelscheinwerfer voll wirksam werden, sollten nur die Begrenzungsleuchten brennen und das Abblendlicht ausgeschaltet sein.
Liegt der äußere Rand der Lichtaustrittsfläche der Nebelscheinwerfer allerdings mehr als 400 mm von der breitesten Stelle des Fahrzeugumrisses, so müssen sie so geschaltet sein, daß sie nur zusammen mit dem Abblendlicht brennen können.

Die Größe der Nebelscheinwerfer

Auch bei Nebelscheinwerfern gilt: Möglichst großer Durchmesser. Nebelscheinwerfer sollte man immer „eine Nummer größer" nehmen, als es dem guten Aussehen und der Linie entspricht. Wenn die Nebelscheinwerfer bei Fahrzeugen, die serienmäßig damit ausgerüstet sind, klein und zierlich gehalten werden, so ist das eine Konzession an die elegante Linie, trotzdem läßt sich aber im Prospekt behaupten, Nebelscheinwerfer seien serienmäßig.
Im Gegensatz zu Scheinwerfern für Fern- und Abblendlicht sollen Nebelscheinwerfer so tief wie nur möglich angebaut werden, da der Nebel selten ganz bis auf die Fahrbahndecke hinunterreicht. Durch die tiefe Anbringung der Nebelscheinwerfer können sie den Nebel „unterstrahlen", weshalb unterhalb der Stoßstange angebrachte Nebelscheinwerfer eine bessere Wirkung haben, als oberhalb der Stoßstange angebrachte. Natürlich sind die tief angebrachten Nebelscheinwerfer stärker gefährdet, weshalb Abdeckkappen hier recht nützlich sein können.

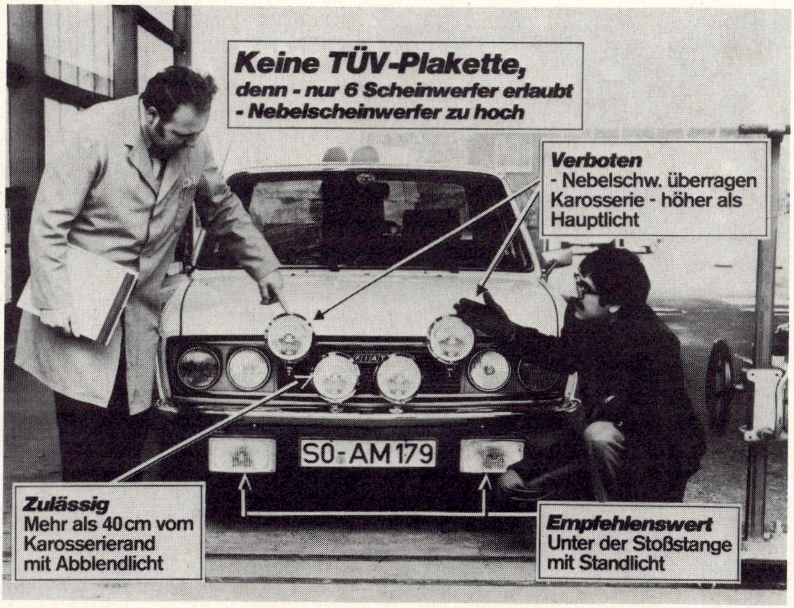

Wie gesagt, abgesehen von den kaum noch zu findenden Teilfernlicht-Scheinwerfern, sind nur 6 Scheinwerfer erlaubt. Wagen mit Doppelscheinwerfern dürfen keine zusätzlichen Fernscheinwerfer fahren, sondern nur Nebelscheinwerfer.

Nebelscheinwerfer werden mittels Relais so geschaltet, daß das Relais sowohl den Spannungsabfall verhindert wie auch das gleichzeitige Ausschalten der Nebelscheinwerfer beim Einschalten des Fernlichts übernimmt.

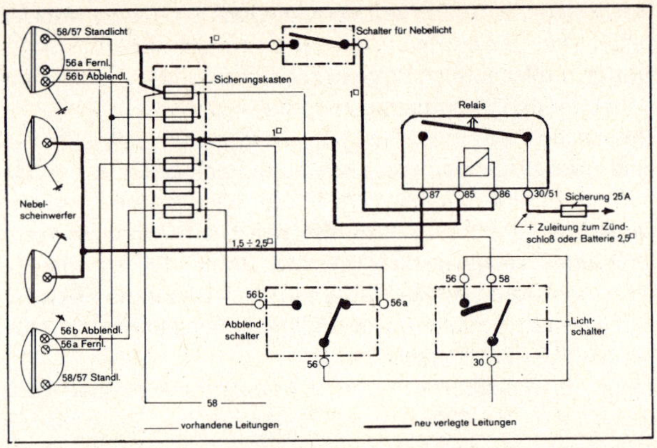

Die nicht bestehende Vorschrift

Zwar gibt es die Vorschrift, daß Nebelscheinwerfer nur bei Nebel oder starkem Schneefall in Verbindung mit dem Abblendlicht bzw. den Begrenzungsleuchten eingeschaltet werden dürfen, doch ist es nicht vorgeschrieben, daß die Nebelscheinwerfer beim Einschalten des Fernlichts automatisch verlöschen!
Das ist auch bei Polizeibeamten, Straßenwachtmännern an ADAC-Beleuchtungsprüfständen usw. vielfach unbekannt. Wenn Sie Ihre Nebelscheinwerfer auf einfache Weise über einen Ein-/Ausschalter an Klemme 57 bzw. 58 anschließen, so kann man Ihnen das Prüfschild anläßlich der alljährlichen Internationalen Kfz-Beleuchtungswoche nicht verwehren! (Wer's nicht glaubt, soll nachschauen: Kommentar zur StVZO von Belke, Bosselmann, List; § 52, Anmerkung 10.

Automatik mit Relais ist besser

Vergißt man beim Einschalten des Fernlichts das Ausschalten der Nebelscheinwerfer, so macht man sich allerdings strafbar. Eine automatische Ausschaltung der Nebelscheinwerfer beim Einschalten des Fernlichts ist also sicherer.
Durch einen kleinen Kunstgriff kann man aber erreichen, daß ein Relais sowohl für das automatische Ausschalten sorgt, wie für die volle Spannung an den Nebelscheinwerfern.
Das Relais wird in der Nähe der Nebelscheinwerfer angebracht und die Stromzuführung von der Batterie zur Klemme 30/51 des Relais erfolgt durch ein Kabel von 1,5 mm² Querschnitt.

Halogen-Nebelscheinwerfer oder „gewöhnliche"?

Da in den Halogen-Nebelscheinwerfern die gleichen Glühlampen, mit einer Leistungsaufnahme von 55 Watt, verwendet werden wie in den Fernscheinwerfern, ist der Lichtgewinn gegenüber den Nebelscheinwerfern mit einer normalen Glühlampe von 35 Watt recht beträchtlich.
Nun kommt es bei Nebelscheinwerfern nicht auf eine besonders große Lichtfülle an, denn bei richtigem Nebel kann auch noch so helles Licht nichts mehr nützen, im Gegenteil, es kann unter Umständen so in den Nebel hineinstrahlen, daß der Fahrer noch weniger sieht.
Ausreichend große Nebelscheinwerfer mit herkömmlichen Glühlampen würden vollkommen ausreichen. Durch die Lage der Halogen-Glühlampe bzw. deren Glühfäden lassen sich die hierfür bestimmten Nebelscheinwerfer aber leichter so auslegen, daß sie eine besonders große Seitenstreuung haben. Große Seitenstreuung ist bei Nebelscheinwerfern besonders wichtig, da man sich bei starkem Nebel ja nur mühsam am Straßenrand »vorbeitasten« kann.

Besondere Gefährdung der Halogen-Nebelscheinwerfer

Wie gesagt, können tief angebrachte Nebelscheinwerfer den Nebel besser unterstrahlen, sind aber mehr gefährdet. Bei Halogen-Nebelscheinwerfern kommt außer Steinschlag noch eine andere Gefährdung hinzu: durch die hohe Leistungsaufnahme der Halogen-Glühlampen wird die Streuscheibe der Scheinwerfer äußerst heiß. Wenn jetzt bei Durchfahren einer Pfütze von einem vorausfahrenden Fahrzeug Wasser auf die Streuscheiben gespritzt wird, so springen sie häufig durch den krassen Temperaturunterschied. Halogen-Nebelscheinwerfer können also eine teure Sache werden, zumal die Halogen-Glühlampen mehr als fünfmal so teuer sind wie die herkömmlichen Einfaden-Glühlampen für Nebelscheinwerfer.
Auch hier gilt wieder: Herkömmliche Glühlampen in Nebelscheinwerfern können nicht durch Halogen-Glühlampen ersetzt werden; es müssen besondere Halogen-Nebelscheinwerfer angeschafft werden.

Gelb oder Weiß?

Ob man Nebelscheinwerfer mit gelber oder weißer Streuscheibe anschafft, ist Geschmacksache. Sofern die gelben Nebelscheinwerfer ein Prüfzeichen haben, sind sie ebenso zulässig wie weiße.

Das Teilfernlicht

Es wurde 1959 zugelassen, hat sich aber nicht durchgesetzt, obwohl es auf Straßen mit Gegenverkehr bestimmt seine Vorteile hat. Beim Teilfernlicht wird die rechte Straßenseite mit vollem Fernlicht ausgeleuchtet, während die linke Straßenseite nur im Abblendlicht liegt. Der Effekt wird dadurch erreicht, daß man – einfach ausgedrückt – einen Scheinwerfer mit Abblendlicht um 90 Grad nach links dreht, was eine senkrechte Hell-Dunkel-Grenze ergibt.
Sofern Sie noch Teilfernlichtscheinwerfer an Ihrem Wagen haben, dürfen Sie diese auch heute noch fahren.

Suchscheinwerfer

Jeder Wagen darf mit einem Suchscheinwerfer ausgerüstet sein, der eine Leistungsaufnahme von höchstens 35 Watt hat, wobei der Suchscheinwerfer innerhalb des Wagens an der Windschutzscheibe sitzen darf, auf dem Dach, oder auch am Türpfosten. Er darf also höher als 1000 mm über der Fahrbahn liegen. Ein Prüfzeichen benötigt der Suchscheinwerfer nicht.
Der Suchscheinwerfer darf allerdings nur vorübergehend und nicht zur Beleuchtung der Fahrbahn benutzt werden. Er muß so angeschlossen sein, daß er nur in Verbindung mit den Schluß- und Kennzeichenleuchten eingeschaltet werden kann. Die Zuleitung zum Suchscheinwerfer muß also an Klemme 58 des Lichtschalters bzw. an einer Sicherung zu den Schluß- bzw. Kennzeichenleuchten angeschlossen werden, wobei natürlich ein gesonderter Schalter zum Ein- und Ausschalten des Suchscheinwerfers erforderlich ist.

Rückfahrscheinwerfer

Zur Fahrbahnbeleuchtung nach hinten, sind ein oder zwei Rückfahrscheinwerfer zulässig. Sie müssen so geneigt angebracht sein, daß sie die Fahrbahn auf höchstens 10 m hinter dem Fahrzeug beleuchten. Außerdem dürfen sie bei Vorwärtsfahrt oder nach Abziehen des Zündschlüssels nicht brennen. Die Rückfahrscheinwerfer benötigen ebenfalls kein Prüfzeichen.
Ein großer Teil der heutigen Wagen wird serienmäßig mit Rückfahrscheinwerfern ausgeliefert, was durchaus erfreulich ist, denn der nachträgliche Anbau von Rückfahrscheinwerfern hat häufig seine Tücken.
Die Montage der Rückfahrscheinwerfer selbst macht im allgemeinen keine Schwierigkeiten, da sie sich leicht an der Stoßstange anbringen lassen. Unangenehm (aber wohlbegründet) ist die Vorschrift, daß die Rückfahrscheinwerfer bei Vorwärtsfahrt nicht brennen dürfen. Hierdurch kann man nicht ein-

fach einen Ein-Aus-Schalter in die Leitung zum Rückfahrscheinwerfer legen, sondern muß einen Schalter verwenden, der entweder in Abhängigkeit vom Getriebe oder Schaltgestänge nur beim Einlegen des Rückwärtsgangs den Kontakt schließt, oder man muß einen Tachowellenschalter vorsehen.
Die Justierung eines vom Schaltgestänge betätigten Schalters für den Rückfahrscheinwerfer ist meist nicht ganz einfach, und auch das Schaltgestänge ist manchmal nur schwer zugängig.

Der Tachowellenschalter

Am einfachsten scheint die Verwendung eines Tachowellenschalters zu sein, der den Stromkreis zum Rückfahrscheinwerfer dann schließt, wenn sich die Tachowelle rückwärts zu drehen beginnt. Diese Tachowellenschalter stehen häufig in schlechtem Ruf, denn man sagt ihnen oft nach, daß sie den Rückfahrscheinwerfer erst dann einschalten, wenn man schon im Graben oder an der Mauer hängt. Zu Unrecht, denn es sind meist Einbaufehler, die den Tachowellenschalter an der richtigen Funktion hindern.
Um eine einwandfreie Übertragung von der Tachowelle zum Tachometer zu erreichen und ein Zittern und Tanzen der Tachonadel zu verhindern, dürfen die Tachowellen nicht in einem zu kleinen Radius verlegt werden. Die Tachowellen sind üblicherweise an mehreren Karosseriestellen mit Klammern festgelegt, damit sie nicht hin- und herschwingen können. Nun wird der Tachowellenschalter zwischen Tachowelle und Tachometer eingesetzt, so daß die Tachowelle dadurch etwas verlängert wird. Sofern die letzte Festklammerung der Tachowelle ziemlich nah am Tachometer sitzt, kann die Tachowelle nach Einbau des Tachowellenschalters nicht genügend ausweichen und es ergibt sich für sie ein viel zu kleiner Verlegeradius, wodurch die biegsame Welle in der Tachohülle gebremst wird und die Drehübertragung zur Tachonadel sowohl bei Vorwärts- wie bei Rückwärtsfahrt verzögert wird. Besonders stark macht sich das zu Beginn der Tachowellendrehung bzw. bei Umkehrung der Drehrichtung bemerkbar. Unter diesen Umständen wird das Einschalten des Tachowellenschalters natürlich ebenfalls stark verzögert, so daß man bei schlechter Montage schon über einen Meter zurückfahren muß, damit der Schalter anspricht.

Sorgfalt bei der Montage

Bei glatter Verlegung der Tachowelle mit ausreichend großen Radien, spricht der Schalter nach 0,5 bis 1 m an. Man muß also die Klammern der Tachowelle lösen und die Verlängerung so verteilen, daß sich ein glatter Verlauf ergibt. Der Biegeradius der Tachowelle darf nirgends kleiner als 200 mm sein.
Selbstverständlich muß der Tachowellenschalter auch korrekt auf das Tacho-

Als Rückfahrscheinwerfer sind alle Scheinwerfer zulässig (hier ein Halogenfernscheinwerfer), sofern die Neigung so ist, daß die Fahrbahn auf höchstens 10 m hinter dem Fahrzeug ausgeleuchtet wird.

Anbaurichtlinien

Nebelschlußleuchten dürfen nur auf der linken Fahrbahnseite angebaut werden. Die Zeichnung zeigt die Anbaumaße.

metergewinde aufgeschraubt werden und darf nicht verkantet sein. Das gleiche gilt für das Anschrauben der Tachowelle am Tachowellenschalter.
Sofern man zwei Rückfahrscheinwerfer mit hoher Leistungsaufnahme montiert (z. B. 2×35 Watt) schaltet man die Anlage besser über ein Relais, damit die Kontakte des Tachowellenschalters nicht überlastet werden. Hat man nur einen Rückfahrscheinwerfer mit einer Leistungsaufnahme von 15 oder 25 Watt, wie es die Regel ist, so braucht man selbstverständlich kein Relais.

Die Außenleuchten

Alle Außenleuchten müssen ein Prüfzeichen haben. Darunter fallen: Schluß-, Brems-, Blink-, Stand-, Kennzeichen-, Park- und Nebelschlußleuchten. Sie dürfen nur für den vorgesehenen Zweck eingesetzt werden, es ist also z. B. nicht zulässig, eine große Lkw-Schlußleuchte als Nebelschlußleuchte zu verwenden.
Abgesehen vom nachträglichen Anbau einer Nebelschlußleuchte und zusätzlichen Parkleuchten hat man kaum etwas damit zu tun.

Nebelschluß-leuchten

Durch Aufbau und verwendete Glühlampen sind sie wesentlich heller als die normalen Schlußleuchten, so daß sie den nachfolgenden Verkehr im Nebel rechtzeitig warnen. Sie müssen auf der linken Fahrzeugseite angeordnet sein und mindestens 10 cm vom Bremslicht entfernt liegen. Die Anbringungshöhe darf nicht mehr als 80 cm über der Fahrbahn betragen (oberer Rand). Eine grüne Kontrolleuchte muß dem Fahrer die eingeschaltete Nebelschlußleuchte anzeigen. Sonstige Schaltungsvorschriften bestehen nicht, man kann die Zuleitung also an jedem Pluspol abgreifen. Die Nebelschußleuchte ist eine der besten Geldanlagen für die eigene Sicherheit und die der anderen.

Nebelschlußleuchte am Wohnwagen

Hat ein Wohnwagen eine Nebelschlußleuchte, so wird sie über die Anhängersteckdose an die Leitung der Zugfahrzeug-Nebelschlußleuchte angeschlossen. Die Zugfahrzeug-Nebelschlußleuchte sollte dann aber ausgeschaltet werden, denn sie reflektiert lästig auf der hellen Frontseite des Wohnwagens.
Für das automatische Abschalten der Nebelschlußleuchte bei angekuppeltem Anhänger gibt's von Hella eine spezielle Anhängersteckdose. Bestell-Nr. 8 JB 001 943–01, Preis rund 8,50 DM.
Damit sich kein Lichtsalat ergibt, sind die Anschlüsse an den Anhänger-Steckdosen und -Steckern genormt. Die sieben Anschlüsse von Steckdose und Stecker haben die Klemmenbezeichnungen:

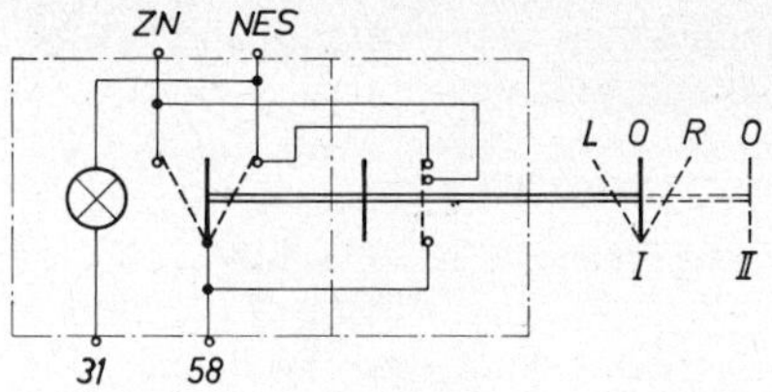

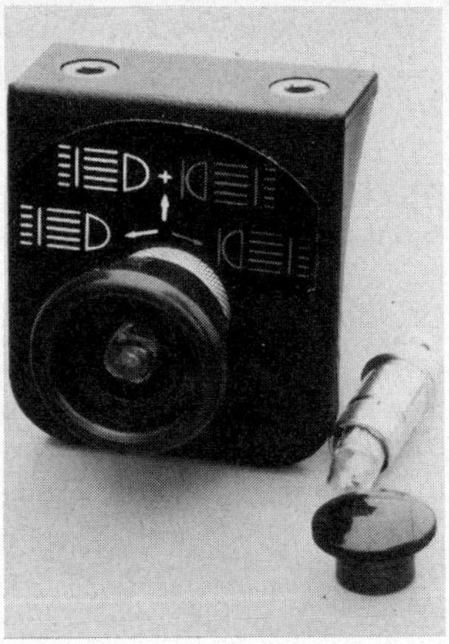

Zum getrennten und gemeinsamen Einschalten von Nebelscheinwerfern (ZN) und Nebelschlußleuchte (NES) gibt es Kombischalter von Hella und Bosch. (Links: Knopfdrehung nach links = Nebelscheinwerfer, Knopfdrehung nach rechts = Nebelschlußleuchte, gezogener Knopf = Nebelscheinwerfer und Nebelschlußleuchte. Oben: Anschlußschema des Hella-Schalters.

L = Blinkleuchte links, R = Blinkleuchte rechts, 58 L = Schlußleuchte links, 58 R = Schlußleuchte rechts, 54 = beide Bremsleuchten, 31 = Masse.
Bleibt die Klemme 54g; ihre Belegung soll für Nutzfahrzeuge noch international geregelt werden. Bei Wohnwagen-Anhängern wird hier die Nebelschlußleuchte des Hängers angeschlossen. Bei der Hella-Steckdose wird die vom Nebellichtschalter kommende Leitung an die Klemme 54g gelegt. Von der in dieser Steckdose zusätzlich vorhandenen Klemme 58b wird eine Leitung zur Nebelschlußleuchte des Zugwagens geführt. (Diese Klemme wird nicht über eine Steckverbindung mit dem Anhängerstecker verbunden, sie steht sozusagen „leer" im Raum.)
Klemme 58b hat einen beweglichen Kontaktstreifen, der zu einem festen Kontaktstreifen an Klemme 54g führt.
Bei nicht eingestecktem Anhängerstecker liegen die Kontaktstreifen aufeinander. Der Strom für die Nebelschlußleuchte des Zugwagens fließt von Klemme 54g über die Kontaktstreifen zur Klemme 58b zur Leuchte. Wird der Anhängerstecker eingesteckt, so drückt er auf einen Isoliernocken, der die Kontaktstreifen trennt, die Nebelschlußleuchte des Hängers erhält Strom, die Stromzuführung zur Nebelschlußleuchte des Zugwagens ist unterbrochen.

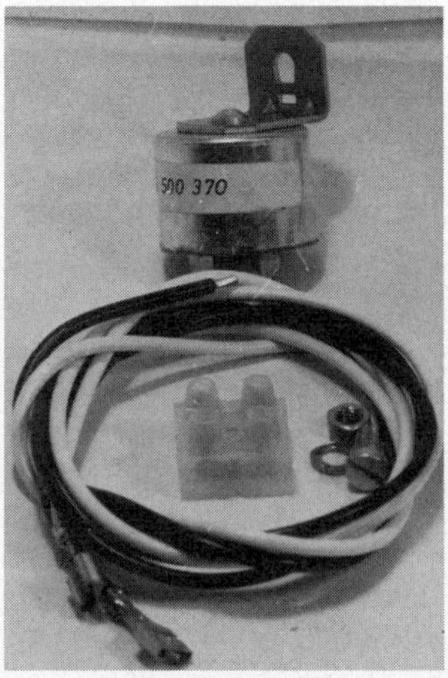

Links: Soll bei angekuppeltem Wohnanhänger nur die Nebelschlußleuchte des Hängers brennen, die Nebelschlußleuchte des Zugwagens aber ausgeschaltet sein, so ist das durch die Hella-Anhängersteckdose 8JB 001 943-011 zu erreichen. Bei eingestecktem Anhängerstecker trennt dieser die Stromzuführung zu der an Klemme 58 b liegenden Nebelschlußleuchte des Zugwagens. Rechts: Scheinwerfer, die nach Tagfahrten mit eingeschaltetem Licht (Nebel- oder Regenfahrten) weiterbrennen, fressen die Batterie leer. Der leicht anzuschließende SWF-Warnsummer WS 500 370 (12 Volt), WS 500 391 (6 Volt) erinnert beim Öffnen der Tür an die noch brennenden Scheinwerfer.

Parkleuchten

Der Stromverbrauch von serienmäßig eingebauten Begrenzungs- und Schlußleuchten ist verhältnismäßig groß, so daß man einen Wagen nicht allzu lange mit eingeschaltetem „Standlicht" abstellen kann. Das gilt vor allem, wenn die Leuchten auf beiden Fahrzeugseiten zusammen eingeschaltet sind, also nicht – je nach Abstellart – entweder nur die linken oder die rechten Leuchten eingeschaltet werden können.
Anstelle der Begrenzungs- und Schlußleuchten dürfen Personenwagen ohne Anhänger innerhalb geschlossener Ortschaften, an der dem Verkehr zugewandten Seite, eine Parkleuchte haben, die nach vorne weißes und nach hinten rotes Licht ausstrahlt und mindestens 600 mm (unterer Rand) und höchstens 1550 mm (oberer Rand) angebracht ist.
Die meisten Wagen haben von Haus aus stromsparende Parkleuchten. Für die nachträgliche Ausrüstung gibt's Parkleuchten für feste Montage aber auch mit Klemmhalter für die Seitenscheiben. Da die kleineren Parkleuchten (auch die mit Klemmhalterung) eine Stromaufnahme von nur 2 Watt haben, die größten nur 4 Watt benötigen, kann man einen Wagen mit solchen Parkleuchten bei voller Batterie tagelang stehen lassen, ohne die Batterie zu erschöpfen.

Fester Anbau oder lose Parkleuchte?

Der feste Anbau solcher Parkleuchten lohnt sich auf jeden Fall, wenn man seinen Wagen sehr viel über Nacht auf der Straße stehen läßt. Zwei solcher Parkleuchten kosten mit dem dazugehörigen Umschalter und der erforderlichen Leitung runde zehn Mark. Sofern man den Wagen nur selten bei Nacht über längere Zeit stehen läßt, genügt eine Parkleuchte mit Klemmhalter, die man auf der entsprechenden Seite mit der Klammer auf eine Seitenscheibe steckt, die dann hochgekurbelt wird. Die Stromzuführung erfolgt über eine Leitung mit Stecker, den man in die Steckdose steckt.

Die Innenleuchten

Innenleuchten gehen außer dem Fahrer keinen Menschen etwas an. Ob man sich mit einer simplen Leuchte am Rückspiegel begnügt, an jedem Sitzplatz eine Leseleuchte anbringt oder gar eine schummrige Barbeleuchtung installiert, ist Geschmacksache. Hier braucht man keine Rücksichten auf irgendwelche Vorschriften zu nehmen und auch für die in den Leuchten verwendeten Glühlampen gibt es keine Prüfpflicht.
Mit diesen Leuchten gibt es an und für sich wenig Ärger, aber beim Ausfall einer Leuchte, die über einen Türkontaktschalter gesteuert wird, sollte man zuerst den Schalter in Verdacht haben, bevor man an das Auswechseln der Glühlampe geht. Diese Kontaktschalter – ob an den Türen, am Handschuhfach oder der Motor- bzw. Kofferraumklappe – legen eine Leitung der Leuchte an Masse. Klemmt der Schalterstift, so wird die Masseverbindung nicht hergestellt. Gelegentlich kommt es auch vor, daß sich auf der Rückseite des Schalters innerhalb der Karosserie eine Oxyd- oder Rostschicht angesetzt hat. Bevor man den Schalter ausbaut, wackelt man mal am Schalterstift und versucht ihn zu drehen, oft kann man so die Oxyd- oder Rostschicht durchbrechen, ohne daß man den Schalter ausbaut.

Zusätzliche Kontrolleuchten

Außer den Kontrolleuchten, die praktisch bei jedem Auto obligatorisch sind (Lade-, Öldruck-, Blinker- und Kraftstoffkontrolle), haben manche Wagen noch zusätzliche, die viele Fahrer ebenfalls gerne als „Gedächtnisstütze" hätten. Kontrolleuchten für den Choke oder die angezogene Handbremse werden oft vermißt.
Der nachträgliche Einbau ist kein Problem. Mit einem Schalter am Chokezug

Die Schelle der Zugfeder ist an der Klemmschraube für den Starterzug angehängt. Die Länge der Feder muß so gehalten werden, daß der Schalter bei nicht gezogenem Choke in Ruhestellung ist. Schon bei geringfügig gezogenem Choke muß der Schalter den Kontakt geben. Feder evtl. kürzen oder vorsichtig etwas ausziehen. Von der einen Anschlußklemme des Schalters wird eine Leitung direkt an Masse gelegt, die zweite Leitung wird zu einer Kontrolleuchtenklemme geführt.

oder am Handbremshebel und einer getrennten Kontrolleuchte ist er leicht zu schaffen. Der erforderliche Schalter läßt sich meist recht einfach anbringen, seine richtige Justierung – für den Zeitpunkt der Kontaktgabe – ist auch nicht schwierig. Störend ist hauptsächlich die zusätzliche Kontrolleuchte, deren Ein- oder Anbau meist nicht so richtig klappt. Die von Hella oder Bosch lieferbaren Leuchten (Hella mit der schon im Leitungskapitel erwähnten Schalterleiste, Bosch mit Konsole) müssen irgendwo ihren Platz finden.

Vorhandene Kontrolleuchte ausnützen

Eine andere Möglichkeit ist das Heranziehen einer schon vorhandenen Warnleuchte zu einer zweiten Funktion.

Die Öldruckkontrolle fällt zur „Doppelbelegung" aus, denn sie muß bei eingeschalteter Zündung aufleuchten, aber nach dem Anspringen des Motors durch ihr Verlöschen den aufgebauten Öldruck anzeigen.

Die Ladekontrolle ist auch nicht geeignet. Durch Kunstgriffe könnte man sie zwar über Dioden zur Chokekontrolle heranziehen, aber der Arbeitsaufwand wird höher als die Installation einer zusätzlichen Leuchte. Außerdem ist es

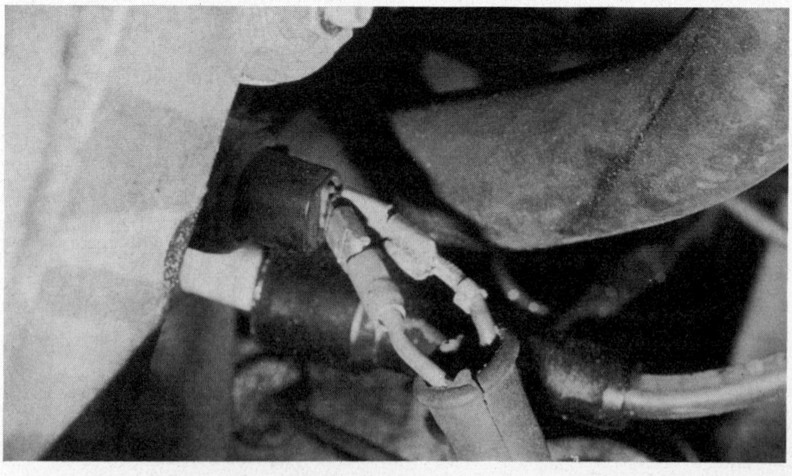

Hier ist der zweite Anschluß des Bremslichtschalters an den Steckanschluß des Temperaturschalters am Motor gelegt.

doch sehr irritierend, wenn eine Leuchte brennt, die laufend eine reguläre Funktionskontrolle ausüben soll.
Bleibt die Temperatur-Kontrolleuchte.
Wenn ein Wagen anstelle eines Temperaturanzeigeinstruments eine Temperatur-Kontrolleuchte hat, so leuchtet diese bei zu hoher Kühlwassertemperatur auf. Sie ist üblicherweise so geschaltet, daß sie innerhalb des Armaturenbretts die Pluszuführung erhält und durch den am Motor sitzenden Thermoschalter bei zu hoher Kühlwassertemperatur an Masse gelegt wird und dann aufleuchtet. Verbindet man den Anschluß des Thermoschalters anderweitig mit Masse, so leuchtet die Warnlampe ebenfalls auf. Wenn man solch eine zweite Masseverbindung über einen Schalter legt, so wird die Kontrolleuchte entweder über den Thermoschalter oder über den zusätzlichen Schalter eingeschaltet.

Zusätzliche Choke-Kontrolle

Als Beispiel für die Doppelausnutzung einer Warnleuchte sei die nachträgliche Installation einer Choke-Kontrolle gezeigt. Die Starterkontrolle wird ja nur solange benötigt, bis der Motor gerade „handwarm" ist, bis er bei zurückgeschobenem Choke gerade ohne Stottern rundläuft.
Der zusätzliche Schalter, der einen zweiten Massekontakt an den Thermoschalter gibt, wird durch den Starterklappenhebel am Vergaser gesteuert und die Temperaturkontrolleuchte zeigt den gezogenen Choke an. (Der Fall, daß der Motor während der Zeit, in der der Choke „rechtmäßig" gezogen ist, eine zu hohe Kühlwassertemperatur erreicht und die Kontrolleuchte deshalb hierfür benötigt wird, kommt bei korrektem Kühlwasserstand nicht vor.)
Als Schalter für die Choke-Kontrolle wird ein Bremslicht-Zugschalter (Hella 6 DD 001 550–01, rund DM 3,–) am Luftfiltergehäuse, am Vergaser oder am Motor angebaut. Der eine Anschluß des Schalters wird mit Masse verbunden, der andere an den Temperaturfühler des Motors gelegt. Die erforderliche Justierung der Kontaktgabe nimmt man durch Veränderung der Schalterstellung oder durch gefühlvolles Ausdehnen der Zugfeder vor.

Sicherheit verkauft sich schlecht

Scheinwerferwischer

Als Scheinwerferreinigungsanlage findet man zwei Systeme:
1) Wisch-Wasch-Anlagen mit Wischerblättern und zusätzlicher Waschanlage,
2) Reine Waschanlagen durch Hochdruck-Sprüheinrichtung.
Wisch-Wasch-Anlagen werden von Bosch und SWF geliefert. Dabei hat jede Scheinwerferseite einen eigenen Wischermotor, der das Wischerblatt des Scheinwerfers (bzw. die Wischerblätter bei Doppelscheinwerfern antreibt. Der auf die Scheinwerfer geschleuderte Schmmutz trocknet durch die Wärme noch schneller an als bei Windschutzscheiben, weshalb eine Wascheinrichtung dazu gehört. Üblicherweise eine normale Scheibenwascheinrichtung mit handelsüblicher Wascherpumpe.
Eine reine Waschanlage mit Hochdruck-Sprüheinrichtung ist die Licht-Wasch-Automatik von Hella. Wischer entfallen. Eine Hochdruckpumpe spritzt Wasser mit einem Druck von 3,5 atü auf die Scheinwerferstreuscheibe, der Schmutz wird abgewaschen.

Welche Anlagen für welchen Wagen?

Die Licht-Wischer von Bosch gibt's für viele Fahrzeuge zum nachträglichen Einbau. Fragen Sie beim Bosch-Dienst. Die Anlagen lassen sich selbst einbauen, Einbauanleitung und Schaltplan liegen bei. Die Preise sind unterschiedlich, für den Audi 100 kostet die Anlage z. B. ca. DM 270,–.
SWF-Anlagen gibt's u. a. für BMW 1602/1802/2002 und Touring, für den DAF 66 und den Saab. Die Preise entsprechen in etwa denen der Bosch-Anlagen.

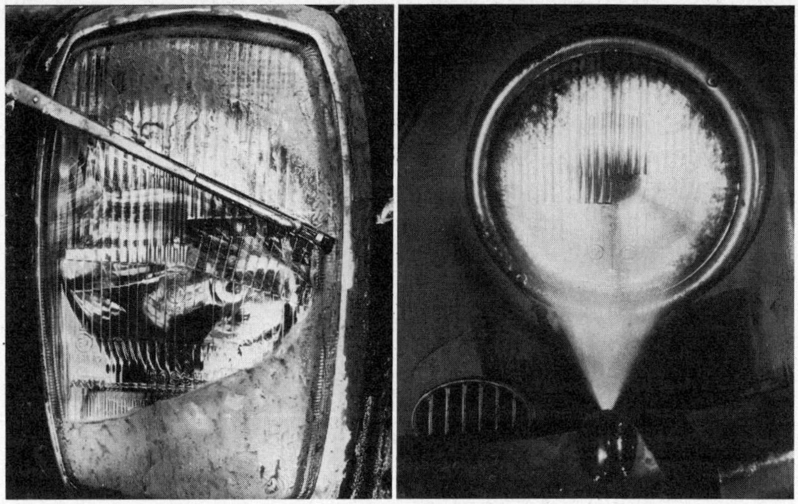

Bei Bosch-Lichtwischern (links) und SWF-Anlagen wird die Scheinwerfer-Streuscheibe zuerst mit Wasser eingesprüht, anschließend schalten sich automatisch die Scheibenwischermotoren ein, die die Wischerblätter antreiben. Die Hella-Licht-Wasch-Automatik (rechts) arbeitet nach dem Strahlwasserprinzip. Hier wird Wasser mit einem Druck von 3,5 atü auf die Scheinwerfer-Streuscheibe gespritzt, wodurch der Schmutz „abgesprengt“ wird. Die Wischeranlage entfällt.

Die Hella-Licht-Wasch-Automatik ist auf Wunsch ab Werk lieferbar für Audi 80, 100; Fiat 127, 131, Ritmo; Ford Fiesta, Capri, Transit; Mercedes-Benz Unimog; Porsche 911, 924, 928; VW alle Modelle einschließlich LT.

Die für den skandinavischen Markt vorgesehenen Modelle haben die Hella SRA (Scheinwerfer-Reinigungsanlagen) serienmäßig eingebaut.

Mit den Bosch- und SWF Lichtwischern müssen Sie nach dem Einbau leider zum TÜV, damit die Anlage in die Fahrzeugpapiere eingetragen wird, der Einbau ist nämlich ein Eingriff in eine lichttechnische Anlage. Eine Bescheinigung, mit der die TÜV-Abnahme anstandslos über die Bühne geht, erhalten Sie selbstverständlich von Bosch bzw. SWF. Die Hella Licht-Wasch-Automatik braucht keinen TÜV-Segen.

Bei anderen Wagen, für die es keine Scheinwerferreinigungsanlagen gibt, läßt sich gegebenenfalls vielleicht die Hella-Anlage einbauen. Sie müssen die Düsen dann kunstgerecht mit viel Mühe und Schweiß dorthin plazieren, wo sie bei den Wagen sitzen, für die es die Anlagen passend gibt. Düsen evtl. in gesonderte Stoßstangenhörner setzen, Winkel und Entfernung zum Scheinwerfer müssen genau stimmen. Ein Problem ist auch der Einbau des Wasserbehälters.

Hella rät vom entfremdeten Einbau ab, man will sich den guten Ruf nicht zerstören lassen. Aber es geht, ich habe es einmal an einem FIAT 128 gemacht. Ein zweites Mal nicht mehr!

Glück und Glas

Alle Glühlampen der Außenbeleuchtung müssen ein Prüfzeichen haben, und man darf in einen Scheinwerfer oder eine Leuchte nur die Glühlampen einsetzen, die dafür bestimmt sind, denn hiervon hängt ihre Wirksamkeit ab.
Durch verschiedene Sockel wird weitgehend vermieden, daß man Glühlampen unterschiedlicher Leistungsaufnahme in gleiche Fassungen einsetzen kann, doch gibt es einige wenige Ausnahmen, auf die wir noch zu sprechen kommen.

Glühlampen für asymmetrisches Licht

Zweifaden-Glühlampen für das sogenannte „europäische Abblendlicht" besitzen einen Tellersockel, der die Verwendung nur in den zugehörigen Scheinwerfer-Reflektoren zuläßt. Diese Glühlampen kann man also nicht unerlaubterweise in Reflektoren für symmetrisches Abblendlicht einsetzen. Sie haben eine Leistungsaufnahme von 45 Watt für das Fernlicht, von 40 Watt für das Abblendlicht. Während der Minusanschluß bei Zweifadenlampen für symmetrisches Abblendlicht durch den Metallsockel selbst gebildet wird und die Plusanschlüsse für die beiden Glühfäden durch Kontaktwarzen gebildet werden, auf die die Kontaktfedern der Fassung drücken, hat die Zweifadenlampe für asymmetrisches Abblendlicht drei Steckfahnen. Auf die Steckfahnen wird eine Steckdose mit drei Flachsteckern aufgesetzt, die die Stromzuführung übernehmen.

Verzwickte Anschlußfahnen

Hier ist nicht – wie man leicht annehmen könnte – die mittlere Fahne der Masseanschluß, sondern der Masseanschluß liegt – von hinten auf den Glühlampensockel gesehen – auf der linken Seite. Die obere mittlere Steckfahne ist der Anschluß für das Abblendlicht, die rechte Steckfahne der Anschluß für das Fernlicht. (Siehe auch Abbildung Seite 182 oben.)
Diese Anordnung muß man kennen, wenn man z. B. ausländische Fahrzeuge, die mit Abblendlicht „lichthupen", auf Fernlicht-Lichthupe umstellen will.
Die Umstellung an den Scheinwerfern selbst ist nämlich meist wesentlich einfacher, als die Umschaltung am Abblendschalter. Natürlich muß man in diesem Fall die alte Leitung an der Fernlichtkontrolle abklemmen und eine neue Leitung von einem Fernlichtanschluß am Scheinwerfer zur Fernlichtkontrolle führen. Trotz dieser neu zu verlegenden Leitung ist der Arbeitsaufwand vielfach erheblich geringer.

Schlechter oder fehlender Masseanschluß

Dadurch, daß die beiden Glühfäden ihren gemeinsamen Masseanschluß an einer Steckfahne haben und nicht am Sockel selbst, kann sich auch leichter der schon erwähnte Fehler ergeben, daß eine Zweifadenlampe weder bei Fern- noch bei Abblendlicht richtig arbeitet. Trifft das auf einen Scheinwerfer zu, dann ist stets die Massezuführung nicht in Ordnung!
(Der Reflektor braucht also keine Masseverbindung zu haben, wie das bei symmetrischem Abblendlicht erforderlich ist.)

Geschwärzte Glaskolben der Scheinwerferlampen haben Lichtverlust zur Folge. Rechts: Eine neue Scheinwerferlampe mit klarem Glaskolben. Mitte: Der Glaskolben ist schon stark geschwärzt, sicherheitsbewußte Autofahrer ersetzen solche Glühlampen durch eine neue. Links: Eine derartig geschwärzte Glühlampe ist selten, sie wurde bis zum Durchbrennen eines Glühfadens gefahren.

Lebensdauer der Scheinwerfer-Glühlampen

Nach den Normvorschriften sollen Glühlampen für asymmetrisches Abblendlicht eine mittlere Lebensdauer von 225 Stunden haben, wovon 150 Stunden auf den Abblendfaden, 75 Stunden auf den Fernlichtfaden entfallen sollen. Vergleicht man diese Lebensdauer mit den Haushaltglühlampen (Brenndauer ca. 1000 Stunden), oder den anderen am Kraftfahrzeug verwendeten Glühlampen, die wesentlich länger leben, so wird man vielleicht der Ansicht sein, das wäre von der Glühlampenindustrie so gewollt, um den Umsatz zu heben. Das trifft aber nicht zu, denn Betriebsspannung der Lampe, Lebensdauer und abgegebener „Lichtstrom" hängen voneinander ab.

Bei den meisten Wagen halten die Scheinwerfer-Glühlampen aber wesentlich länger als der Normvorschrift entspricht, was vielleicht für besondere Güte angesehen wird. In Wirklichkeit zeugt eine lange Lebensdauer der Scheinwerfer-Glühlampen nur davon, daß die elektrische Anlage des Wagens nicht mit der erforderlichen Sorgfalt gebaut wurde.

Hält ein Fernlicht-Glühfaden wesentlich länger als 75 Stunden, so kommt an den Glühlampen nicht die volle Spannung an. Zwar steigt die Lebensdauer der Glühlampen, doch der sogenannte „Lichtstrom" (also die Helligkeit) nimmt stark ab. Andererseits sinkt die Lebensdauer der Glühlampe, wenn sie mit höherer Spannung betrieben wird, doch der Lichtstrom steigt an. Um ein möglichst gutes Licht zu erhalten, sollte an den Glühlampen die volle Betriebsspannung ankommen, wozu man meistens zu Relaisschaltungen übergehen

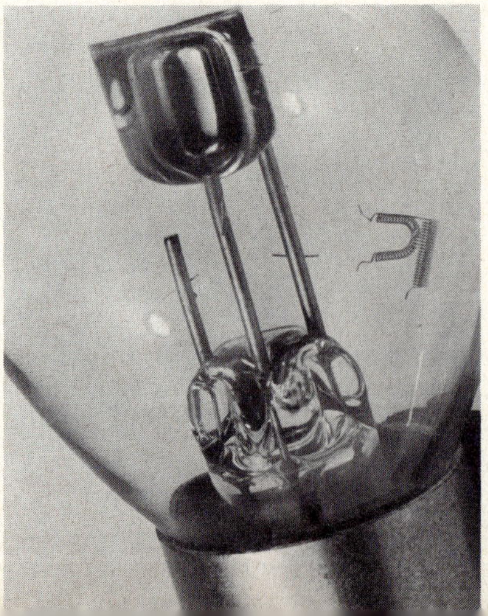

Solche Glühlampen-Schäden fallen unter Garantie. Links: Gebrochene Glühwendel, die auf sprödes Material des Glühfadens zurückzuführen sind. Rechts: Diese Glühlampe hat Luftzieher. Der Schaden ist erkennbar am bläulich-gelblichen Belag des Glaskolbens, die hellen Spuren im Glaskolben sind von abgefallenen Glühfäden verursacht, die im Glaskolben herumtanzen.

Herkömmliche Scheinwerferlampen haben leider keine absolut narrensichere Arretierung für den Lampensitz. Die Warze am Tellersockel muß unbedingt in die Nut am Reflektor eingreifen, damit die richtige Lichtverteilung bei Abblendlicht sichergestellt ist. Die obere Steckfahne der Lampe muß im eingebauten Zustand absolut waagerecht liegen.

muß. Lieber besseres Licht und kürzere Glühlampen-Lebensdauer als umgekehrt. Wie sich Lichtstrom, Spannung und Lebensdauer zueinander verhalten, zeigt die Tabelle:

Spannung	Lichtstrom	Lebensdauer
90%	76%	440%
95%	83%	210%
100%	100%	100%
105%	120%	50%
110%	145%	28%
120%	200%	6%

Die Norm-Lebensdauer bezieht sich übrigens nicht auf die sogenannte Nennspannung von 6 oder 12 Volt, sondern auf eine Prüfspannung von 6,6 V bzw. 13,2 Volt, (diese Spannung muß die Lichtmaschine während der Fahrt erreichen, um die Batterie zu laden).

Prüfzeichen bei asymmetrischem Abblendlicht

Da dieses sogenannte „europäische Abblendlicht" mittlerweile in elf europäischen Ländern genehmigt ist, darf man die in diesen Ländern gefertigten Glühlampen auch in deutschen Fahrzeugen fahren, sofern die Glühlampen ein entsprechendes Prüfzeichen haben, das aus einem Kreis besteht, der ein großes E mit einer dahinter stehenden Ziffer 1 bis 14 umschließt. Nicht zulässig sind Glühlampen höherer Leistungsaufnahme, die natürlich auch kein Prüfzeichen tragen.

Schäden an Scheinwerfer-Glühlampen

Normal verbrauchte Glühlampen (am stark geschwärzten Glaskolben erkennbar), infolge Überspannung durchgebrannte Glühlampen (6-V-Lampe an 12-V-Spannung) und zerbrochene Glaskolben sind natürlich Schäden, für die die Hersteller der Glühlampen nicht verantwortlich gemacht werden können. Daneben gibt es aber auch „Garantiefälle".

Bei der Herstellung von Glühlampen können natürlich Fertigungsfehler auftreten, so daß die Zweifadenlampe schon nach kurzer Betriebszeit ausfällt. Ein gelegentlich auftretender Fertigungsfehler ist der sogenannte „Luftzieher". Hierbei dringt Luft durch einen Haarriß (meist am Quetschfuß des Glaskolbens) in den Glaskolben ein, wobei die Glühfäden der Lampe verbrennen. Der sich durch das Verbrennen des Fadens ergebende Metalldampf

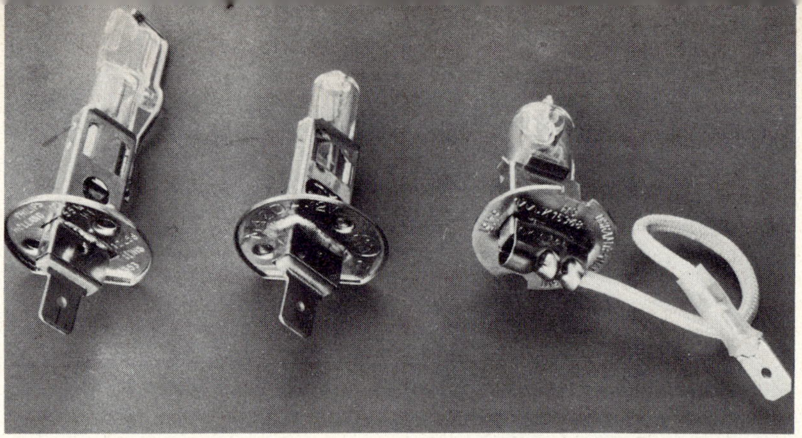

Links und Mitte zwei Halogenlampen vom Typ H 1. Die andersartige Form des Quarzkolbens spielt keine Rolle, die Sockel, auf die es ankommt, sind gleich. Rechts: Halogenlampe vom Typ H 3. Durch die andersartige Sockelgestaltung lassen sich Lampen von Typ H 1 und H 3 nicht gegeneinander austauschen.

schlägt sich dann am Glaskolben nieder, wodurch sich dieser bläulich oder gelblich-weiß verfärbt.

Hierbei handelt es sich einwandfrei um einen Garantiefall, und der Laden, der einem diese Glühlampe verkauft hat, tauscht dieselbe ohne weiteres um, da er sie von dem Hersteller ersetzt bekommt.

Zu den Garantiefällen gehören auch Glühlampen, bei denen sich Glühfäden an den Anschweißstellen der Fadenträger gelöst haben, denn das sind schlechte Schweißstellen. Auch wenn die Glühfäden schon nach kurzer Einbauzeit in der Nähe des Fadenträgers abbrechen, liegt ein Garantiefall vor, denn der Wolframdraht ist im Material zu spröde.

Grundsätzlich gelten diese Hinweise für alle Glühlampen, doch treten die Fehler meist an den hoch belasteten Zweifaden-Lampen der Schweinwerfer auf, seltener bei Einfaden-Lampen für Nebelscheinwerfer und kaum jemals an den übrigen niedrig belasteten Glühlampen.

Halogen-Zweifadenlampen

In Anordnung der Glühfäden und des Sockels entsprechen die Halogen-Zweifadenlampen (vielfach falsch als Halogen-Biluxbirnen bezeichnet) den herkömmlichen Scheinwerferlampen für asymmetrisches Abblendlicht. Den unterschiedlichen Innenaufbau haben wir schon im Scheinwerferkapitel dargestellt. Wie bei der herkömmlichen Scheinwerfer-Zweifadenlampe erfolgt der Leitungsanschluß an den Steckfahnen des Sockels durch eine Dreifach-Steckdose. Der Tellersockel der Halogen-Zweifadenlampe hat drei ausgeprägte Fixierlappen, die das verdrehte Einsetzen der H 4-Lampe in den Reflektor verhindern.

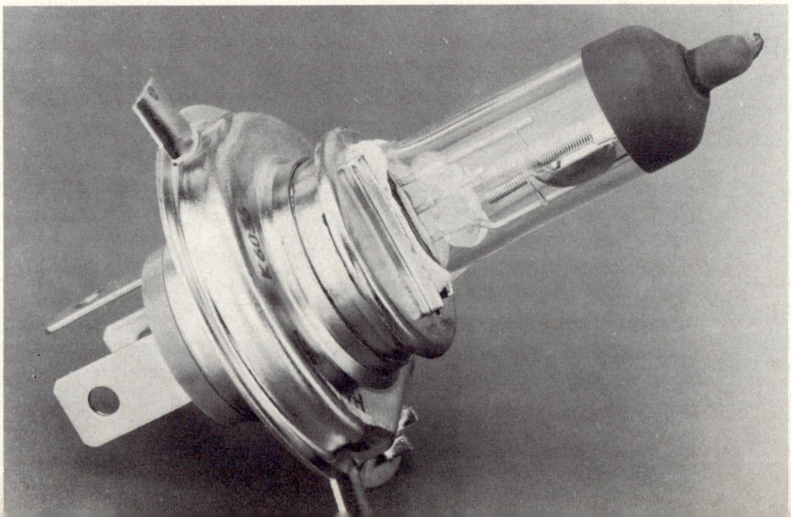

Im Aufbau entspricht die Halogenlampe H 4 den herkömmlichen Scheinwerfer-Zweifadenlampen. Der Quarzkolben ist allerdings dünner und der Tellersockel hat drei breite Fixierlappen, die eine falsche Montage sicher verhindern.

Halogen-Einfadenlampen

Die in den Fern- und Nebelscheinwerfern verwendeten Halogen-Einfadenlampen sind in ihrem Aufbau, ihrem Sockel und ihrer Leistungsaufnahme (55 Watt) ähnlich. Es gibt zwei verschiedene Ausführungen, die mit H 1 und H 3 bezeichnet werden. Da die Scheinwerfer nur für einen bestimmten Lampentyp ausgelegt sind, kann man die H 1-Lampe nicht gegen die H 3-Lampe bzw. umgekehrt auswechseln.

Zweifadenlampen für Schluß-Bremslicht oder Schluß-Blinklicht

Diese Glühlampen haben wieder zwei Glühfäden. Der mit der schwächeren Leistungsaufnahme von 5 Watt ist für das Schlußlicht bestimmt, der mit der höheren Leistungsaufnahme von 18 oder 21 Watt für das Brems- bzw. Blinklicht.

Da die beiden Glühfäden nicht vertauscht werden dürfen (das Schlußlicht darf nicht mit der höheren Leistung brennen, das Brems- bzw. Blinklicht nicht mit der geringeren) sind die Sockelstifte unterschiedlich angeordnet.

Die Sockelstifte sind nicht gegeneinander versetzt, sondern stehen sich genau gegenüber. Man kann die Lampen zwar jeweils um 180 Grad versetzt in die Fassung einschieben, doch nicht gegen die Federspannung der Kontakte in das Bajonett einrasten. Die Sockelstifte stehen nämlich auf verschiedener Höhe, so daß man die Glühlampe – wenn der Sockel nicht im Bajonett einrastet – um 180 Grad drehen muß.

Weitere Glühlampen für Außenleuchten

Die sonstigen Glühlampen (Einfadenlampen) für Schluß-, Brems-, Blink-, Kennzeichen- und Begrenzungslicht erfordern beim Einsetzen keine besondere Aufmerksamkeit, da ihre Sockel in beiden Stellungen eingesetzt werden können. Gleichgültig ob es sich um Kugel- oder Sofittenlampen handelt. Bei den Kugellampen muß man allerdings darauf achten, daß sie die richtige Leistungsaufnahme haben, denn Kugellampen für 5 Watt und 18 bzw. 21 W haben vielfach den gleichen Sockel.

Das Einsetzen der Glühlampen

Beim Einsetzen einer Glühlampe – vor allem der Scheinwerfer-Lampen – soll man den Glaskolben nicht mit den bloßen Fingern anfassen, denn die auf dem Glaskolben zurückbleibenden Schweißspuren verdampfen beim Einschalten der Lampen. Die meisten Scheinwerfer-Reflektoren sind zwar durch eine Quarzschicht geschützt, so daß sie dadurch nicht angegriffen werden, aber es kann sich ja zufällig um einen nicht quarzbedampften Reflektor handeln. Die kleine Vorsichtsmaßnahme, daß man die Glühlampe beim Einsetzen mit einem sauberen Taschentuch oder ähnlichem anfaßt, lohnt sich also tatsächlich doch.

Ärger mit Kleinlampen

Kugellampen

Glühlampen in den Außenleuchten machen oft viel Kummer. Alarmzeichen ist eine feuchtigkeitsbeschlagene Streuscheibe. Schon bei relativ jungen Autos ist der Lampensockel in der Fassung oft festgerostet oder -korrodiert.

Lassen sie sich nicht aus der Fassung ausrasten, muß man den Glaskolben abdrehen. Festhängenden Blechsockel der Lampe mit Zange und Schraubenzieher zusammenquetschen und so vorsichtig wie eben möglich heraushebeln. Mit feinem Schmirgel oder einer Messerklinge Korrosionsreste entfernen, wieder für metallischen Kontakt zwischen Fassung und Sockel der neuen Lampe sorgen. Anschließendes Einfetten ist ratsam. Obwohl normales Fett als Isolator wirkt, ergibt sich normalerweise doch ein ausreichender Kontakt, die Fettschicht drückt sich durch. (Notfalls mal etwas an der Lampe wackeln.) Richtiges Kontaktfett ist natürlich besser (gibt's z. B. in kleinen Döschen von Beru), vielleicht gibt Ihnen Ihre Werkstatt eine Messerspitze.

Hier haben wir die gebräuchlichsten Lampensockel abgebildet. Von links nach rechts: P45t – asymmetrische Zweifadenlampe, P43t – asymmetrische Zweifaden-Halogenlampe (H 4), P14,5s – Einfaden-Halogenlampe (H 1), BAY15d – Zweifaden-Kugellampe (für kombiniertes Schluß-/Bremslicht), BA15s – Einfaden-Kugellampe (z. B. für Blinker).

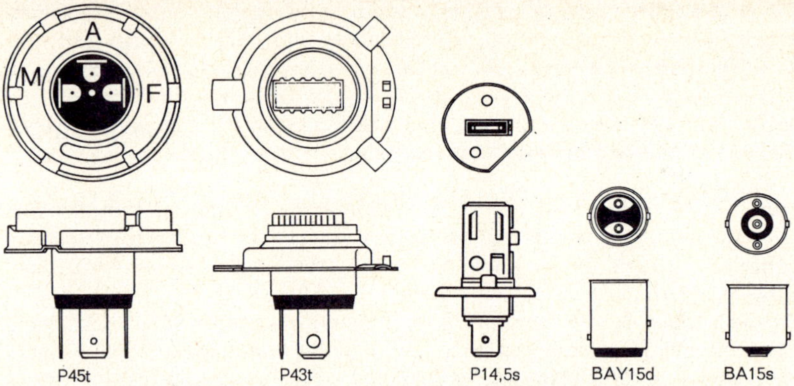

Sofittenlampen

Sie sind in Außenleuchten nicht mehr häufig, ihr Ausbau macht keine Schwierigkeiten. Der ringförmige, nur linienmäßige Kontakt zwischen den Federblechen und den Sockelkappen der Sofitte verhindert ein Festrosten. Was sich da bilden kann, wird beim Ausbau der Lampe leicht aufgerissen. Vorsicht beim Einsetzen der neuen Lampe, Kontaktbleche nicht mehr als unbedingt nötig aufspreizen.

Röhrenlampen

Kleinlampen in Instrumentenleuchten oder in anderen versenkten Fassungen rosten kaum fest. Dafür sind sie aber mit Daumen- und Fingerspitzen zum Ausbau meist nicht zu fassen. Da hilft ein Stück Bougierrohr (Isolierschlauch), der einen etwas kleineren Durchmesser hat als der Lampenkolben. Aufdrücken, Lampe nach links drehen und dann läßt sie sich schon mit dem Isolierschlauch einsetzen.

Vorbeugemaßnahmen

Bauen Sie doch in einer stillen Stunde einmal sämtliche Leuchten-Streuscheiben an Ihrem Wagen ab und nehmen alle Lampen heraus. Auch wenn Sie meinen, für die obigen Fehler sei er noch viel zu jung. Lampensockel gut abwischen, mit einem guten Kontaktspray, z. B. Liqui Multi oder Molykote 4× Siliconspray, einsprühen, anschließend auf richtigen Kontakt prüfen, ob die Lampen hell brennen. Gewinde der Streuscheiben-Befestigungsschrauben mit Metallkonservierer oder Sprühwachs behandeln. Liegen die Schraubenenden im Radkasten oder sonstwie frei und sind sie zugänglich, so sprüht oder schmiert man, nach dem die Umgebung vorher etwas gesäubert wurde, zweckmäßig etwas Unterbodenschutz drauf.

Das ist kein Puderzucker, es sind Korrosionssalze. Die Lampensockel sind unlösbar festgerostet. Das kann schon bei zwei- bis drei Jahre alten Wagen passieren. Kontrollieren Sie öfter die Deckgläser der Leuchten auf Feuchtigkeitsbeschlag.

Leuchtsignale

Da unterscheidet man zwischen „Richtungsblinken", wobei nur die Blinkleuchten einer Fahrzeugseite arbeiten, und „Warnblinken", wenn alle Blinkleuchten im gleichen Rhythmus aufleuchten.

Die Einkreis-Schaltung

Hierunter versteht man Blinkanlagen mit vier eigenen Blinkleuchten. Im Prinzip arbeiten alle Anlagen gleich; nach dem Betätigen des Blinkerschalters arbeiten die Blinkleuchten auf der betreffenden Wagenseite mit einer Blinkfrequenz von 90 $\pm$ 30 Impulsen pro Minute (oder sie sollen es wenigstens). Diese Blinkfrequenz (also höchstens 120 pro Minute, wenigstens 60 pro Minute) ist gesetzlich vorgeschrieben. Wird sie nicht eingehalten, so bekommt man Ärger mit der Polizei oder dem TÜV.
Nun arbeiten die Blinkleuchten nur dann mit der richtigen Frequenz, wenn der Blinkgeber in Ordnung ist, wenn er eine ausreichende Spannung erhält, wenn sich in der Zuleitung über den Blinkerschalter zu den Blinkleuchten kein Spannungsabfall durch schlechten Kontakt ergibt und beide Blinker-Glühlampen einer Fahrzeugseite arbeiten, also nicht defekt sind.

Die Blinkerkontrolle

Für Fahrzeuge, deren Blinker man nicht vom Fahrersitz aus überwachen kann, ist sie vorgeschrieben. Sie kann optisch oder akustisch sein. Wenn die Blinker-Kontrollampe durchgebrannt ist, so kann hieran kein Beamter Anstoß nehmen, sofern man den Blinkgeber auch bei laufendem Motor im Fahrgastraum vernehmlich ticken hört.
Die einwandfreie Funktion der Blinkleuchten kann man bei kaum einem Wagen vom Fahrersitz aus überwachen, so daß hierzu eine oder zwei Blinker-Kontrolleuchten eingesetzt werden.
Arbeiten die Blinkleuchten auf beiden Fahrzeugseiten im richtigen Rhythmus, so arbeitet auch die Kontrolle einwandfrei. Sobald auf einer Wagenseite eine oder gar beide Blinkleuchten ausfallen, arbeitet die Kontrolle stark abweichend. Je nach Schaltung der Kontrolle arbeitet sie entweder mit wesentlich höherer oder langsamerer Frequenz als üblich, oder überhaupt nicht.
Aus diesem Verhalten kann man die Fehler in der Blinkanlage teilweise schon erkennen. Weicht die Blinkfrequenz der Kontrolle auf einer Seite vom üblichen Rhythmus ab, so wird mit großer Sicherheit eine Glühlampe ausgefallen sein. Seltener wird es ein schlechter Kontakt am Blinkerschalter oder an der Glühlampe sein bzw. ein Fehler in der Zuleitung.
Ist die Frequenz der Blinkerkontrolle für beide Fahrzeugseiten anders als üblich, so kann es an abgesunkener Batteriespannung liegen; beim Gasgeben wird sich dann die richtige Frequenz der Kontrolle wieder einstellen. Sofern die Frequenz auch dann noch nicht normal wird, liegt der Fehler ziemlich sicher am Blinkgeber bzw. an der Stromzuführung vom Zündschloß

zum Blinkgeber oder an der Verbindung vom Blinkgeber zum Blinkerschalter. Bevor man den Blinkgeber verdächtigt, prüft man zuerst einmal die leicht zugängigen Anschlüsse der Leitungen zwischen Zündschloß, Blinkgeber und Blinkerschalter auf richtigen Sitz (Steckverbindungen abziehen und wieder aufstecken).

Die Zweikreis-Schaltung

Leider findet man auch heute noch Autos, bei denen die Bremsleuchten auch die Funktion der hinteren Blinkleuchten übernehmen müssen. Beim Bremsen arbeiten die Bremsleuchten wie gewohnt, werden die Blinker eingeschaltet, so arbeitet die Bremsleuchte auf der Seite, nach der geblinkt wird, als Blinkleuchte. Bei gleichzeitigem Bremsen und Blinken arbeitet die eine Bremsleuchte mit Dauerlicht, die andere auf der Seite, nach der abgebogen werden soll, als Blinkleuchte.
Dieses System stammt noch aus den Anfangszeiten der Blinkanlagen, als den serienmäßigen Bremsleuchten auch die Blinkaufgaben übertragen wurden. Bei ihm wurde eine zusätzliche Blinkleuchte am Wagenheck nicht erforderlich.

Hitzdraht-Blinkgeber

Mit Hitzdraht-Blinkgebern werden neue Autos heute nur noch verhältnismäßig selten ausgerüstet, doch finden sie sich noch bei vielen älteren und nicht ganz jungen Wagen. Die Blinkimpulse für die Blinkleuchten werden bei ihm durch einen Hitzdraht gesteuert, wobei der Blinkanker durch Magnetwirkung unterstützt wird.
Diese Hitzdraht-Blinkgeber arbeiten entweder mit Hellbeginn (die Blinkleuchten leuchten sofort nach Betätigen des Blinkerschalters auf und erst dann kommt eine Dunkelphase) oder mit Dunkelbeginn (zuerst kommt eine Dunkelphase von max. 1 Sekunde).
Dauert es bei Dunkelbeginn-Blinkgebern länger als 0,5 bis höchstens 1 Sekunde, ehe die Blinkleuchten aufflammen, so zeigt das einen Fehler im Bordnetz oder im Blinkgeber an. Meist ist die Bordnetzspannung zu niedrig (besonders im Motor-Leerlauf) oder die Anschlußstecker sind oxydiert. Beim Auswechseln eines defekten Blinkgebers muß man natürlich nicht das gleiche Fabrikat verwenden, doch müssen die Anschlüsse des neuen Blinkgebers den alten entsprechen. Die Anschlüsse der Blinkgeber sollen stets

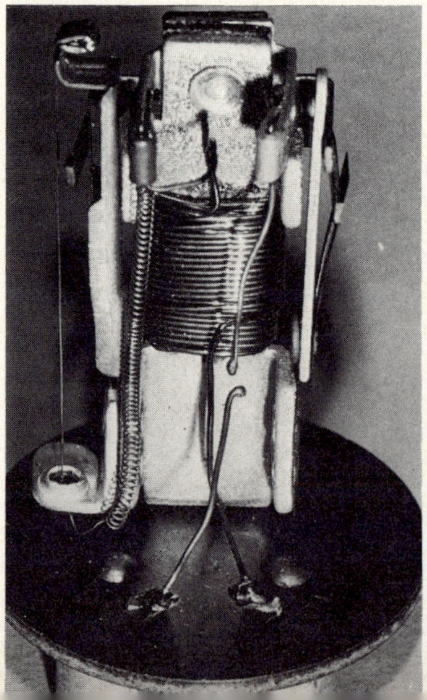

Links: Bei diesem Hitzdraht-Blinkgeber ist die Stromzuführung durch falschen Anschluß des Blinkgebers durchgebrannt. Beim Anschluß eines neuen Blinkgebers sollte man sich merken, welche Farbmarkierung der Leitungen zu welcher Klemmenbezeichnung des Blinkgebers gehört. Rechts: Auch die heute zumeist üblichen elektronischen Blinkgeber sind bei falschem Anschluß nicht kurzschlußfest!

Bei Blinkgebern mit der Angabe 2×18 W (bzw. 21 W) handelt es sich immer um Hitzdrahtblinkgeber. Die zusätzliche Angabe +2 W oder +3 W (rechts und Mitte) bezieht sich auf die Glühlampen der Blinkerkontrolle. Ein Blinkgeber (links) mit der Angabe 2 (4)×21 W (bzw. 18 W) ist immer ein elektronischer Blinkgeber. Blinkgeber mit gleicher Steckfahnenzahl dürfen nicht einfach gegeneinander ausgetauscht werden. Beim Blinkgeber-Ersatz entweder serienmäßigen Typ verwenden oder Blinkgeberlisten beim Händler durchsehen.

nach unten gerichtet sein, und Blinkgeber sollen nicht rauh behandelt werden, da sie stoßempfindlich sind.
Hitzdrahtblinkgeber dürfen nur mit der vorgeschriebenen Belastung an Glühlampen betrieben werden, da sonst der Blinkrhythmus gestört wird.

Erhöhen der Blinkfrequenz

Wenn die Blinkleuchten bei älteren Fahrzeugen mit „schlechter Elektrik" einen zu langsamen Rhythmus haben, so kann man diesen evtl. durch Austausch der Blinker-Glühlampen anheben. Sind die Blinkleuchten z. B. mit Glühlampen von 18 Watt bestückt, so kann man 15-Watt-Glühlampen einsetzen, wodurch der Blinkrhythmus schneller wird. Diese Methode ist aber nicht fein, denn die Ursache des zu langsamen Blinkens (Übergangswiderstände, gealterter Blinkgeber) werden dadurch nicht behoben sondern nur verschleiert.

Ersatz des Blinkgebers

Bei vielen Wagen läßt sich der ältere, serienmäßige Hitzdraht-Blinkgeber einfach abbauen oder aus seiner Halterung ziehen und durch einen elektronischen Blinkgeber ersetzen. Die elektronischen Blinkgeber sind etwa 2$^1/_2$× so teuer wie die Hitzdraht-Blinkgeber. (Etwa 10,– DM zu 25,– DM.) Zum Kauf dieser elektronischen Blinkgeber geht man nicht ins Kaufhaus! Sie gibt's von Bosch, Hella, SWF. Eine große Auswahl bietet die sogenannte „blaue Reihe" der elektronischen Blinkgeber von Hella, da findet man für jeden Wagen etwas Passendes.

Warnblinkanlagen

Beim Ersatz eines Hitzdraht-Blinkgebers durch einen elektronischen, läßt sich eine nicht mehr einwandfrei arbeitende Warnblinkanlage ohne große Kosten und viel Mühe gleichzeitig verbessern. Dazu wird ein passender Warnblinkschalter (ca. DM 10,–) benötigt, der die Blinkimpulse des elektronischen Blinkgebers auf alle 4 (bzw. 6 mit Anhänger) Blinkleuchten gibt.

Elektronische Blinkgeber

Hier steuert ein mit Transistoren bestückter Multivibrator über ein Relais die Kontaktgabe für die Blinkleuchten. Durch die Relais-Kontaktgabe zu den Blinkleuchten wirken sich Übergangswiderstände im Leitungszug zu den Blinkleuchten nicht auf die Blinkfrequenz aus. Auch die Zahl der angeschlossenen Blinkleuchten bzw. die Leistungsaufnahme der Blinklampen hat keinen Einfluß auf die Frequenz.
Die neueren Autos haben elektronische Blinkgeber serienmäßig.
Eine beliebige Änderung der Blinkleuchtenzahl (Solo- oder Anhängerbetrieb) ist nur deshalb nicht möglich, weil die Funktion der Blinkleuchten

Die Bosch-Kontrolleinheit für Anhängerbetrieb 0 335 410 001 mit eingebauter Anzeigeleuchte, ist in Verbindung mit einem dreipoligen Blinkgeber eine einfache Lösung. Sonst müßte für einen vierpoligen Anhänger-Blinkgeber ein neuer Steckanschluß und eine zusätzliche Kontrolleuchte installiert werden.

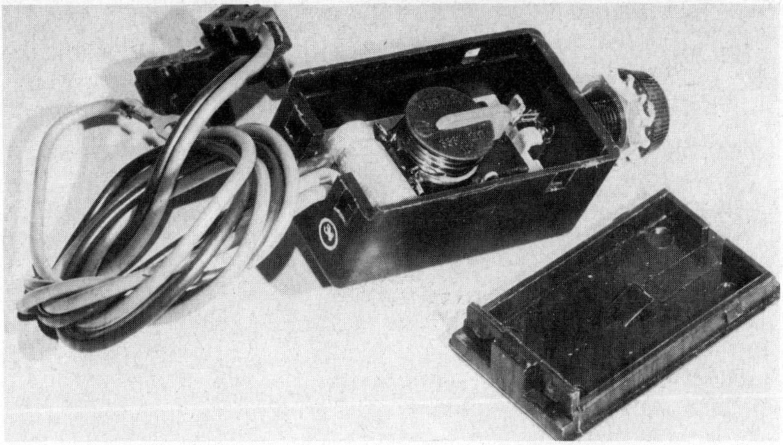

bzw. ein Ausfall sinnfällig angezeigt werden muß. Die Kontrollanschlüsse des elektronischen Blinkgebers müssen also auf die Betriebsart abgestimmt sein. Ein Blinkgeber für Anhängerbetrieb hat einen zusätzlichen Kontrollanschluß für die Anhänger-Blinkleuchten, im Solobetrieb arbeitet nur eine Kontrolle. Ein Blinkgeber für Solobetrieb läßt sich bei Anhängerbetrieb nicht ohne weiteres verwenden (siehe folgenden Absatz „Blinker am Anhänger").

Blinker am Anhänger

Wie schon gesagt, ist ein elektronischer Blinkgeber nicht starr an eine bestimmte Blinklampenzahl gebunden. Beim Richtungsblinken steuert er zwei Blinkleuchten, beim Warnblinken vier Blinkleuchten, also ist er auch in der Lage, die drei Blinkleuchten beim Anhängerbetrieb zu steuern. Da der Ausfall einer Blinkleuchte sinnfällig angezeigt werden muß, ergibt sich bei Anhängerbetrieb eine andere Schwierigkeit.

Die Kontrollampe arbeitet nur dann mit ungestörter Frequenz, wenn die vorgeschriebene Blinkleuchtenzahl angeschlossen ist. Bei Zugfahrzeug-Blinkgebern zwei Leuchten, bei Blinkgeber für Anhängerbetrieb drei Leuchten. Blinkgeber, die für Anhängerbetrieb bestimmt sind, haben zwei Kontrollmöglichkeiten – eine für Solobetrieb, eine für Anhängerbetrieb.

Blinkgeber-austausch

Soll die Blinkanlage eines Wagens auf Anhängerbetrieb erweitert werden, so kann man den Soloblinkgeber durch einen Anhängerblinkgeber ersetzen. Dazu gehört dann auch der Einbau einer gesonderten Kontrolleuchte. Leider läßt sich der Soloblinkgeber nicht ohne weiteres gegen einen Anhängerblinkgeber austauschen, da letzterer eine zusätzliche Steckfahne hat. Er paßt also nicht ohne weiteres in die Steckfassung des Soloblinkgebers.

Einfachere Lösung

Mit der Bosch-Blink-Kontrolleinheit 0 335 410 001 (ca. DM 20,–) tut man sich leichter. An der eigentlichen Blinkerschaltung wird nichts verändert. Lediglich die Leitung von der Klemme 49a des Blinkgebers zum Blinkerschalter wird aufgetrennt und an die Kontrolleinheit gelegt. Die Kontrolleinheit erhält die Stromzuführung vom Bordnetz. Bei Solobetrieb erfolgt die Überwachung der Blinkleuchten durch die serienmäßige Blinkerkontrolle, im Anhängerbetrieb durch die Kontrolleuchte der Kontrolleinheit.

Mit zwei Kontrollrelais R 500 324 der Firma SWF läßt sich der Blinkgeber-Austausch ebenfalls umgehen, doch sind hier mehr Leitungsarbeiten erforderlich.

Schallzeichen

Wie hätten Sie's denn gerne? Wau wau, Klingeling, Muuh muuh, Miau miau, den River-Kwai-Marsch oder welch andere Töne sollen die Hörner und Fanfaren Ihres Wagens von sich geben? Bleiben Sie hübsch bescheiden, denn die Palette der zulässigen Lärmerzeuger ist beschränkt. Hierzu heißt es in der Straßenverkehrs-Zulassungs-Ordnung:

Die Vorschriften

§ 55 Einrichtungen für Schallzeichen

„(1) Kraftfahrzeuge müssen eine Vorrichtung für Schallzeichen haben, deren Klang gefährdete Verkehrsteilnehmer auf das Herannahen eines Kraftfahrzeuges aufmerksam macht, ohne sie zu erschrecken und andere mehr als unvermeidbar zu belästigen."

In weiteren Absätzen wird dann aufgeführt, daß nur Hupen und Hörner zulässig sind (Fanfaren fallen auch darunter), daß sie einen in der Tonhöhe gleichbleibenden Klang oder harmonischen Akkord erzeugen müssen und daß die Lautstärke nicht mehr als 104 DIN Phon betragen darf. Das Tatütata der Polizei oder Feuerwehr ist für normale Kraftfahrer nicht zulässig, ebensowenig die bekannten italienischen Fanfaren, die einen in der Höhe veränderlichen Zwitscherton oder ähnliches erzeugen.

Darüber, wieviele Hörner und Fanfaren man am Wagen anbringen darf, gibt es keine Vorschriften – es darf eben nur ein gleichbleibender Ton oder ein Akkord erzeugt werden und die zulässige Lautstärke nicht überschritten werden.

Manch einer sagt nun, wenn schon – denn schon.

Wenn ich schon Hörner oder Fanfaren an meinem Wagen haben muß, dann sollen sie so laut wie nur möglich zulässig sein, damit mich ein Lastzugfahrer auf der Autobahn auch dann noch hört, wenn er mein Lichthupen-Signal nicht bemerkt; also lasse ich mir eine Zweiklang-Fanfare einbauen.

Lautstärke nicht entscheidend

Da beginnt der Trugschluß, denn Fanfaren sind keineswegs lauter und besser zu vernehmen als Hörner, das Gegenteil ist der Fall. Während Hörner eine ausgeprägte Richtwirkung nach vorn haben und die Lautstärke rechts und

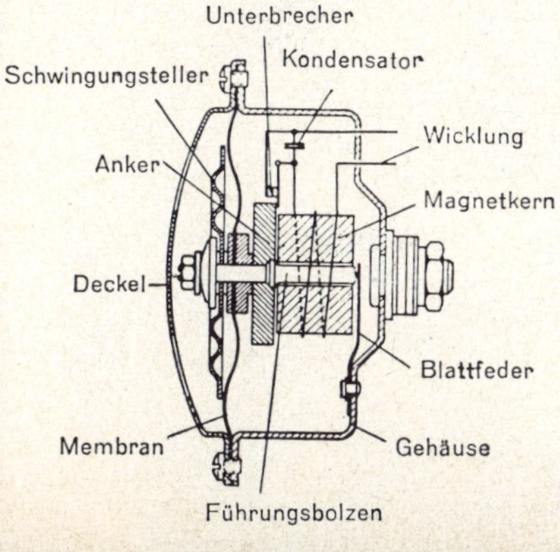

Schematischer Schnitt durch ein Horn älterer Fertigung. Bei neueren Hörner ist der Kondensator oft entfallen.

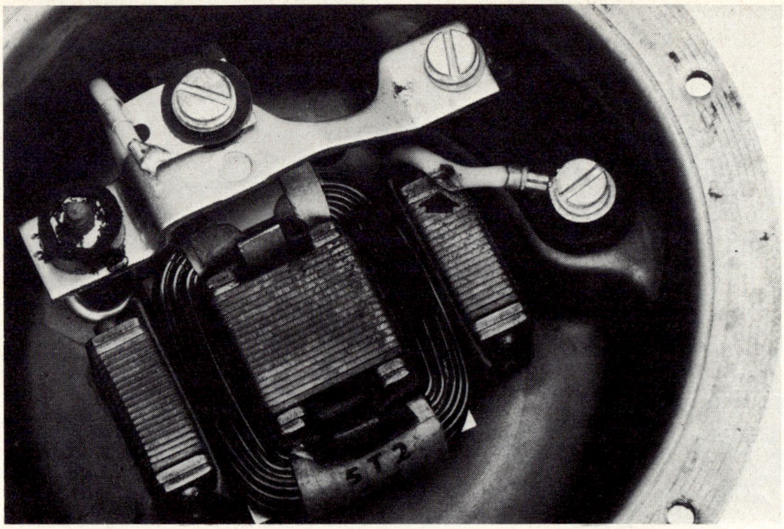

So sieht ein „neuzeitliches“ Horn von innen aus, wenn man Deckel und Membrane abgenommen hat. Der kurze Pfeil zeigt auf eine Quetschstelle des Kabels zur Wicklung. Hier hat der Anker die Isolation zerdrückt. Die eigentliche Kupferleitung blieb unbeschädigt. Folge falscher Montage! Aufgeschnittene Hörner mit Anker umd Membran zeigten die Bilder auf den Seiten 10 und 11.

links von einem begrenzten Keil relativ stark absinkt, strahlen Fanfaren in einem Halbkreis um die Wagenfront herum eine fast gleichmäßige Lautstärke ab, doch sinkt die Schalldruckenergie mit der Entfernung stark ab. Eine Fanfare, die 103 Phon abgibt, hört man erst in einer Entfernung von 17 Meter, während ein nur ebenso lautes Horn bereits bei 35 m erkannt wird.

Während die Aufschlaghörner einige im günstigen Hörbereich liegende Frequenzen mit hoher Lautstärke haben, haben bei der Fanfare nur einige gleich nach der Grundfrequenz folgende Oberwellen eine höhere Lautstärke; die im günstigen Hörbereich liegenden Oberwellen sind dagegen schwächer als der Grundton. Durch die vielen ausgeprägten Oberwellen hat die Fanfare aber den vollen wohlklingenden Ton, der im normalen Straßenverkehr angenehmer ist als der Ton des Aufschlaghorns. Fanfaren sind zwar angenehmer anzuhören, können sich aber gegen starke Störgeräusche nicht so gut durchsetzen wie Aufschlaghörner.

Das Horn

Der normale Schallerzeuger des Autos trägt auch noch die etwas gehobenere Bezeichnung „Aufschlaghorn“. Schließt man den Stromkreis des Horns durch Drücken des Signalrings oder der -taste, so wird die Wicklung eines Elektromagneten vom Strom durchflossen. Der Magnetkern zieht jetzt eine Ankerplatte an, die mit der Membran und dem Schwingungsteller verschraubt ist.

Der Pfeil zeigt auf die im Text erwähnte Einstellschraube, mit der der Hornton eingestellt werden kann.

Die angezogene Ankerplatte schlägt auf dem Magnetkern auf (daher „Aufschlaghorn"). Kurz vor dem Aufschlagen drückt sie auf den Isolierträger eines Unterbrechers, der im Stromkreis des Horns sitzt und der Strom wird unterbrochen. Die Wicklung des Elektromagneten wird stromlos und der Elektromagnet verliert seinen Magnetismus. Die Ankerplatte federt mitsamt Membran und Schwingungsteller zurück und die Unterbrecherkontakte können sich wieder schließen. Das Spiel wiederholt sich solange, wie der Druckknopf gedrückt bleibt. Die in Schwingung versetzte Membran und der Schwingungsteller erzeugen so den durchdringenden Ton.

Wie stellt man den Ton ein?

Wenn das Horn in der richtigen Lautstärke und dem richtigen Klang ertönen soll, so muß der Moment, in dem der Unterbrecher vom Anker geöffnet wird, sehr genau eingestellt sein. Bei einer starren Anordnung des Unterbrechersatzes kann man das nicht erreichen; die Hörner sind deshalb von außen einstellbar.
Durch eine Schraubenfeder wird der ganze Kontaktsatz in Richtung des Ankers gedrückt, durch eine Einstellschraube kann der Kontaktsatz vom Anker abgezogen werden. Diese Einstellschraube ist auf der Rückseite des Horngehäuses zu finden.
Dreht man die Einstellschraube nach rechts, so wird der Träger, an dem die Unterbrecherkontakte sitzen, gegen eine Feder angezogen. Schließlich kommt der Punkt, an dem der vom Magnetkern angezogene Anker die Unterbrecherkontakte nicht mehr trennen kann. Beim Schließen des Stromkreises zum Horn ertönt nur noch ein einmaliges kurzes Knacken aus dem Horn, das heißt, die Wicklung des Horns wird vom Strom durchflossen und der Magnetkern zieht den Anker an, dieser kann sich aber nicht mehr vom Magnetkern lösen, da der Anker die Kontakte nicht öffnet. Die Wicklung wird jetzt solange vom Strom durchflossen, wie der Stromkreis geschlossen ist – also solange der Horndruckknopf betätigt wird oder die Leitungen direkt an den Batteriepolen angeschlossen sind.
Dreht man bei geschlossenem Stromkreis in dieser Stellung die Einstellschraube jetzt langsam nach links, so wird schließlich ein Hornton einsetzen und zunehmend kräftiger werden. Um die genaue Einstellung zu treffen, wann das Horn am lautesten ist, muß man den Schraubenzieher immer kurz wegnehmen, denn das Horn muß frei schwingen können. Durch vorsichtige Einstellung findet man bald den Punkt der größten Lautstärke.
Zur richtigen Toneinstellung muß das Horn mit seiner zugehörigen Blattfeder am Rahmen festgeschraubt sein.

Fanfaren

Bei den Fanfaren unterscheidet man zwischen den Elektrofanfaren und den Druckluftfanfaren. Bei den Elektrofanfaren ist das Antriebssystem für die Membrane direkt eingebaut, der Druckluftfanfare wird Druckluft zugeführt, die bei Pkw von einem elektrisch betriebenen Kompressor geliefert wird.

Elektrofanfaren

In ihrem mechanischen Aufbau entsprechen diese Fanfaren weitgehend den Aufschlaghörnern. Der an der Membran befestigte Anker schlägt jedoch nicht auf den Magnetkern auf, sondern die Membrangruppe schwingt nur vor dem Magnetkern hin und her. Bei der Fanfare fällt auch der an der Membrane sitzende Schwingteller fort, denn dadurch, daß der Anker nicht auf den Magnetkern aufschlägt, kann er nicht zu eigenen Schwingungen angeregt werden. Die Tonhöhe und die Klangfarbe der Fanfare sind von Form, Länge und Werkstoff des Trichters und der Membrane abhängig. Bei Elektrofanfaren ist der

Links: Oberteil einer Fanfare. Sie entspricht in ihrem Innenaufbau einem Horn. Rechts: Das Mittelteil mit daran befestigter Membran M.

Trichter meist schneckenförmig aufgewickelt, so daß man die räumliche Ausdehnung klein halten und die Fanfare überall anbauen kann.

Druckluftfanfaren

Bei diesen Anlagen wird durch eine elektrisch angetriebene Pumpe Druckluft erzeugt, die dann den Fanfaren zugeführt wird und dort eine dünne Blechmembran von etwa 0,1 mm Stärke in Schwingungen versetzt.
Der Drucklufterzeuger ist meist eine sogenannte Drehflügelpumpe, die von einem starken Scheibenwischermotor angetrieben wird.
Meist werden zwei oder drei Fanfaren von einem Kompressor versorgt, so daß sich ein in der Tonhöhe gleichbleibender Klang ergibt. Sofern die Lautstärke derartiger Druckluftfanfaren die zulässigen 104 Phon nicht überschreitet, sind sie auch bei uns zulässig.

Was soll man nehmen?

Die „Einrichtungen für Schallzeichen“ haben verschiedene Aufgaben. Im Stadtverkehr will man Fußgänger damit warnen, im Überlandverkehr möchte man sich dem Fahrer eines Lastzuges verständlich machen.
Straßengeräusche sind nicht so laut, daß Fußgänger das Horn oder die Fanfare nicht vernehmen. Die Eigengeräusche im Fahrerhaus eines Lastwagens dagegen schon recht hoch, sie müssen zuerst übertönt werden, bevor der Fahrer das Signal eines anderen Fahrzeugs vernimmt. Besonders die Oberwellenfrequenz eines Starktonhorns von etwa 2500 Hz ist gut in der Lage, die Störgeräusche im Fahrerhaus zu durchdringen, so daß der Fahrer das Horn vernimmt. Die Lautstärke einer Fanfare reicht hierzu nur selten aus.
Ob die Hörner und Fanfaren innerhalb des Motorraums oder außerhalb an

Bei einer Druckluftfanfare wird die dünne Membran M eines Schalltrichters durch Druckluft zu Schwingungen angeregt.

Links: Unterteil einer Fanfare mit Schneckengang. Die Kammern X dienen nur der Gewichtserleichterung. Rechts: Das Mittelteil der Fanfare mit dem Schneckengang. Die Kammern X dienen wiederum nur der Gewichtserleichterung. Bei A ist der Luftaustritt für die von der Membran erzeugten Luftschwingungen.

der Stoßstange angebaut werden, richtet sich einmal nach dem persönlichen Geschmack, zum anderen nach ihrer Lautstärke.
Die serienmäßigen Hörner sind immer innerhalb des Blechkleides untergebracht. Von der zulässigen Lautstärke her gesehen, besteht kein Grund, denn diese wird auch dann nicht überschritten, wenn die Hörner ihren Schall ungehindert nach vorn abstrahlen können, aber außenliegende Hörner sind nur zusätzliche Schmutzfänger.
Elektrofanfaren gibt's für Außen- oder Innenanbau. Durch Außenanbau gewinnt man zwar etwas an Lautstärke, aber sie reicht bei schneller Autobahnfahrt doch nicht dazu aus, den Fahrer eines anderen Wagens zu warnen oder aufzuwecken.
Für den Überlandbetrieb benötigt man schon eine wesentlich höhere „Lärm"-Leistung, und hierzu braucht man entweder die von einem Kompressor gespeisten Luftdruckfanfaren oder Starktonhörner. Durch ihre voluminöse Bauart ist man bei Kompressorfanfaren meist gezwungen, sie im Motorraum unterzubringen, wodurch dann gleichzeitig die Lautstärke so stark gedämpft wird, daß die zulässigen 104 Phon kaum je überschritten werden.
Anders ist die Sache bei Starktonhörnern. Deren Lautstärke ist so hoch – mindestens 110 Phon – daß sie außen nicht mehr angebaut werden dürfen. Ordnet man sie innerhalb des Motorraums an, so werden sie soweit gedämpft, daß sie so gerade an der zulässigen Lautstärkegrenze liegen.
Um eine möglichst günstige Schallabstrahlung zu erreichen, sollen die Schalltrichter der Hörner und Fanfaren in Fahrtrichtung zeigen und nicht zur Fahrbahn geneigt sein.

Der elektrische Anschluß

Damit Hörner und Fanfaren größerer Stromaufnahme nicht „unterernährt" werden, schaltet man sie zweckmäßig über ein Relais. Die Plus-Stromzuführung nimmt man bei Fahrzeugen mit der Batterie im Heck oder im Fahrgastraum über die erwähnte Hauptstromzuführung des besonderen Plus-Kabels vor.

Gute Aussichten

Das Auto ist ein kleines Glashaus mit sichtbehindernden Scheiben. Auch hier ist die Elektrik unentbehrlich.
Scheibenwischer entfernen die äußere Nässe. Scheibenwascher verhindern Verschmierungen durch Straßenschmutz. Ventilatoren pusten den inneren Beschlag fort. Heizscheiben lassen die Vereisung schmelzen. Und elektrische Fensterheber ermöglichen die ungestörte, durch Seitenscheiben nicht mehr behinderte Sicht.

Der Scheibenwischer

Prinz Heinrich von Preußen mußte seinen Scheibenwischer noch von Hand betätigen, aber weil es zu dieser Zeit überhaupt noch keine Scheibenwischer gegeben hatte, erhielt er für seine Erfindung ein Patent.
Heute müssen die Scheibenwischer bei Fahrzeugen über 20 km/h selbsttätig wirken, und man findet nur noch den elektrischen Antrieb. Ein kleiner Elektromotor treibt dabei über ein Untersetzungsgetriebe ein außerhalb des Motors liegendes Umlenkgestänge an, das die Drehbewegung des Motors in die Hin- und Herbewegung der Wischerblätter umsetzt.

Lagerung pflegen

Wenn die Wischerblätter im Laufe der Zeit zu schwer und zu langsam gehen, so liegt das meist am Übertragungsgestänge und der Lagerung für die Achse der Wischerarme, die hin und wieder einmal gepflegt sein wollen.
Schwergängige Achsen für die Wischerarme verhindern aber nicht nur eine genügend schnelle Bewegung der Wischerblätter, sondern können auch den Scheibenwischermotor überlasten, dessen Wicklungen sich dadurch so aufheizen, daß sie verbrennen.
Die meisten Schäden treten also erst auf Umwegen am Motor auf. Der Wischermotor besteht in der Hauptsache wieder aus einem Anker, der sich in einem Magnetfeld dreht. Das Magnetfeld kann entweder durch einen Dauermagnet gebildet werden oder – wie bei der Lichtmaschine und dem Anlasser – von Polschuhen mit einer Erregerwicklung.

Automatische Endabstellung

Fast alle heute gebräuchlichen Scheibenwischer haben diese Einrichtung, bei der die Scheibenwischerblätter nach dem Ausschalten erst dann zur Ruhe kommen, wenn sie das Sichtfeld des Fahrers nicht mehr behindern, sondern den Rand der Windschutzscheibe erreicht haben. Hierbei ist es gleichgültig, in welcher Position der Scheibenwischerschalter auf „Aus" gelegt wird.
Daran ist nichts Geheimnisvolles. Scheibenwischermotoren mit Endabstellung besitzen einfach zwei Pluszuführungen und zwei Schalter. Der eine Pluszuführung läuft über den von Hand zu betätigenden Scheibenwischerschalter zum Wischermotor. Die andere Pluszuführung geht direkt zum Scheibenwischermotor, in den ein Schalter eingebaut ist, der in Abhängigkeit von der Stellung der aus dem Scheibenwischermotor herausführenden Antriebsachse

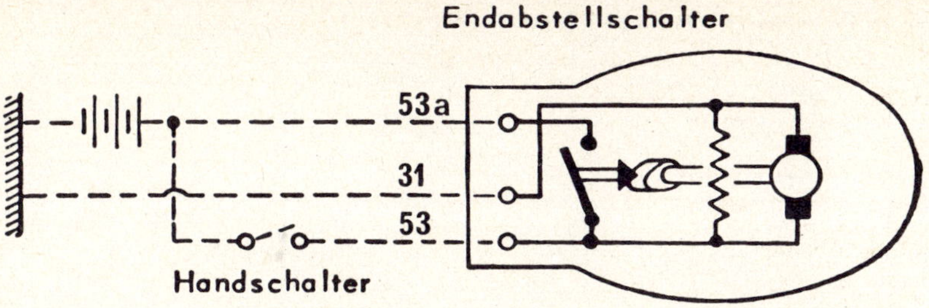

Schematische Darstellung der Endabstellung. Bei heutigen Motoren ist es kein einfacher Nockenschalter mehr, sondern mehrere Schaltfahnen liegen auf Steuersegmenten auf, die am Schneckenrad angebracht sind. Siehe unteres Bild. Dann wird nicht nur die Pluszuführung unterbrochen, sondern auch die Bremsschaltung betätigt, die die „Parkstellung" der Wischerblätter bewirkt.

betätigt wird. Hat die Antriebsachse die Stellung, die der Ruhestellung der Scheibenwischerblätter entspricht, so schaltet der im Wischermotor eingebaute Schalter diese direkte Pluszuführung ab.
Solange der Scheibenwischermotor arbeitet, wird dieser Schalter laufend geöffnet und geschlossen.
Befinden sich die Scheibenwischerblätter noch nicht in Endstellung, so ist der Schalter im Wischermotor geschlossen und dem Motor wird unabhängig vom Scheibenwischerschalter „Plus" zugeführt.
Natürlich beeinflußt diese doppelte Stromzuführung die Arbeitsweise nicht, denn es ist nicht so wie beim Bierhahn, daß aus zwei Zapfleitungen die doppelte Biermenge ausströmt.
Wenn die Scheibenwischerblätter in die Parkstellung kommen, öffnet sich der Endabschalter. Solange der Scheibenwischerschalter eingeschaltet ist, wird die Arbeit des Scheibenwischermotors durch den Endabschalter aber nicht beeinflußt.

Die Bremseinrichtung

Nun hat der Anker des Scheibenwischermotors einen gewissen Schwung und auch die Reibung der Scheibenwischerblätter auf trockener oder noch feuchter Windschutzscheibe ist unterschiedlich, so daß die Scheibenwischerblätter mehr oder weniger über die Endabstellung hinauslaufen können.
Um den Punkt der Endabstellung genau zu treffen, werden die Scheibenwischermotoren mit einer Bremse ausgerüstet, die den Anker in dem Augenblick, in dem der Endabstellschalter geöffnet wird, abbremst. Früher verwendete man mechanische Bremsen, während man heute die Kurzschlußbremse wählt. Wenn der Anker sich durch Schwung dreht, wirkt der Motor als Dynamo – er kann Strom abgeben. Werden die Plus- und Minusklemmen miteinander verbunden – also kurzgeschlossen – so wird die durch die Ankerdrehung erzeugte elektrische Energie aufgezehrt und der Motor bleibt sofort stehen.

Die Tücke der Endabstellung

Scheibenwischer ohne automatische Endabstellung sind ja mehr als antiquiert, aber im Winter kann die automatische Endabstellung gelegentlich ihre Tücken haben.
Wenn die Scheibenwischerblätter am Rand der Windschutzscheibe festgefroren sind, kann die automatische Endabstellung zu einem verbrannten

Rechts: Heutige Scheibenwischeranlagen haben durchweg einen sogenannten Rundläufermotor. Der Anker des Wischermotors treibt dabei durch eine Schnecke ein Schneckenrad. Links: Auf der Achse des Schneckenrads sitzt eine rundlaufende (nicht hin- und hergehende) Kurbel, die das Wischergestänge antreibt.

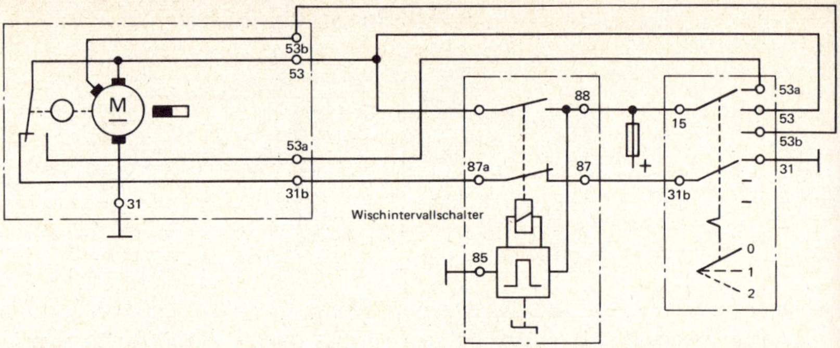

Moderne Scheibenwischermotoren mit zwei Wischgeschwindigkeiten haben eine aufwendigere Schaltung als im vorhergehenden Bild. Hier die Schaltung eines Wischermotors, der in der ersten Stufe im Intervallbetrieb arbeitet. (Ähnlich der Schaltung im FIAT 128.) In der zweiten Stufe arbeitet der Motor mit einer etwas schnelleren Geschwindigkeit. Diese schnellere Geschwindigkeit wird durch eine dritte Kohlebürste erreicht.

Wischermotor führen. Schaltet man jetzt den Scheibenwischer – z. B. bei einsetzendem Schneefall – ein, so läuft der Scheibenwischermotor zwar an, kann die Wischerblätter aber nicht in Bewegung setzen. Wenn man den Wischermotor jetzt wieder ausschaltet, steht er aber immer noch unter Strom, denn durch das kurzzeitige Anlaufen hat sich der Endabstellschalter im Scheibenwischermotor geschlossen und gibt seinerseits die Stromzuführung frei. Die festgefrorenen Wischerblätter halten den unter Strom stehenden Wischermotor fest, die Wicklungen verbrennen. (Das kurzzeitige Anlaufen des Wischermotors ergibt sich durch das Spiel im Übertragungsgestänge zu den Wischerblättern.)

Wischerblätter sofort lösen

Wenn sich die Wischerblätter nach dem Einschalten des Scheibenwischers nicht in Bewegung setzen, so genügt es nicht, wenn man den Wischerschalter wieder ausschaltet. Man muß auf dem schnellsten Weg rechts herausfahren und die Wischerblätter lösen. Sie machen dann eine Hin- und Herbewegung und anschließend wird der Scheibenwischermotor durch den Endabstellschalter wieder ausgeschaltet. (Machen die Wischerblätter keine Hin- und Herbewegung, so hat das Spiel im Gestänge noch nicht dazu ausgereicht, den Motor soweit anlaufen zu lassen, daß sich der Endabstellschalter schließt. In diesem Fall passiert nichts.)
Laufen Sie bitte nicht ins Haus um Defrosterspray zu holen und damit die eingefrorenen Wischerblätter zu lösen. Lieber die Wischgummis zerreißen, als einen neuen Wischermotor zu bezahlen! (Sie können sich nicht darauf verlassen, daß Sie solch ein Glück haben wie ich. Bei mir reichten zwei Minuten zum Holen des Defrostersprays gerade dazu aus, daß es stark „nach Elektrik roch", aber danach lief der teilweise verschmorte Wischermotor mit doppelter Wischgeschwindigkeit noch über zwei Jahre!)

Plusanschluß vor oder hinter dem Zündschloß?

Wird die Pluszuführung zum Scheibenwischermotor hinter dem Zündschloß abgegriffen, so daß er erst bei eingeschalteter Zündung Strom erhalten kann, so kann nach dem Ausschalten der Zündung nichts passieren. Zudem hat der Anschluß hinter dem Zündschloß den Vorteil, daß man die Wischerblätter durch Ausschalten der Zündung mitten auf der Windschutzscheibe anhalten und im Winter eine Zeitung oder eine Pappe dahinter klemmen kann, die die Windschutzscheibe vor Vereisen schützt.
Der Anschluß hinter dem Zündschloß hat aber einen anderen Nachteil: Schaltet man bei laufendem Scheibenwischer die Zündung aus und stehen diese fast in der Endstellung, so kann man im Winter übersehen, daß der Scheibenwischer bei festgefrorenen Wischerblättern unter Strom steht, und der obige Schaden kann sich trotzdem ergeben. Im Normalfall schaltet man

also immer zuerst den Scheibenwischer ab, so daß der Wischermotor garantiert in die Endstellung läuft und schaltet erst danach die Zündung aus.

Zweistufige Scheibenwischer

Während vor ein paar Jahren die Scheibenwischer mit nur einer Wischgeschwindigkeit noch die Regel waren, besitzen heute viele Wagen zweistufige Scheibenwischer. In der langsamen Stufe haben diese Scheibenwischer ein höheres Drehmoment, können also leichter gegen größere Widerstände auf der Windschutzscheibe ankämpfen, wie z. B. starke Schneeschichten wegräumen. In der schnellen Stufe ist das Drehmoment zwar geringer, doch während der Fahrt spielt das keine Rolle, da die laufend gewischte Windschutzscheibe keine größeren Widerstände zuläßt.
Haben die Scheibenwischer mit zwei Wischgeschwindigkeiten einen Dauermagnet als Erregerfeld, so hat der Anker drei Kohlebürsten als Stromzuführung. Bei der langsamen Wischgeschwindigkeit erhält er die Stromzuführung über die beiden gegenüberliegenden Kohlebürsten, bei der höheren Wischgeschwindigkeit erfolgt die Pluszuführung über die seitlich etwas versetzte Kohlebürste.
Wenn die magnetische Erregung des Wischermotors durch Feldwicklungen erfolgt, so hat er eine sogenannte Hauptschlußwicklung, durch die der gesamte Ankerstrom fließen muß, und eine oder zwei Nebenschlußwicklungen. Die Nebenschlußwicklungen liegen parallel zur Anker- und Hauptstromwicklung und verstärken das Drehmoment, setzen aber die Wischgeschwindigkeit herab.
In der langsamen Stufe sind alle Feldwicklungen eingeschaltet, in der schnellen Stufe wird entweder die einzige Nebenschlußwicklung ausgeschaltet oder (bei zwei Nebenschlußwicklungen) nur eine der beiden.

Umbau auf zwei Wischgeschwindigkeiten

Immer wieder wird die Frage gestellt, ob man einen einstufigen Scheibenwischermotor mit einer zweiten Wischgeschwindigkeit versehen kann. Dazu ist zuerst zu sagen, daß man auf keinen Fall eine höhere Geschwindigkeitsstufe erreichen kann. Wenn einem die erste Geschwindigkeitsstufe ausreichend erscheint und eine niedrige Geschwindigkeitsstufe vorgesehen werden soll, dann kann man für die niedrigere Stufe einen Widerstand vorsehen. Dieser Widerstand muß allerdings hoch belastbar sein und an einer Stelle befestigt werden, wo seine Wärmeentwicklung nicht stört. Wie die Größe dieses Widerstands ermittelt wird, ist im Kapitel „Von 6 auf 12 Volt“ beschrieben.
Außer diesem Widerstand benötigt man noch einen neuen Scheibenwischerschalter mit zusätzlichen Kontakten.
Da der Umbau ziemlich viel Arbeit macht, erreicht man das Ziel vielleicht leichter und besser mit einem sogenannten Intervallschalter.

Zu schnelle Wischgeschwindigkeit

Bei Nieselregen ist selbst die langsame Wischgeschwindigkeit in den meisten Fällen noch viel zu hoch, denn zwischen jeder Wischblattbewegung ist nur so wenig Wasser auf die Windschutzscheibe gelangt, daß die Wischerblätter mehr oder weniger auf der trockenen Scheibe arbeiten. Nicht nur die Windschutzscheibe wird dadurch verschmiert oder streifig, auch die Wischerblätter nutzen sich schnell ab, denn sie werden nicht durch Wasser „geschmiert“.
In diesen Fällen würde es vielfach durchaus genügen, wenn sich die Wischerblätter nur in größeren Zeitabständen über die Windschutzscheibe bewegen würden und dann wieder eine Pause einschalten. Natürlich kann man das auch durch kurzzeitiges Ein- und Ausschalten der Scheibenwischer erreichen, was aber sehr umständlich ist.

Bei feinem Nieselregen oder Nebel ist selbst die erste Wischgeschwindigkeit des Scheibenwischers noch zu schnell und die Wischerblätter rubbeln über die zu trockene Scheibe. Eine Intervallschaltung, die den Wischer in kurzen Zeitabständen nur für eine Wischbewegung einschaltet, hilft dem ab. Viele Fahrzeuge haben so etwas serienmäßig, aber auch der nachträgliche Einbau eines Intervallschalters ist nicht schwierig. Da die Wischermotoren in den einzelnen Automodellen unterschiedlich geschaltet sind, braucht man einen zuverlässigen Schaltplan zum Anschluß des Intervallschalters. Hier ein Prinzipschaltplan von Hella.

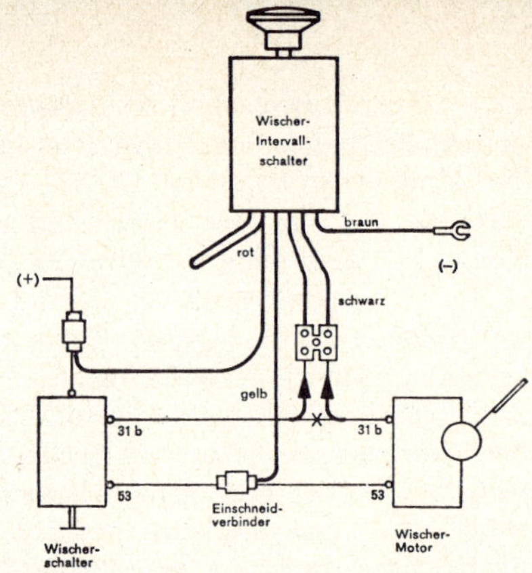

Die Intervallschaltung

Hier wird dem Scheibenwischermotor in kürzeren oder längeren Zeiträumen ein Stromimpuls zugeführt, der eine einmalige Hin- und Herbewegung der Wischerblätter bewirkt. Bei manchen Fahrzeugmodellen ist eine solche Wischerstufe serienmäßig vorgesehen, doch meist muß ein Intervallschalter nachträglich eingebaut werden.

Intervallschalter

Es sind elektronische Zeitschaltwerke, die in die aufgetrennten Leitungen zwischen Wischermotor und -schalter gelegt werden. Nach dem Einschalten des Intervallschalters lassen sich die Wischimpulse durch den Drehknopf eines Potentiometers etwa im Bereich von 2–20 Sekunden einstellen. Solche Intervallschalter gibt's u. a. von Bosch, Hella und SWF, sowie im Kaufhaus, im Zubehör- und Versandhandel (Preis etwa 25,– bis 30,– DM). Achten Sie beim Kauf bitte darauf, daß dem Gerät eine ausführliche Einbauanweisung beiliegt, in der auch ein Schaltplan für den von Ihnen gefahrenen Wagen aufgeführt ist.
Ein auf der Packung angegebener Hinweis „Für alle Fahrzeuge geeignet" reicht nicht aus. Wenn's nicht klappt, dann haben Sie Ärger mit dem Umtausch. Eine Anfrage beim Briefkastenonkel einer Autozeitschrift (z. B. an „mot – auto-journal") hilft Ihnen vielleicht weiter, aber die Antwort klappt nicht von heute auf morgen. Sehr gut sind die Einbauanleitungen und Schaltpläne der Intervallschalter von Hella und SWF. Hella liefert außer einem normalen Intervallschalter noch einen Wisch-Wasch-Intervallschalter, der außer dem Wischer-Intervall-Impuls noch den Trockenwischimpuls liefert, wenn die Waschanlage (Hand-, Fuß- oder Elektropumpe ist gleichgültig) eingeschaltet war (Preis ca. 38,– DM).

Die Scheibenwascher

Bei den vielen Scheibenwaschern wird das erforderliche Waschwasser noch durch eine Fuß- oder Handpumpe mit Gummiball auf die Windschutzscheibe gespritzt, wobei der Scheibenwischer gleichzeitig durch den Pumpenknopf eingeschaltet werden kann.
Diese Anlagen werden oft als unzulänglich empfunden, da man zum Wischen und Waschen mehrere Bewegungen ausführen muß, bzw. Hände oder Füße für längere Zeit beschäftigt sind, was in manchen Verkehrssituationen recht störend sein kann.

Die Wisch-Wasch-Automatik

Viel praktischer sind die elektrisch arbeitenden Wisch-Wasch-Kopplungen, die nach Betätigen eines Knopfes den ganzen Vorgang des Wischens und Waschens automatisch ablaufen lassen. Bei vielen Automodellen sind solche Anlagen heute schon serienmäßig oder wenigstens gegen Aufpreis erhältlich.

Haben Sie die Bestellung beim Wagenkauf versäumt, so erkundigen Sie sich einmal bei Ihrem Autohändler, ob es eine Nachrüstmöglichkeit gibt. So ist die Zentralelektrik des Audi 80 z. B. für das einfache Einstecken eines Wisch-Wasch-Gebers ausgelegt, wodurch der nachträgliche Einbau der Wisch-Wasch-Anlage keine große Schaltungsarbeit erfordert.

Nachträglicher Einbau

Bei Wagen, die nicht mit einer Wisch-Wasch-Anlage ausgerüstet sind, läßt sich eine solche auch nachträglich einbauen. Von Hella gibt's eine sogenannte Wisch-Wasch-Electronic, in der die ganzen Zubehörteile als Bausatz zusammengefaßt sind. Das Steuergerät mit Kabelsatz, ein 1,5- bzw. ein 3-Liter Wasserbehälter mit eingesetzter elektrischer Wascherpumpe, Betätigungsdruckknopf, Wasserschläuche und nicht zuletzt eine vorzügliche Einbaubeschreibung. Die 1,5-Liter-Anlagen werden mit einem Druckknopfschalter zur Fußbetätigung geliefert, die 3-Liter-Anlagen mit einem Druckknopfschalter für Handbetätigung (oder einen Lenkstock-Tastschalter).
Solange man den Druckknopfschalter betätigt, wird von der elektrischen Wasserpumpe Wasser auf die Windschutzscheibe gespritzt, die Wischerblätter laufen an. Nach dem Loslassen des Schalters laufen die Wischerblätter noch ca. 6 Sekunden und wischen die Scheibe wieder trocken.
Beide Anlagen gibt's um den gleichen Preis – knapp DM 70,– mit Mehrwertsteuer. 1,5-Liter-Anlage hat die Bestell-Nr. WA 27–1 MP 12 V, 3-Liter-Anlage die Bestell-Nr. WA 28–1 MP 12 V.
Natürlich ist die 3-Liter-Anlage empfehlenswerter, aber dazu braucht man den erforderlichen Einbauraum. Damit es sich leichter planen läßt:
Der 3-Liter-Behälter hat mit aufgesetzter Pumpe die Maße: Höhe 220 mm, Breite 330 mm, Tiefe 70 mm.
Der 1,5-Liter-Behälter hat eine Höhe von 245 mm, Breite 200 mm und Tiefe 50 mm.
Bei Platzmangel für den Behälter stellt man sich die Anlage selbst zusammen. Man benötigt einen passenden Behälter, eine elektrische Wasserpumpe, einen Wisch-Wasch-Geber (Hella 5 WB 001 866–03, DM 30,–), Schlauchleitungen und einen Druckknopf bzw. Tastschalter. Auch der schon erwähnte Wisch-Wasch-Intervallschalter ist hier geeignet. Als Pumpen kommen u. a. infrage: SWF-Zahnradpumpe (rund DM 30,–), SWF-Membranpumpe (rund DM 28,–), VDO-Zahnradpumpe (rund DM 30,–).
Je nach Platzverhältnissen läßt sich auch ein kleinerer oder größerer Wasserbehälter mit aufgebauter oder zugehöriger Pumpe einbauen. Bosch hat z. B. eine Anlage mit 4-Liter-Behälter, Pumpe und Zubehör. Bestell-Nr. 0 393 003 053 (12 Volt), Preis ca. 60,– DM. Von SWF gibt's verschiedene Behälter (rund und eckig) von 1,5–3,5 Liter mit aufgesetzter Pumpe, Preis rund DM 40,–.

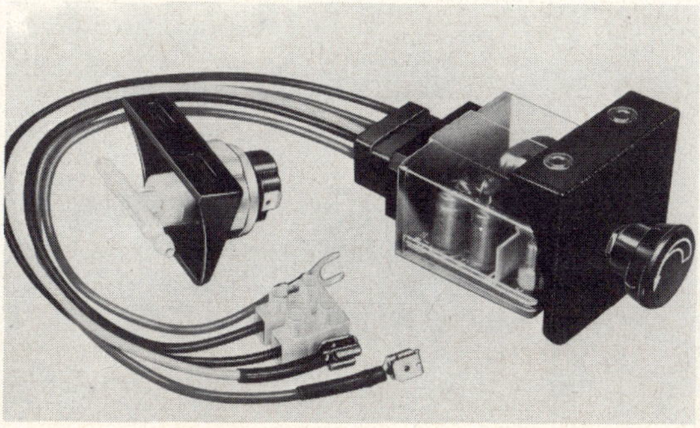

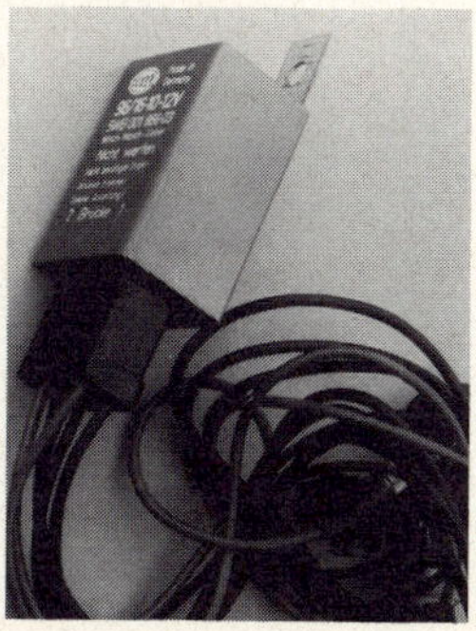

Links: Hat Ihr Wagen schon eine elektrische Wascherpumpe, so ist die Trockenwischautomatik von Hella empfehlenswert. (Hierzu wird der Wascherschlauch durchschnitten und auf die beiden Stutzen eines Membranschalters gedrückt.) Nach Beendigung des Waschens übernimmt die Anlage das Trockenwischen der Scheibe. Die Elektronik ist gleichzeitig einstellbarer Intervallschalter.
Rechts: Hella-Wisch-Wasch-Steuergerät. Hat man schon einen Intervallschalter und eine elektrische Wascherpumpe im Wagen, dann läßt sich die Anlage mit einem solchen Steuergerät auf Vollautomatik (Wisch-Wasch) umbauen.

Bei elektrischen Waschanlagen vor allem bei solchen mit Scheinwerferwaschanlage, verbraucht man naturgemäß viel Waschwasser. Große Wasserbehälter sind sehr zu empfehlen. Der Bosch-Behälter faßt 4 Liter, und damit kommt man dann „meilenweit". Billiger wird es bei einem Eigenbau mit einem Kanister für Haushaltspülmittel, aber diese haben keine Halterung. Selbstbau ist zeitraubend, Gummistrangbefestigung kaum empfehlenswert.

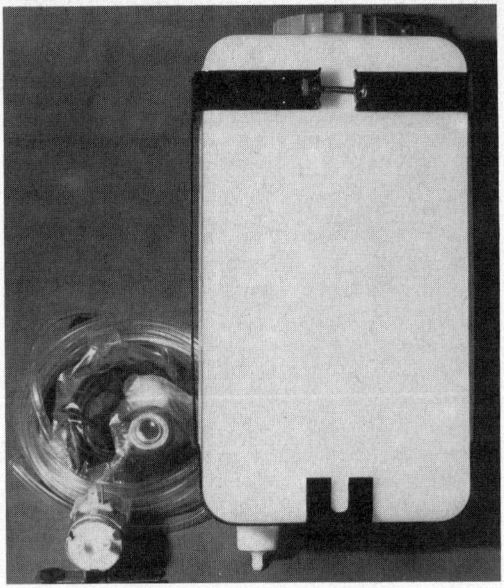

Kummer bei 6 Volt

Für 6 Volt-Anlagen gibt es keine fertigen käuflichen Wisch-Wasch-Anlagen. Eine einfache Selbstbaumöglichkeit bietet sich mit dem SWF-Verzögerungsschalter, der teilweise noch im Handel ist. (Produziert wird er nicht mehr.)
Außer dem Schalter benötigt man noch eine 6 Volt-Pumpe (auch von SWF erhältlich).

Der Verzögerungsschalter

Nach dem Einbau des Schalters im Instrumentenbrett ist nur ein einfacher Knopf sichtbar, wie er auch bei anderen Zugschaltern zu finden ist. Den Knopf kann man allerdings 20 mm weit herausziehen, wobei ein Federwerk gespannt wird.
Nach dem Loslassen des Zugknopfes läuft seine Zugstange unter der Federkraft zwei Sekunden zurück, wobei Wascherpumpe und Wischermotor gleichzeitig arbeiten.
Nach diesen 2 Sekunden gibt es einen kleinen Sprung und jetzt ist die Wasserpumpe ausgeschaltet und nur noch der Wischermotor in Tätigkeit. Er arbeitet, während die Zugstange durch die Feder weiter zurückgezogen wird, etwa zehn Sekunden lang, dabei entfernen die Wischerblätter die Nässe von der Windschutzscheibe.
Nach Ablauf des Verzögerungswerks wird die Kurzschlußbremse des Scheibenwischermotors eingeschaltet, so daß er in Parkstellung zur Ruhe kommt.

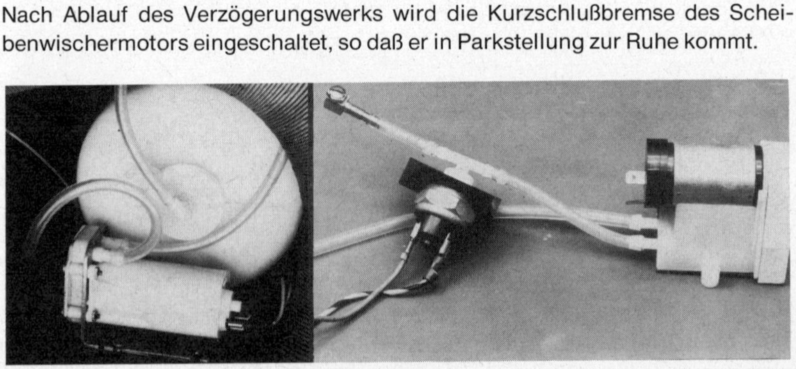

Elektrische Wascherpumpen werden u. a. von Bosch, VDO (links) und SWF (rechts, in Verbindung mit dem Hella-Membranschalter) geliefert, sind aber auch von anderen Firmen erhältlich. Schauen Sie sich auch in Kaufhäusern und im Versandhandel um!

Mit dem Einschalten der Zündung erhalten Wascherpumpe und Verzögerungsrelais die Pluszuführung, sie sind also an Klemme 15 des Zündschalters gelegt. (Da der Anschluß am Schalter selbst mit einigen Schwierigkeiten verbunden ist, kann man ihn auch an Klemme 15 der Zündspule legen; das ist praktischer.)
Die Masseklemme der Wascherpumpe und die Klemme 31 b des Verzögerungsrelais liegen am isolierten Anschluß des Lenkstockschalters. Von der Klemme M des Verzögerungsrelais wird bei zweistufigen Scheibenwischern eine Leitung zur Klemme 53 des Scheibenwischermotors oder des Scheibenwischerschalters gezogen.

Das Verzögerungsrelais

Zusätzlicher Lenkstockschalter für Wisch-Wasch

Die Schaltung von Scheibenwischer und -wascher durch Lenkstockschalter gehört bei vielen neueren Fahrzeugen zum guten Ton. Beim Rest und bei fast allen älteren Fahrzeugen läßt sich diese Sicherheitsbequemlichkeit durch etwas Bastelei nachträglich erreichen. Bei angehobenem Lenkstockschaltergriff arbeitet der Wischermotor. Bei gedrücktem Schaltergriff wird die Wascherpumpe bzw. der Hella-Wisch-Wasch-Geber eingeschaltet. Mit diesen Schaltungen hat man dann selbst beim billigsten Wagen den Wisch-Wasch-Komfort eines Spitzenautos.
Eine einfache Möglichkeit der Wischer- und Wascherbetätigung durch einen Lenkstockschalter bietet der SWF-Schalter LS 200227 (Preis rund DM 17,–), der sich mit dem serienmäßigen Spannband an Lenksäulendurchmesser von 40–75 mm anbauen läßt (gegebenenfalls muß man das Spannband verlängern). Dazu gehört eventuell ein Umschaltrelais. Preis DM 14,50.

Klemmenermittlung am Scheibenwischermotor

Nach deutscher Norm haben die Wischermotoren die Klemmenbezeichnungen 53, 53 a, 53 b und 31 b.
Klemme 53 a ist Dauerplus. Hier liegt Strom auch bei ausgeschaltetem Scheibenwischerschalter für die Endabstellung an. Klemme 53 ist die Pluszuführung für die erste Wischgeschwindigkeit. Hier erhält der Wischermotor auch die Pluszuführung für den Kurzzeitbetrieb vom Tippschalter oder einem Relais. Klemme 53 b bekommt die Pluszuführung in der zweiten Stufe der Wischgeschwindigkeit. Sie ist für den Kurzzeitbetrieb unwichtig. Liegt sie vom Wischerschalter aus an Spannung, so ist die Klemme 53 stromlos. Die Klemme 31 b ist der Masseanschluß für die Motorbremse. Hier liegt bei ausgeschaltetem Wischermotor Masse.

Anschluß eines Tippschalters für Kurzzeitbetrieb

Wischermotor mit zwei Anschlußklemmen

Hat der Wischermotor nur zwei Anschlußklemmen, so ist die Sache sehr einfach. Mit der Prüflampe tastet man die Klemmen ab. Eine Klemme (53 a) wird Dauerstrom für die Endabstellung führen. Die andere Klemme wird nur bei eingeschaltetem Scheibenwischer unter Strom stehen. Diese Klemme wird mit der Klemme R des SWF-Lenkstockschalters verbunden. Die Klemme + des Lenkstockschalters erhält einen Plusanschluß, an der Klemme L wird die Plusleitung zur Wascherpumpe angeschlossen. Bei angehobenem Lenkstockschalter erhält der Wischermotor Strom, bei gedrücktem Schalter der Waschermotor.
Hat der Wischermotor drei oder mehr Anschlüsse, so wird's komplizierter.

Zwei Möglichkeiten bei drei Klemmen

1) Eine Klemme führt Dauerplus (53a). Die zweite Klemme erhält in der langsamen Stufe Strom (53), die dritte in der schnellen Stufe (53b). Die Klemme für die langsame Wischgeschwindigkeit wird wieder an die Klemme R des Lenkstockschalters gelegt.

Alle beschriebenen Wisch-Wasch-Anlagen sind leider nur für 12 Volt lieferbar. Bei 6-V-Fahrzeugen mit den Wischermotoren vom Typ SWD und SWDV läßt sich ein Hella-Verzögerungsrelais einbauen, wie es bei älteren 6-Volt-BMWs serienmäßig war. (In BMW- und Hella-Vertretungen erfragen, Hella-Bestellnr. 5WB 001 835-001, Preis ca. 20,– DM.) Es bedeuten: WS = Wischerschalter, WM = Wischermotor, VR = Verzögerungsrelais, P = Wascherpumpe, LS = Lenkstockschalter, der beim Einschalten der Anlage kurzzeitig die Masseverbindung für das Verzögerungsrelais und die Pumpe herstellt. Die Leitungen für den Intervallschalter sind gestrichelt dargestellt.

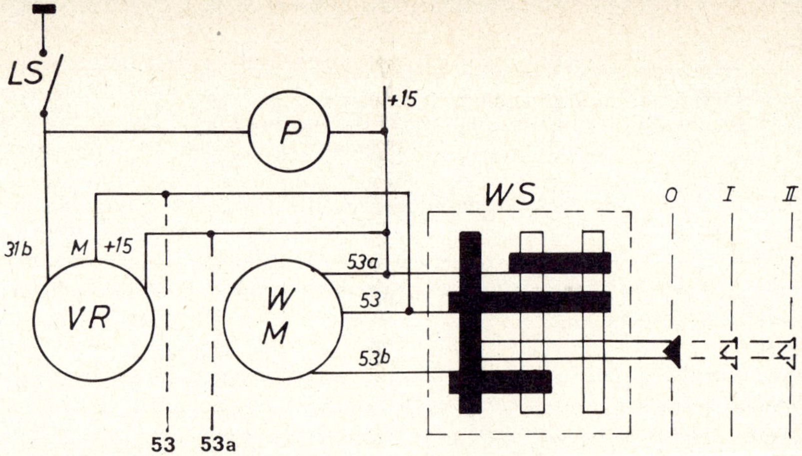

2) Eine Klemme hat wieder Dauerstrom (53a). Die zweite Klemme erhält Strom bei eingeschaltetem Wischerschalter (53). An der dritten Klemme des Wischermotors blinkt die Prüflampe bei eingeschaltetem Wischermotor im Rhythmus der Wischerbewegung. Das ist Klemme 31b, die bei ausgeschaltetem Wischermotor an Masse liegt. Bevor der Klemme 53 des Wischermotors Plus zugeführt wird, muß diese Masseverbindung aufgehoben werden. Hierzu wird die Leitung 31b unterbrochen, es wird ein Umschaltrelais erforderlich.
Ist für die Tippschaltung ein Umschaltrelais nötig, so legt man die Klemme + des Lenkstockschalters an Masse. Klemme R wird an Klemme 86 des Relais gelegt. Klemme L entweder an den einen Anschluß der Wascherpumpe (die andere Klemme der Wascherpumpe erhält einen Plusanschluß), oder an die Klemme 85 des Wisch-Wasch-Gebers.
Fall 1: Die von Klemme 31b des Wischermotors kommende Leitung wird an die Klemme 30/51 eines Umschaltrelais gelegt, die Klemme 87a des Relais kommt an 31b des Schalters. Klemme 87 des Umschaltrelais wird an 53a gelegt. Die Klemme 85 des Relais wird an Plus gelegt. Klemme 86 des Relais an Klemme R des Lenkstockschalters.
Fall 2: Die von Klemme 31b des Wischerschalters kommende Leitung wird an Klemme 30/51 des Umschaltrelais gelegt. Klemme 31b des Wischermotors kommt an Klemme 87a des Umschaltrelais. Klemme 87 des Umschaltrelais wird mit Klemme 53a verbunden. Die Klemme 85 des Relais kommt wieder an Plus, Klemme 86 an Klemme R des Lenkstockschalters.

Wischermotor mit vier Klemmen

Ein Wischermotor mit vier Klemmen hat durchweg zwei Wischgeschwindigkeiten.

Bei Fahrzeugen, die auf Wunsch serienmäßig mit einem Heckwischer geliefert werden, wird meistens ein Rundläufermotor mit Endabstellung eingebaut. Diese Anlagen lassen sich auch in Eigenarbeit einbauen. Überlegen Sie sich die Sache aber gut! Der Einbau verlangt eine umfangreiche Werkzeugausrüstung und macht viel Arbeit.

Da gibt's wieder zwei Möglichkeiten. Entweder wird die Klemme 31 b über den Wischerschalter an Masse gelegt. Dann verfährt man wie bei Wischermotoren mit drei Klemmen, Fall 1. Die vierte Klemme des Wischermotors erhält in der zweiten Stufe die Stromzuführung, sie bleibt unberücksichtigt.
Wird die Klemme 31 b des Wischermotors über den Wischerschalter an die Plusbürste des Wischermotors gelegt, gilt die Schaltung nach Fall 2.

Heckscheibenwischer

Viele heutige Kombilimousinen können auf Sonderwunsch ab Werk mit Heckscheibenwischern geliefert werden. Bei diesen Anlagen geht der Wischarm nach dem Ausschalten ebenso in eine Parkstellung wie die Frontscheibenwischer.
Wurde der serienmäßige Einbau ab Werk beim Wagenkauf „eingespart" oder handelt es sich um einen Wagen, der nicht mit einem serienmäßigen Heckscheibenwischer geliefert werden kann, so bleibt nur der nachträgliche Einbau übrig. In diesem Fall greift man natürlich am besten zu einer Anlage, für die es fahrzeugbezogene Einbauanleitungen gibt.
Das Programm an Heckscheibenwischern ist mittlerweile so umfangreich, daß sich nur noch allgemeine Hinweise geben lassen. Bei Heckwischern gibt es zwei Ausführungsarten.

Rundläufermotoren

Sie entsprechen den Serienausführungen und passen nur für einen bestimmten Fahrzeugtyp, weil der Motor und das Wischlager auf Halteblechen montiert sind. Für diese Anlagen gibt es ausführliche und auf den speziellen Fahrzeugtyp zugeschnittene Einbauanleitungen. Diese Motoren haben, wie die Frontscheibenwischer, eine Parkstellung.

Pendelmotoren

Diese Anlagen passen meist jeweils für mehrere Fahrzeugmodelle, wobei die Wischerachse in ihrer Länge dem Fahrzeugtyp angepaßt werden muß. Sie haben keine Parkstellung und sind billiger als Anlagen mit Rundläufermotoren.
Der nachträgliche Einbau eines Heckscheibenwischers verlangt mehr mechanische als elektrische Fertigkeiten und entsprechend ausreichendes Werkzeug.
Achten Sie beim Kauf einer Anlage darauf, daß die Einbauanweisung ausführlich genug ist. Es gibt gewaltige Preisunterschiede. Nicht jede teure Anlage ist gut und nicht jede billige Anlage ist schlecht.

Heckscheibenwascher

Heckscheibenwischer ohne Waschanlage sind eine halbe Sache. Dazu gibt es von den Lieferanten der Wischeranlagen auch Waschanlagen, die teilweise speziell für den Einbau im Heck ausgelegt sind.

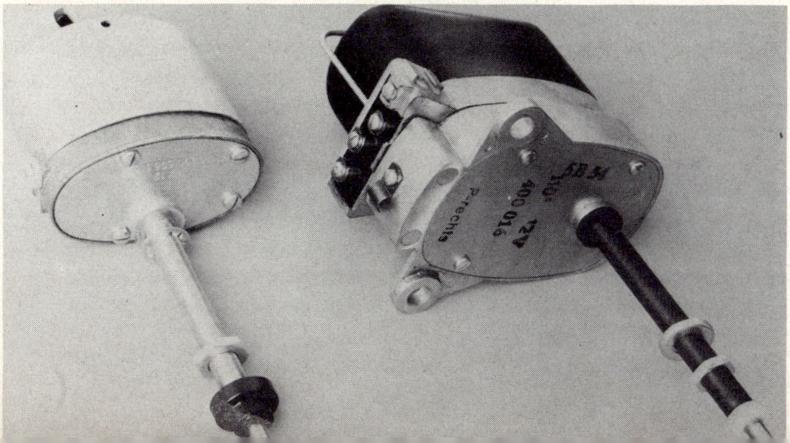

Zum nachträglichen Einbau sind Pendelwischermotoren mehr zu empfehlen, denn Einbau und elektrische Verkabelung sind einfacher. Diese Wischermotoren haben eine überlange Wischerwelle mit Gewindestutzen, die man nach der jeweiligen Wandstärke der Heckklappe oder -tür kürzen muß. Links ein Bosch-Wischermotor ohne Eindabstellung, rechts ein SWF-Motor mit Endabstellung.

Da die Frontscheibenwischer ohnehin eine möglichst leistungsfähige Waschanlage haben sollten, lassen sich Front- und Heckscheiben-Waschanlage zweckmäßig kombinieren.

Kombinierter Front- und Heckscheibenwascher

Der nachträgliche Einbau einer leistungsfähigen Wisch-Wasch-Automatik für die Frontscheibe ist mit rund 70,– DM nicht allzu billig. Da erhebt sich die Frage, ob sie sich nicht gleichzeitig als Heckscheibenwascher einsetzen läßt. Da durch einen Heckscheibenwischer und eine gesonderte Waschanlage die Zahl der Bedienungsknöpfe wieder einmal steigt, bringt eine Kombination von Front- und Heckwischer/wascher-Betätigung auch eine Bedienungserleichterung.

Wenn man die Wisch-Waschkombination über einen Lenkstockschalter oder Druckknopf einschaltet, genügt ein einfacher Fingerdruck und beide Scheiben werden gewaschen. Vielleicht war nur eine Scheibe verschmutzt, aber der doppelte Wasserverbrauch spielt gegenüber der Bedienungsvereinfachung und Fahrsicherheit wahrlich keine Rolle.

Da die Wasserförderung für zwei Scheiben höhere Ansprüche stellt (höherer Wasserverbrauch, für die Heckdüse ist durch die große Entfernung auch ein höherer Druck nötig), muß die Wascherpumpe entsprechend leistungsfähig sein. Die VDO-Zahnradpumpe schafft das einwandfrei. Der Wasserbehälter muß einen ausreichenden Vorrat fassen. Mit einem Hella-Wisch-Waschgeber läßt sich durch einen Lenkstockschalter dann das Kommando zum gleichzeitigen Waschen und Wischen von Front- und Heckscheibe geben. Statt einer zentralen Pumpe für Front- und Heckwascher, lassen sich auch getrennte Waschanlagen für beide Scheiben über den Wisch-Wasch-Geber steuern.

Heckscheibenheizung

Manche Wagen werden in der „Luxusausführung" serienmäßig mit einer heizbaren Heckscheibe ausgerüstet. Fehlt sie in der „Normalausführung", so läßt sie sich bei diesen Wagentypen nachträglich einbauen, aber das ist natürlich teurer. Die Verkabelung braucht man aber nicht der Werkstatt zu überlassen, im Selbstbau wird's billiger.

Defekt an der Heizscheibe

Die serienmäßigen Heizscheiben sind (bis auf ganz wenige Ausnahmen) Sekuritscheiben mit aufgebrannten Heizleitern.

Eine Unterbrechung der Stromzuführung zu Heizscheiben findet man schnell mit der Prüflampe. Sie muß nicht in der Plusleitung liegen, schlechte Masse ist ebenso häufig.

Wichtig ist eine Waschanlage auch für die Heckscheibe. Hierfür gilt das gleiche wie bei Frontwaschanlagen gesagt. Statt der Düse läßt sich ein Wischerblatt verwenden, aus dem das Wasser direkt austritt. Von der Firma BiBeCe werden solche Wischgummis im Zubehörhandel- und Kaufhäusern vertrieben. Leider sind sie sehr teuer, ca. 23,– DM.

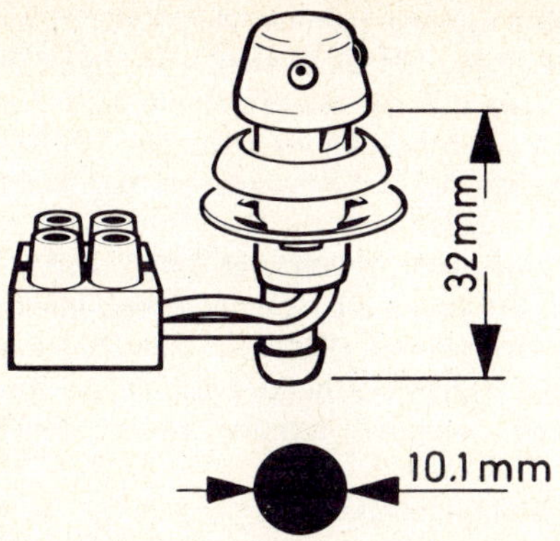

Frostschutzmittel im Scheibenwaschwasser verhindert das Einfrieren des Wassers im Behälter und in den Schläuchen. Bei plötzlichem Kälteeinbruch hat man aber oft nicht genügend Frostschutzmittel beigemischt, um das Waschwasser auch in der im Fahrwind liegenden oder von Schnee und Eis überkrusteten Spritzdüse flüssig zu halten. Da soll eine heizbare Zweifach-Spritzdüse von VDO (Bestell-Nr. 5246005) helfen. Wenn Sie die VDO-Düse einbauen wollen: Sie braucht Anschluß an Klemme 15 und eine Bohrung von 10,1 mm durch das Autoblech.

Unterbrochene Heizleiter bewirken Streifenbildung. Sie lassen sich reparieren. Dazu liefert Sekurit ein Reparaturset. Auch mit flüssigem Leitsilber (Firma Conex, Zubehörhandel) läßt sich der Schaden beheben.

Aufklebbare Heizleiter und Heizfolien

Zur nachträglichen Ausrüstung einer gewöhnlichen Heckscheibe gibt es zwei Systeme. Entweder wird der Heizleiter direkt auf das Glas geklebt oder er ist auf eine Heizfläche aufgedruckt, die ihrerseits auf die Scheibe geklebt wird.
Die metallischen Leiter, die direkt auf dem Glas aufgebracht werden, sind ebenso selbstklebend, wie die Folien. Nach Abziehen des Schutzpapiers werden sie auf der Scheibe angerieben.
Die Heizleiterfläche und die Heizleistung der nachträglich angebrachten Scheibenheizungen liegt üblicherweise unter derjenigen der Scheiben mit eingebrannten Heizleitern. Die Heizleistung der direkt auf die Scheibe aufgeklebten Heizleiter kommt den serienmäßigen Scheiben am nächsten. Leider finden sich auf den Verpackungen durchweg keine Angagen über Leistungsaufnahme bzw. spezifische Heizleistung. Die Leistungsaufnahme sollte möglichst hoch liegen, so an 100 Watt.

Doppelwandige Scheibenheizungen

Plexiglasscheiben, die mit Saugern an den Heckscheiben zu befestigen sind und ausgespannte Heizdrähte enthalten, haben trotz höherer Leistungsaufnahme vielfach keine schnellere Heizwirkung, da ja zuerst der Luftraum zwischen Plexiglas- und Heckscheibe aufgeheizt werden muß.

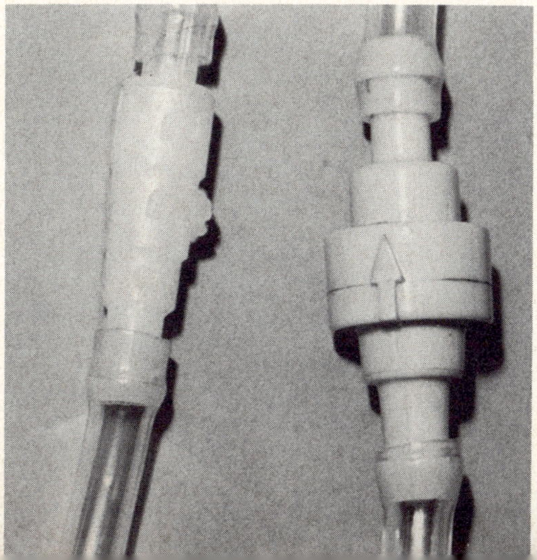

Damit die Waschanlage sofort nach dem Einschalten Wasser auf die Scheibe fördert, müssen die Schlauchleitungen bis zu den Spritzdüsen immer gefüllt sein. Dazu muß das behälterseitige Schlauchende bei Zahnrad-Wascherpumpen (siehe Seite 198 unten) ein Saugventil haben, das den Wasserrücklauf sperrt. Solche Saugventile gibt es z. B. von SWF (Bestell-Nr. WRD 100 104, Preis etwa 1,50 DM) oder von VDO (Bestell-Nr. X 11.246/000/001 etwa zum gleichen Preis).

Elektische Fensterheber

Elektrische Fensterheber, die serienmäßig nur bei teureren Autos zu finden sind, gibt's auch zum nachträglichen Einbau. Sie sind nicht nur eine Bequemlichkeitssache. Bei Alleinfahrt sind sie auf der Beifahrerseite auch ein Sicherheitsbeitrag. In unübersichtlichen Verkehrssituationen (Regen, Schneetreiben) kann man sich durch das Absenken der Scheibe schnell freie Sicht verschaffen.

Von der Firma Engelmann werden in Kaufhäusern, im Versand- und Zubehörhandel, elektrische Fensterhebemotoren vertrieben, die sich ohne sonderliche Mühe an Stelle der Fensterkurbeln montieren lassen (Satz ca. 200,– DM). Die Sätze lassen sich durch beiliegende Kupplungsstücke bei praktisch allen Wagen montieren. (Lassen Sie sich die Liste aus der Packung zeigen, damit nichts schief geht.)

Die Auf- und Abbetätigung erfolgt durch Wippenschalter.

Ist der Kopf gefährdet?

Dieter Korp erzählte mir einmal (als die elektrischen Fensterheber bei Luxusschiffen gerade in Mode kamen), daß ein Bekannter an einer Tankstelle die rechte Scheibe irrtümlich in die Höhe fuhr, als der Beifahrer seinen Kopf noch aus dem Fenster streckte. Da taucht natürlich die Frage auf, kann das gefährlich werden?

Nun, zwischen Motor und Antrieb der Fensterkurbelwelle liegt eine Reibungskupplung, die in den Endstellungen der Scheibe durchrutschten kann. (Ohne diese würde der Elektromotor ja bis zum Stillstand abgebremst und durchbrennen.) Die Rutschkupplung begrenzt die Kraft, mit der die Scheibe nach oben gefahren wird, auf ca. 10 kp. (Gemessen mit Badezimmerwaage, zwischen Scheibe und Türrahmen geklemmt.) Wenn man bei dieser Kraft eine Hand zwischen Scheibe und Türrahmen hält, so ist das zwar nicht angenehm, von einer „Guillotine" kann aber keine Rede sein.

Zusätzliche Sicherungen einbauen

Nach der Einbauanleitung soll das Pluskabel an den Sicherungskasten gelegt werden. Tun Sie das nicht. Wie im Sicherungskapitel schon gesagt, ist die Einzelabsicherung jedes Verbrauchers die bessere Lösung. Die Fensterhebemotoren nehmen beim Hochfahren ca. 8 Ampere auf, beim Runterfahren etwa 4 Ampere. In den Endstellungen beträgt die Stromaufnahme – verursacht durch die Rutschkupplung – rund 12 Ampere. Diese Werte können ziemlich schwanken, denn sie sind u. a. von der Übersetzung des Kurbelapparates, den Reibungswiderständen und der Einstellung der Rutschkupplung am Fensterheber abhängig. (16 A-Sicherungen verwenden.)

Nachrichtensysteme

Für die meisten Autofahrer hat ein mit Zeigerinstrumenten wohlausstaffiertes Instrumentenbrett etwas faszinierendes.
Ob Zeiger-Instrumente überhaupt nötig oder ideal sind, ob sie nicht durch Anzeigeleuchten oder akustische Warnanzeigen ersetzt oder ergänzt werden sollen, darüber kann man unterschiedlicher Meinung sein. Autofahrer haben weniger Zeit zur Instrumentenbeobachtung als Piloten, ihre Aufmerksamkeit gehört der Straße.
Gewiß, Kontrolleuchten mit ihrem größeren Auffälligkeitswert haben etwas für sich, aber oft ist es doch ganz nützlich, wenn man nicht nur vor Maximal- oder Minimalwerten gewarnt, sondern auch über die Zwischenwerte informiert wird.
Da die serienmäßige Instrumentenbestückung vieler Autos als etwas sparsam empfunden wird, gibt es an Zusatzinstrumenten eine reiche Auswahl. Dabei arbeiten nicht nur die Instrumente zur Überwachung des Bordnetzes auf elektrischer Basis, sondern auch die zum nachträglichen Einbau bestimmten „Motorüberwacher", die somit gleichfalls hierhin gehören.

Motorüberwachung

Drehzahlmesser

Bei Gebrauchsfahrzeugen ist die Überwachung der Drehzahl nur selten wirklich nötig. Drehzahlempfindlich sind alle Motoren. Nicht in dem Sinn, daß z. B. der Ventiltrieb gefährdet ist, sondern durch Reißen des Schmierfilms. Und das schafft man schon, indem man den noch kalten Motor bei –10° C in den Gängen hochdreht, aber noch weit unterhalb der Höchstdrehzahl bleibt. Öltemperatur und -viskosität sind entscheidend für die Schmierung und damit die Motorlebensdauer.
Heute hat kaum mehr ein Gebrauchsmotor einen Antrieb für einen mechanischen Drehzahlmesser mit biegsamer Welle, so daß man auf elektrische Übertragung angewiesen ist.
Wenn man einen Drehzahlmesser nur aus Prestigegründen einbauen will, dann kommt man recht billig davon, weil es hier auch ein kleiner Drehzahlmesser mit begrenzter Skala tut, der nicht mal genau anzuzeigen braucht. (Abgesehen davon könnte man eine genaue Anzeige bei kleiner Skala ohnehin nicht ausnutzen.)
Soll aber ein Drehzahlmesser eingebaut werden, der wirklich eine Überwachung der Motordrehzahl ermöglicht, so schlägt der Einbau schon kräftig zu Buche. Der Drehzahlmesser sollte ein Rundinstrument sein, damit die Skala möglichst lang wird und ein genaues Ablesen ermöglicht. Zum genauen Ablesen gehört aber auch eine genaue Anzeige des Instruments, und die hat man mit einiger Sicherheit nur dann, wenn es aus einem Haus stammt, das einen guten Ruf zu verlieren hat. Leider sind die großen Instrumente schlecht unterzubringen, da man entweder eine entsprechende Öffnung im Instrumentenbrett vorsehen oder sie an einem besonderen Halter unter dem Instru-

Elektrische Drehzahlmesser gibt's in den unterschiedlichsten Ausführungen. Nicht jeder läßt sich störungsfrei mit jeder Zündanlage (TSZ, HKZ) kuppeln. Lassen Sie sich beim Kauf bestätigen, daß ein Umtausch möglich ist, sofern das Gerät nicht richtig anzeigt. Dieser VDO-Drehzahlmesser läßt sich durch einen rückseitigen Schalter von Drehzahlmessung auf Schließwinkelmessung umschalten.

mentenbrett anbringen muß. Für Instrumentenbretter, die unterhalb der Windschutzscheibe in den Fahrerraum hineinragen, gibt es auch Aufsatz-Drehzahlmesser.

Transistor-Drehzahlmesser

Die Transistor-Drehzahlmesser sind parallel zur Zündspule angeschlossen. Bei jeder Unterbrechung des Primärstroms erhält der Drehzahlmesser einen Impuls. Die Unterbrechungen des Primärstroms sind proportional der Motordrehzahl, und so zeigt das Instrument bei richtiger Auswahl (Zylinderzahl, 6- oder 12-Volt-Spannung, Zwei- oder Viertaktmotor) die Motordrehzahl an.
Nicht alle Transistor-Drehzahlmesser lassen sich ohne weiteres an Transistor-Zündungen betreiben, da die Spannungsimpulse derartiger Zündanlagen anders sind als bei Standardzündanlagen. Entweder muß die Innenschaltung des Transistor-Drehzahlmessers im Werk geändert oder ein Vorschaltglied (Bosch) verwendet werden.
Hochspannungskondensatorzündungen sind weniger anspruchsvoll.
Sichern Sie sich beim Kauf eines nicht bekannten Drehzahlmessers das Rückgaberecht, falls er nicht mit der Zündanlage harmoniert.

Drehzahl-Schließwinkel-Messung

Einen Aufbau-Drehzahlmesser mit zwei Funktionen gibt's von VDO. Zwar dient er in erster Linie zur Drehzahlmessung, hat aber noch eine zweite Skala zur Messung des Verteiler-Schließwinkels. Mit einem Schalter an der Instrumentenrückseite läßt er sich auf Drehzahl/Schließwinkel-Messung umschalten.

Drehzahlwarner

Nicht immer hat man ein Auge für den Drehzahlmesser frei. Auffälliger ist eine rote Warnleuchte, deren Aufflammen man auch dann wahrnimmt, wenn sie nicht direkt im Blickfeld liegt, bzw. die Augen auf die Fahrbahn gerichtet sind.
Ein solcher Drehzahlwarner ist der „Touren-Stop" von Moto-Meter in Leonberg, Preis DM 39,50 + MWSt.
Hier ist ein Geberrelais an der Zündspule angeschlossen, das bei Erreichen der Maximal-Drehzahl den Steuerimpuls zum Aufleuchten der Warnlampe gibt. Der Einschaltpunkt für das Aufleuchten der Warnlampe kann bei Vierzylindermotoren im Bereich zwischen ca. 3500 bis 10500 U/min verändert werden.
Serienmäßig ist das Gerät auf einen Warnpunkt von 5000 U/min eingestellt. Zur Veränderung der Warnpunkt-Einstellung muß natürlich ein genauer

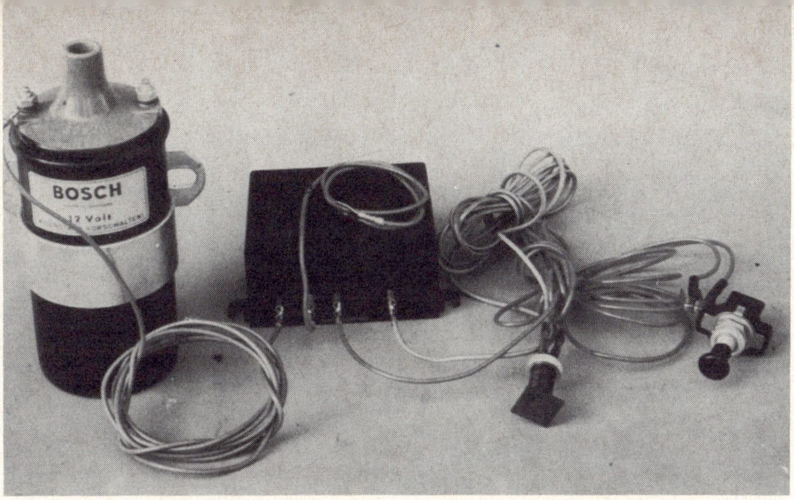

Von der Firma Motometer gibt es einen sogenannten Drehzahlwarner. Ein an der Zündspule angeschlossenes Steuergerät schaltet beim Erreichen der gewählten Maximaldrehzahl eine rote Warnlampe ein. Die Drehzahl, bei der die Warnlampe aufleuchten soll, läßt sich am Steuergerät einstellen. Das Aufleuchten der roten Warnlampe kann kaum übersehen werden.

Drehzahlmesser angeschlossen werden. Nicht alle serienmäßig oder nachträglich eingebauten elektronischen Drehzahlmesser sind hinreichend genau. Zweckmäßig geht man zur Einstellung in eine Werkstatt, die über ein großes, genau gehendes Instrument mit feiner Skalenteilung verfügt. Ein kleines Handinstrument mit einer Skalenlänge von nur etwa 50 mm ist nicht ganz das Wahre.

Ideal wäre ein solcher Drehzahlwarner, der die rote Warnlampe in Abhängigkeit von der Öltemperatur aufleuchten lassen würde. Je tiefer die Öltemperatur liegt, um so eher müßte die Warnlampe aufleuchten. Erst bei normaler Betriebstemperatur dürfte das Aufleuchten zur zulässigen Maximaldrehzahl hin verlegt werden. Eine solche Kombination würde die ängstliche Beobachtung des Drehzahl- und Öldruckmessers bzw. die für die Motordrehzahl „gespitzten Ohren“ ersparen.

(Ich weiß, bei Ihnen kommt das Kalt-Hochdrehen nicht vor, aber Ihrer Frau passiert es vielleicht gelegentlich. Die rote Warnlampe fährt ihr dann in die Glieder.)

Vielleicht liest das ein Instrumentenhersteller und baut mal so etwas. So schwierig ist die Sache bei der Elektronik sicher nicht.

Ölthermometer

Für das Wohlbefinden eines Motors ist es von entscheidender Bedeutung, daß die Öltemperatur und bei wassergekühlten Motoren auch die Kühlwassertemperatur in bestimmten Grenzen gehalten wird.

Links: VDO-Öltemperaturmesser zum Aufbau. Mitte links: Öltemperaturmesser zum Einbau in Konsole oder Haltewinkel. Mitte rechts: Öldruckmesser zum Einbau. Rechts: Voltmeter zum Aufbau. Die Aufbaugeräte lassen sich bei glatter Fläche mit einer Spezialfolie einfach aufkleben. Bei genarbten Flächen schraubt man sie zweckmäßig mit Blechschrauben fest.

Die neuen VDO-Ölstabgeber lassen sich anstelle des serienmäßigen Peilstabes einsetzen. Es gibt sie in zwei Längen, 338 mm und 518 mm. Sie sind in Grenzen biegsam und daher universell verwendbar. Zur besseren Anpassung an die Peilstaböffnung gibt es drei verschiedene Spannfedern.

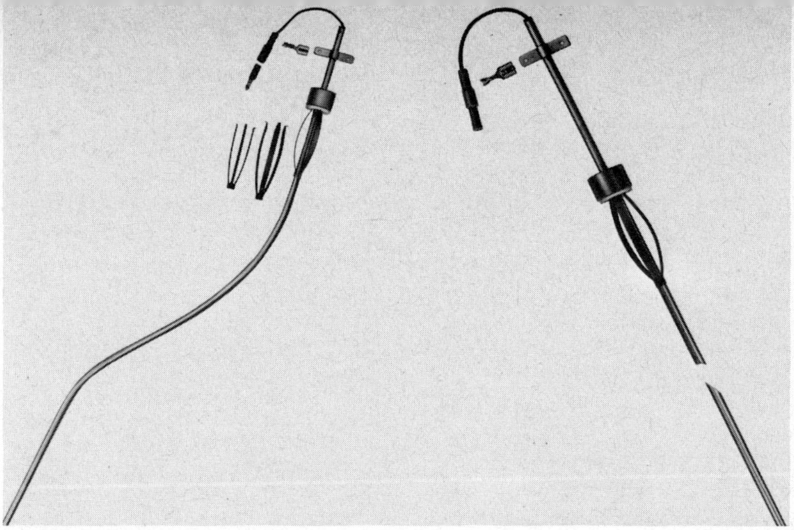

Zu kaltes Öl ist zähflüssig und kann noch nicht richtig schmieren, ist das Öl dagegen zu heiß, so kann der Schmierfilm reißen und die Schmierung ist wiederum in Frage gestellt.

Die Kontrolle der Öltemperatur ist – zumindest im Winter – wichtiger als alles andere. Bevor das Öl nicht die Mindesttemperatur von 80° C hat, sollte man dem Motor auf keinen Fall volle Leistung abverlangen, auch dann nicht, wenn man ein ausgesprochenes (relativ dünnes) Winteröl fährt.

Öltemperaturmesser brauchen einen Temperaturgeber. Er wird über eine elektrische Leitung mit dem Thermometer verbunden. Da gibt's solche, die sich anstelle der Ölablaßschraube einsetzen lassen und andere, die im Ölmeßstab untergebracht sind, wie beim VDO-Ölthermometer. Verwendung eines Ölstabgebers ist einfacher, außerdem ist ein unten an der Ölwanne herausragender Geber gefährdeter.

Bei luftgekühlten Motoren läßt sich die Temperatur nur mit einem Ölthermometer überwachen, da die Messung der Wassertemperatur entfällt.

Kühlwasserthermometer

Ein Kühlwasserthermometer ist weniger wichtig. Die dem Motor bekömmliche Mindesttemperatur mißt das Ölthermometer an zentraler Stelle. Eine zu hohe Kühlwassertemperatur wird meist ohnehin durch eine Warnlampe oder ein serienmäßiges Temperaturmeßinstrument signalisiert. Bei den heutigen geschlossenen Überdruck-Kühlsystemen spielt die Angst vorm Kochen des Kühlwassers ohnehin nicht mehr die Rolle wie früher.

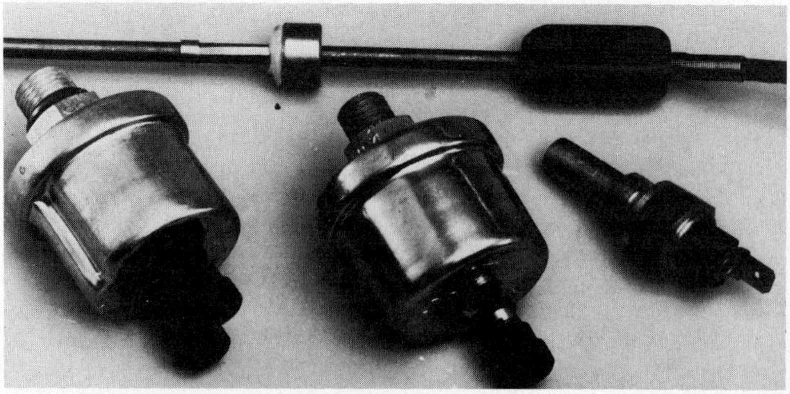

Geber für Öltemperatur und -druck. Oben ältere Ausführung des Ölstabgebers. Links: Öldruckgeber mit je einem Anschluß für den Öldruckmesser und für die Öldruckkontrolleuchte. Mitte: Öldruckgeber mit einem Anschluß nur für den Öldruckmesser. Für die meisten Fahrzeuge sind beide Ausführungen erhältlich. Rechts: Temperaturgeber zum Einschrauben an Stelle der Ölablaßschraube.

Öldruckmesser

Ein Öldruckmesser ergänzt die Aussage des Ölthermometers. Allerdings ist ein möglichst hoher Öldruck keine Garantie für eine gute Motorschmierung! Im Gegenteil, bei hohem Druck ist das Öl noch nicht ausreichend dünnflüssig, es hat noch keine ideale Schmierfähigkeit. Der nach dem Anlassen hohe Öldruck soll bei warmem Motor auf ca. 2 kp/cm² fallen, aber auch bei heißem Motor nicht weniger als 1 kp/cm² betragen. Für Öldruckmesser mit elektrischer Übertragung gibt's Geber mit nur einem Anschluß (nur Manometerübertragung) und zwei Anschlüsse für zusätzlichen Kontrolleuchtenanschluß.

Bordnetz-Kontrolle

Überwachung der Batterieladung

Im Lichtmaschinenkapitel wurde deutlich genug gesagt, daß man sich auf die Anzeige der Ladekontrolle weder bei Gleichstrom- noch bei Drehstrom-Lichtmaschinen wirklich verlassen kann. Will man sicher gehen, ist ein zusätzliches Überwachungsinstrument ratsam. Da hat man die Wahl zwischen einem Amperemeter und einem Voltmeter. Vielfach ist die Ansicht verbreitet, daß ein Amperemeter, das den Lade- und Entladestrom in und aus der Batterie anzeigt, aussagekräftiger ist. Das trifft nicht zu; ein Voltmeter sagt mindestens ebensoviel aus wie ein Amperemeter.

Voltmeter

Bei eingeschalteter Zündung und stehendem Motor zeigt es die Batteriespannung. Liegt die Spannung bei arbeitender Lichtmaschine darüber, zeigt das an, daß die Batterie geladen wird.
Beim Einschalten des Anlassers fließt ein hoher Entladestrom, die Spannung fällt stark ab. Bei kleinen Entladeströmen ändert sich die Spannung nicht, aber kleine Ströme kann man auch beim Amperemeter kaum ablesen.
(Manche ausländische Wagen haben serienmäßig sogenannte thermische Voltmeter einfachen Aufbaus, deren Anzeige stark verzögert arbeitet. Sie sind in ihrer Anzeige auch nicht so klar, wie die zum nachträglichen Einbau bestimmten Voltmeter mit gedehnter Skala.)

Amperemeter

Ein Amperemeter mißt direkt den Ladestrom von der Lichtmaschine zur Batterie bzw. den aus der Batterie entnommenen Ladestrom. Mit ihm läßt sich also feststellen, ob die Batterie geladen oder entladen wird. Entgegen landläufiger Meinung ist ein hoher Ladestrom kein Zeichen für eine „gut arbeitende Lichtmaschine". Ein hoher Ladestrom darf nur fließen, wenn die Batterie vorher kräftig entladen wurde. Im Normalbetrieb soll eine gesunde Batterie nur einen sehr geringen Ladestrom aufnehmen – selbst 1 Ampere ist dann ausreichend. Es reicht, wenn sich der Zeiger des Amperemeters während der Fahrt im Plusfeld ganz knapp an der Nullstellung befindet. Im Minusfeld darf er sich möglichst nur bei stehendem Motor aufhalten. Liegt er bei laufendem Motor dort, so kommt die Lichtmaschine mit der Ladung nicht nach, die Batterie wird leergezuzzelt. Die Skalen der Amperemeter haben Bereiche von ca. 30–0–30 bis etwa 60–0–60 Ampere. Bei 12-V-Anlagen reicht der 30-Ampere-Bereich, für 6-Volt-Anlagen nimmt man meist einen 50-Ampere-Bereich. Die Anlasserleitung führt nicht über das Amperemeter, die Anlasserstromaufnahme wird also nicht gemessen. (Wäre praktisch auch nicht zu verwirklichen.) Auch die hohe Stromaufnahme der Magnetschalter-Einzugswicklung wird nicht angezeigt, der Einzugsmoment ist so kurz, daß der Zeiger nicht mitkommt.
Während die elektrischen Zuleitungen zu den übrigen Instrumenten in einem Querschnitt von 1 mm² ausreichen, müssen die Leitungen zum Amperemeter einen Mindestquerschnitt von 6 mm² haben.

Unterstützungseinrichtungen

Windmacher

Eigentlich müßte man den im Wagen erwünschten Luftwechsel oder einen wärmenden bzw. kühlenden Luftzug durch den Fahrtwind erhalten können. Gleichgültig ob er den Heizkörper der Wasserkühlung durchströmt und so Wärme in den Wagen pumpt oder ob er durch die ganz oder teilweise geöffneten Fenster einströmt. Leider kann man aber nicht immer so schnell fahren, daß der Staudruck die gewünschte Wärme oder Kühle in den Wagen hineinpustet. Sofern das Gebläse eines luftgekühlten Motors nebenher die Förderung der Heizluft übernimmt, ergeben sich keine elektrischen Probleme.
Bei wassergekühlten Motoren sieht die Sache meist anders aus. Die Luft, die zur Heizung und Lüftung des Fahrgastraumes dienen soll, wird nicht vom Kühlerventilator geliefert, sondern sie wird bei Frontmotoren durch einen gesonderten Eintritt geführt, damit sie nicht durch den Dunst des eigenen Motors verunreinigt wird.

Das elektrische Gebläse

Bei niedriger Fahrgeschwindigkeit reicht der Luftzug vielfach nicht dazu aus, die benötigte Frischluftmenge durch den Heizkörper zu pressen. Wassergekühlte Motoren haben deshalb fast immer ein elektrisches Gebläse, das bei stehendem oder langsam fahrendem Wagen den zur Heizung erforderlichen Luftzug durch den Heizkörper erzeugt.
Die Motoren der Heizgebläse haben eine Leistungsaufnahme von 15 bis 40 Watt, so daß man ihren Stromverbrauch unter erschwerten Bedingungen schon in Rechnung stellen muß, wenn man nicht plötzlich mit leerer Batterie dastehen will. Beispiel: Gleichstrom-Lichtmaschine mit 240 Watt Maximalleistung, Nebelfahrt in der kühleren Jahreszeit, wenn Windschutzscheibe durch Nebel feucht wird und Scheibenwischer arbeiten müssen.

2× 55 Watt Halogen-Nebelscheinwerfer	=	110 Watt
2× 5 Watt Schlußlicht	=	10 Watt
2× 5 Watt Begrenzungslicht	=	10 Watt
2× 5 Watt Kennzeichenlicht	=	10 Watt
Nebelschlußleuchte	=	35 Watt
Zündung	=	15 Watt
Scheibenwischer	=	35 Watt
Transistorradio	=	15 Watt
	gesamt	240 Watt

Obwohl es bei Nebelkriechfahrt im Wagen kühl werden wird, soll man das Gebläse nicht mehr einschalten, denn die Lichtmaschine wird schon durch die übrigen Verbraucher voll ausgelastet. Das Gebläse müßte seinen Strom aus der Batterie holen. (Wagen mit derartig schwachen Leichtmaschinen sind heute leider noch nicht ausgestorben!)
Sofern man nicht unbedingt den Straßenstandsbericht hören will, verzichtet man vielleicht besser auf das Radio als auf das Gebläse.

Der Gebläsemotor erfordert keine Wartung. Gott sei Dank, denn selbst das Auswechseln von Kohlebürsten ist ziemlich umständlich. Da der Gebläsemotor im eigenen Luftstrom liegt, und immer gut gekühlt wird, hält man ihn – für die hohe Leistung – recht klein; er ist also ein ziemlicher Schwerarbeiter.

Keine Wartung – aber Aufmerksamkeit

Wenn der Gebläsemotor auch keine Wartung erfordert, sollte man ihm doch etwas Aufmerksamkeit schenken; ab und zu mal hinhören, ob er noch munter läuft und nicht schwerer geht. Dieser schwere Gang kann von klemmenden Lagern kommen, die als Selbstschmierlager ausgebildet sind. Klemmen die Lager, so muß der Motor schwerer arbeiten, nimmt zu viel Strom auf und die Wicklungen verbrennen. Diese Schäden sind zwar sehr selten, aber wenn sie auftreten, ist der Spaß nicht billig, denn in der Werkstatt kommen außer dem Motor noch einige Arbeitsstunden auf die Rechnung.

Sommer- und Winterbetrieb

Im Sommer ist man mit der Belüftung oft nicht recht zufrieden, in der kühleren Jahreszeit stört einen oft das Beschlagen der Heckscheibe. In beiden Fällen kann der zusätzliche Einbau eines Ventilators nützlich sein. Diese Ventilatoren gibts für ortsfesten Einbau mit Wechselhalter oder mit Saugbefestigung. Die Leistungsfähigkeit der Ventilatoren hängt natürlich von der Stärke des Elektromotors und damit vom Gewicht ab. Ventilatoren mit Saugbefestigung sind deshalb selten so kräftig wie solche für festen Anbau.
Ob Propeller- oder Walzenventilator, spielt im allgemeinen keine Rolle, da die Richtung des Luftstrahls in beiden Fällen ausreichend geändert werden kann. Für stärkere Ventilatoren gibt es gelegentlich Potentiometer (Drehwiderstände) mit denen sich die Drehzahl des Ventilators stufenlos regeln läßt, wie es z. B. beim SWF-Ventilator der Fall ist.
Die Leistungsaufnahme der Zusatzventilatoren liegt bei 15 Watt, der zusätzliche Stromverbrauch ist also minimal und spielt wirklich keine Rolle.

Zusätzliche Ventilatoren

Im Sommer soll der Ventilator wohl hauptsächlich zum Zufächeln frischer Luft dienen und deshalb in der Nähe des Fahrers angebracht sein. Im Winter dient der Ventilator vorwiegend dazu, den Feuchtigkeitsbeschlag auf der Innenseite der Scheiben zu entfernen. Da man die Windschutzscheibe durch Einschalten des Heizgebläses bei entsprechender Stellung der Luftdüsen freihalten kann, soll der zusätzliche Ventilator an der Heckscheibe sitzen. Um den Wechsel von der Front- zur Heckscheibe zu erleichtern, gibt's z. B. für den Röhrenlüfter von Hella zwei Befestigungsfüße, die vorne und hinten angebracht werden können. Der Ventilator kann dann ohne viel Mühe umgesteckt werden.

Leerlaufabschaltventile

Laufen Ottomotoren nach dem Ausschalten der Zündung noch weiter, so liegt das durchweg daran, daß sich das bei geschlossener Drosselklappe angesaugte Leerlaufgemisch an heißen Stellen im Verdichtungsraum (z. B. Ölkohle aus Verbrennungsrückständen) entzündet.
Um den Motor nach Ausschalten der Zündung mit Sicherheit zum Stillstand zu bringen, braucht man nur den Leerlauf-Kraftstoff oder den Zugang des Leerlaufgemisches vollständig abzusperren. Dazu dient eine elektromagnetisch abschaltbare Leerlaufdüse oder bei den meisten heutigen „Abgas-Vergasern" ein Abschaltventil für das Leerlaufgemisch. Die Leerlaufabschaltdüse besteht aus Leerlaufdüse, Magnetkörper mit einer Erregerwicklung und einer Ventilnadel. Die Erregerwicklung liegt an Klemme 15, erhält also zusammen mit der Zündspule ihren Strom. Beim Einschalten der Zündung wird die Ventilnadel in das Magnetfeld der Erregerwicklung eingezogen, ihre Spitze

Damit der heiß gefahrene Motor nach dem Abstellen der Zündung nicht durch Selbstzündung nachläuft, haben die Vergaser vieler Fahrzeuge ein elektrisches gesteuertes Abschaltventil zur Unterbrechung des Leerlaufgemischs bei ausgeschalteter Zündung. Beim Einschalten der Zündung hebt die Magnetwicklung des Abschaltventils ihre Ventilnadel an (das ist durch ein leichtes Klicken zu hören) und gibt damit den Kraftstoffdurchfluß frei. Bei Störungen (Motor springt nicht an) kann das sperrende Abschaltventil die Ursache sein, weil das Ventil nicht „klickt" oder weil die Leitung von Klemme 15 (schwarzer Pfeil) von der Steckfahne (weißer Pfeil oben) abgerutscht ist.

hebt sich vom Sitz der Leerlaufdüse ab und gibt den Benzindurchfluß frei. Beim Ausschalten der Zündung wird die Erregerwicklung des Magnetkörpers stromlos, die Nadel wird durch eine Feder auf ihren Sitz gedrückt und sperrt die Leerlaufdüse. Beim Leerlaufgemisch-Abschaltventil verschließt ein Ventilstopfen den Zugang des Leerlaufgemisches unterhalb der Drosselklappe beim Ausschalten der Zündung.

Solche Abschaltventile werden von vielen Autoherstellern serienmäßig verwendet. Ist das bei Ihrem Wagen nicht der Fall und haben Sie Ärger mit dem Nachlaufen, sollten Sie sich bei Ihrer Werkstatt oder einem Vergaserdienst erkundigen, ob es für den Vergaser Ihres Wagens ein passendes Abschaltventil gibt. Selbsteinbau und -anschluß an Klemme 15 der Zündspule ist kein Problem.

(Eine seltenere Möglichkeit findet sich bei Kondensatorzündanlagen. Da der Speicherkondensator der Zündanlage mit dem Ausschalten der Zündung nicht sofort stromlos ist, kann die Ladung des Kondensators noch für einige Zündungen ausreichen.)

Motorheizer

Sie haben nicht direkt mit der Autoelektrik zu tun. Im Winter können sie ihr aber „unter die Arme greifen", gehören also quasi zum weiteren elektrischen Zubehör.

Anlaßschwierigkeiten durch Kälte (also kein Feuchtigkeitsniederschlag in der Verteilerkappe oder Kriechströme an versalzten Zündleitungen), haben wenigstens zwei Ursachen. Erstens hat der ausgekühlte Motor einen sehr hohen Reibungswiderstand, denn das jetzt sehr zähe Öl hat eine verdammte Klebwirkung. Zweitens gibt eine ausgekühlte Batterie nur sehr viel weniger Startenergie an den Anlasser ab. Schließlich und endlich erreicht das verdichtete Gemisch bei Kälte nicht die zündfreudige Temperatur wie in der wärmeren Jahreszeit.

(Daß der Kaltlaufverschleiß eines Motors wesentlich höher ist als die Abnutzung im warmen oder gar heißen Zustand, ist ja wohl allgemein bekannt.)

Zur Aufheizung des Motors bzw. des Kühlwassers im Winter gibt's Heizgeräte aus Norwegen und Schweden. Sie sind eine Art Tauchsieder, die meist in einen durchgeschnittenen Kühlwasserschlauch eingesetzt werden (für luftgekühlte Motoren gibt's das als Ölwannenheizer). Die Heizgeräte werden über eine Netzleitung an eine Steckdose z. B. der Garage oder des Kellers ange-

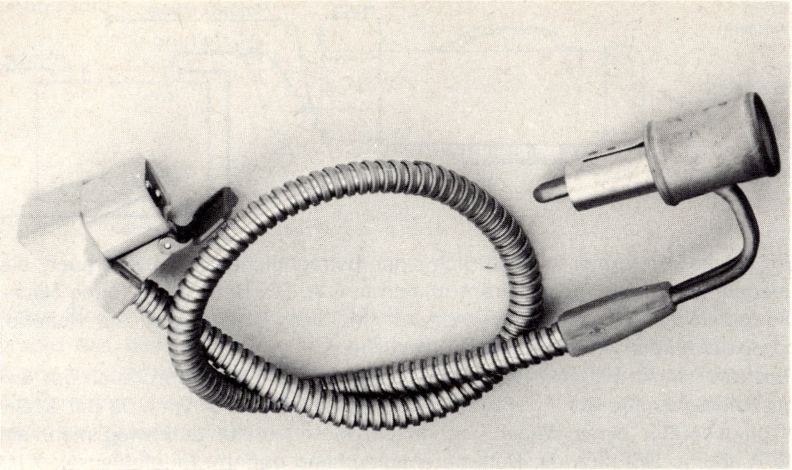

Wertvolle Hilfe für den Kaltstart. Eine Art Tauchsieder wird in die durchschnittene Kühlwasserleitung montiert. Der Stecker des Geräts wird im Motorraum angebaut, Fa. Schlobohm, Bremerhaven.

schlossen. Für die meisten Pkw gibt es sie in spezieller, typgebundener Ausführung, die nach der Einbauanleitung sehr einfach zu installieren ist. (Normalerweise nur Kühlwasserschlauch durchschneiden, Heizkörper einsetzen, mit beigefügten Schlauchschellen festklemmen, Steckanschluß im Motorraum anschrauben.) Je nach Kühlwasserinhalt beträgt die Stromaufnahme 250 bis 550 Watt.
Allgemein reicht es, wenn der Heizer einige Stunden vor dem morgendlichen Start eingeschaltet wird, damit der Motor praktisch die gleiche Anlauftemperatur hat, wie in der warmen oder Übergangsjahreszeit.
Zum Anlassen des vorgewärmten Motors reicht dann normalerweise auch eine stark ausgekühlte Batterie, die nur noch einen Teil der Soll-Kapazität hat.
Zur Vorwahl der Einschaltzeit gibt es Zeitschaltuhren, die an die Garagensteckdose angeschlossen oder im Wagen eingebaut werden.
Preis für die Zusatzheizungen zwischen ca. DM 70,– und DM 100,–, Schaltuhren rund DM 75,–.)
Zur Aufheizung des Fahrgastraums sind sogenannte „Coupewärmer" lieferbar. Mit Verteilerkabel vom Anschluß des Motorheizers in den Innenraum des Wagens kosten sie rund DM 200,–.
Heizlüfter mit Überhitzungsschutz gibt's im Kaufhaus und Versandhandel schon für weniger als 50,– Mark. Natürlich stellt man sie so auf, daß sie nicht direkt auf die Sitzbespannung oder die Wagenauskleidung pusten, sondern gegen die Decke. Wenn man sie dann noch auf eine mittlere Stufe einstellt, hat man auch einen mollig warmen Wagen ohne daß er abbrennt. (Aber bitte stellen Sie selbst die Versuche an, wie weit Sie mit der Temperatur gehen dürfen, und berufen Sie sich bei versengten Polstersitzen nicht auf uns.)

220 V aus 12 V

Ein 220 V-Staubsauger, der eine wesentlich höhere Saugleistung hat als ein Autostaubsauger, läßt sich bekanntlich nicht an der 12 V-Wagenbatterie betreiben. Ebenso ist es bei einem Fernsehgerät im Wohnwagen, das sich normalerweise nur auf dem Campingplatz am Lichtnetz anschließen läßt.
Einen Ausweg bieten die Bord-Generatoren der Firma Fein, Stuttgart, die den 12 V-Gleichstrom der Batterie in 220 V-Wechselstrom umformen. Sie liefern bis zu 650 Watt zum Betrieb von Elektro-Werkzeugen, Fernsehern usw. Durch eine Einschaltautomatik wird der Batterie nur dann Strom entnommen, wenn die elektrischen Geräte in Betrieb sind.

Autoradios, die noch nicht mit Verkehrsfunk-Decodern ausgerüstet sind, lassen sich durch Zusatzgeräte erweitern. Sie werden mit einem Kabel an die Tonbandbuchse des Autoradios angeschlossen. Außer den Decodern, die die Sender mit Verkehrsmeldungen herauspicken, gibt es noch aufwendigere Systeme. Ein »Verkehrslotse« wertet zusätzlich zur Senderkennung noch die Bereichskennung und die Durchsagekennung der Verkehrsrundfunksendungen aus.

Drehknopf ist so umständlich und ablenkend, daß man dazu im heutigen Verkehr vielfach keine Zeit hat. Auch wenn man nicht viel Geld für's Autoradio ausgeben will, sollte das Gerät wenigstens einige Stationstasten haben oder eine Wähltaste besitzen, mit der man nacheinander verschiedene Sender „abrufen" kann. Die Senderwahl durch einfachen Tastendruck kommt auf jeden Fall der Verkehrssicherheit zugute.

Die Entstörung

Sämtliche in Deutschland vertriebenen Wagen mit Ottomotor haben eine sogenannte Grundentstörung der Zündanlage. Durch diese Grundentstörung wird aber nur erreicht, daß Rundfunk- und Fernsehgeräte außerhalb des Wagens nicht durch die Zündanlage gestört werden.

Grundentstörung

Sie ist ziemlich einfach, denn hier wird nur das Nötigste getan. Entweder sind die Zündkabel zwischen Zündspule und Verteiler sowie zwischen Verteiler und Zündkerzen als sogenannte Widerstands-Zündkabel ausgebildet, oder es werden Entstörwiderstände verwendet. Die Entstörwiderstände sitzen dabei in den Kerzensteckern und an den Enden der Zündkabel, die in den Verteiler eingesteckt sind.

Da die Zündspannung im Verteiler aber immer nur zu der Kerze überschlägt, deren Zylinder gerade im Zündzeitpunkt liegt, sind die übrigen Entstörwiderstände zu dieser Zeit überflüssig. Aus diesem Grund verwendet man meist einen entstörten Verteilerläufer, in den ein Entstörwiderstand eingegossen ist. Wenn dieser defekt ist, fängt meist eine große Sucherei nach der Ursache von Start- und Motorlaufschwierigkeiten an.

Nahentstörung

Beim Betrieb eines Rundfunkgeräts im Wagen müssen außer der Zündung mindestens die dauernd in Betrieb befindlichen Geräte wie Zündspule, Lichtmaschine und Regler entstört werden. Je nach Ansprüchen verlangen auch die zeitweiligen Stromverbraucher wie Scheibenwischer, Blinker, Gebläse und elektrische Uhren noch eine Entstörung.

Im Mittel- und Langwellenbereich ist ein weniger großer Aufwand an Entstörung erforderlich als im UKW-Bereich. Für die verschiedenen Wagentypen gibt es von Autoradio-Herstellern und Zubehörlieferanten vielfach genaue Entstör- und Einbauanleitungen und natürlich das entsprechende zusammengestellte Entstörzubehör.

Einen Entstörsatz, mit dem man für einen bestimmten Wagen eine absolut sichere Entstörung erreicht, gibt es leider nicht; gelegentlich treten „Ausreißer" auf, die einer besonderen Entstörung bedürfen.

Gute Tips für die Entstörung gibt die Blaupunkt-Druckschrift „Guter Rat ist billig", die man unentgeltlich direkt von der Firma beziehen kann.

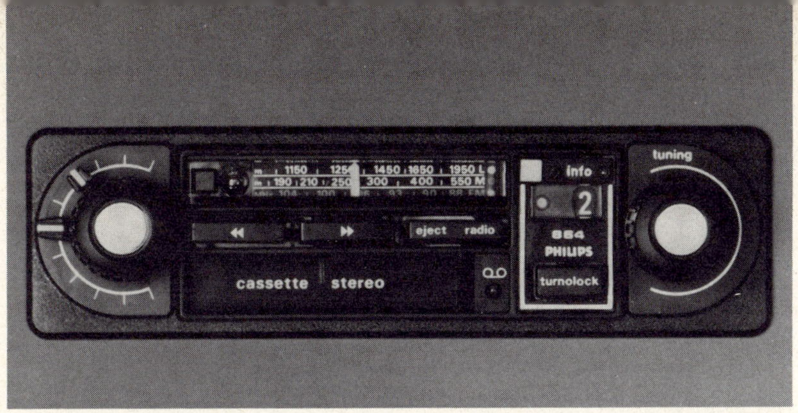

Bei diesem Spitzengerät sind Decoder für Sender- und Durchsagekennung integriert. Selbst bei Casettenbetrieb kommen die Verkehrsmeldungen durch. Dabei wird das Laufwerk während der Verkehrsfunkmeldung gestoppt und läuft nach der Durchsage wieder an.

Auto-Antennen

Das beste und teuerste Autoradio nützt nichts, wenn man ihm die Rundfunkwellen vorenthält, die sich außerhalb des Wagens herumtreiben. Da die meisten Wagen durch ihre Metallkarosserie als fast einwandfreie Abschirmung wirken, kommt auch ein Hochleistungsgerät nicht mit einer eingebauten Ferrit-Antenne aus. Durch entsprechend hohe Verstärkung könnte man die äußerst geringe Feldstärke im Wagen zwar soweit „hochzüchten", daß man auch hiermit noch einen notdürftigen Empfang erhält, aber bei hoher Verstärkung werden auch die geringsten Störungen mitverstärkt, so daß der Empfang alles andere als ein Genuß ist. Die Angelrute, mit der man die Rundfunkwellen einfängt, muß also außerhalb des Wagens angebracht sein, damit man einen guten Fang macht und mit möglichst geringer Verstärkung auskommt. Je höher die sogenannte Antennenspannung ist, um so weniger Verstärkung benötigt man und um so geringer werden die Störungen im Autoradio sein.

Welche Antenne ist am besten?

Man könnte der Ansicht sein, daß eine teuere Antenne einen besseren Empfang bringen muß als eine billige, doch das ist nicht unbedingt der Fall. Ein höherer Preis kommt vielmehr durch die Kompliziertheit der Antenne zustande und hat nur relativ wenig mit dem zu tun, was sie einbringt.
So kostet eine Automatic-Antenne, die beim Einschalten des Autoradios von selbst ausfährt und nach dem Ausschalten wieder einfährt, zwischen 150 und 200,– DM, sie bringt aber keine bessere Empfangsleistung als eine starre Antenne, die nur den zehnten Teil kostet. Die beste Antenne ist die, die möglichst nahe am Empfänger sitzt und möglichst weit von den Störherden entfernt, wobei natürlich vorausgesetzt wird, daß sie eine ausreichende Länge hat.

Anbau-Antennen

Es sind die einfachsten und preisgünstigsten Antennen. Sie bestehen entweder aus einer biegsamen Kunststoffrute, die Hindernissen ausweichen kann, oder aus einer Stahlrute mit Federfuß, die ebenfalls nachgiebig ist bzw. aus Teleskoprohren, so daß sich die Antenne bis auf Karosseriehöhe zusammenschieben läßt. Bei einfachem Anbau haben sie den Nachteil, daß sie gegen mutwillige Beschädigungen nicht geschützt sind. Die sogenannte Regenrinnenantenne wird an der Regenrinne an der Frontscheibe angeschraubt. Das Antennenkabel wird dabei als Flachkabel zwischen Tür und Türholm ins Wageninnere geführt, es sind also keine Bohrarbeiten nötig. Die Montage dieser Antenne ist sehr einfach. Händler verkaufen natürlich lieber eine teure Versenkantenne, die vielleicht eleganter ist, aber vielfach auch keinen besseren Empfang bringt als die einfache Regenrinnenantenne, die – wie gesagt – billig ist und sich einfach montieren läßt.

Versenk-Antennen

Da Versenk-Antennen nicht wesentlich teurer sind als Anbau-Antennen, greift man meist lieber dazu, da sie gegen mutwillige Beschädigungen besser geschützt sind. Bei Wagen mit beschränktem Einbauraum muß das Schutzrohr ziemlich kurz sein und ein vielteiliges Teleskop verwendet werden. Je mehr Teleskoprohre eine Antenne hat, um so teurer wird sie im allgemeinen, so daß man nur dann eine vielteilige Versenkantenne nimmt, wenn es unbedingt nötig ist.

Motorantennen

Die Automatikantennen, die beim Ein- und Ausschalten des Autoradios selbsttätig aus- bzw. einfahren, sind am bequemsten, aber auch entsprechend teuer.

Motorantennen, die durch Betätigung eines Wippenschalters aus- und eingefahren werden, kosten meist nicht einmal die Hälfte. Da sie sich während der Fahrt in ihrer Länge verändern lassen, hat man damit einen Einfluß auf die Antennenanpassung. Im UKW-Bereich bringt eine nicht ganz ausgezogene Antenne nämlich meist einen besseren Empfang, als eine überlange Antenne.

Rückspiegel-Antennen

Die Rückspiegel-Antennen, bei denen ein Außenspiegel als Antenne wirkt, haben den Vorteil, daß sie böswilliger oder unbeabsichtigter Beschädigung nicht so sehr ausgesetzt sind wie Stabantennen. Billige Rückspiegel-Antennen sind nicht empfehlenswert, sie bringen weniger als eine Hilfsantenne, die auf die Seitenscheibe aufgesteckt wird. Wenn schon, dann muß es eine Markenantenne sein (wie fuba) mit eingebautem Verstärker.

Fensterantennen

Sie finden sich bei manchen Wagen serienmäßig, es gibt sie aber auch zum nachträglichen Einbau. Wie die Rückspiegelantennen arbeiten sie über einen elektronischen Verstärker. Die Antennenleiter werden an der Oberkante der Windschutzscheibe aufgerieben (so wie die Heizleiter von Heckscheibenheizungen). Der elektronische Verstärker wird ebenfalls an der Scheibenoberkante angeklebt, wo er meist durch den Rückspiegel verdeckt ist. Auch die Scheibenantennen sind vor Beschädigungen geschützt.

Front- oder Heckantenne?

Im allgemeinen ist die Frontantenne der Heckantenne weit überlegen, denn die aufgenommene Spannung ist wesentlich größer. Zwar ist die Heckantenne (sofern es sich um einen Wagen mit Frontmotor handelt) weiter von der Hauptstörquelle – dem Motor – entfernt, doch das Verhältnis „Nutzspannung zu Störspannung" ist bis auf ganz wenige Ausnahmen immer noch besser als bei der Heckantenne. Ob und für welche Wagen eine Heckantenne wirklich zu empfehlen ist, läßt sich aus den Prospekten der Antennenhersteller entnehmen. Auf jeden Fall wird die Heckantenne immer etwas teuerer werden als eine Frontantenne, denn das Antennenkabel wird länger und seine Verlegung erfordert mehr Aufwand.

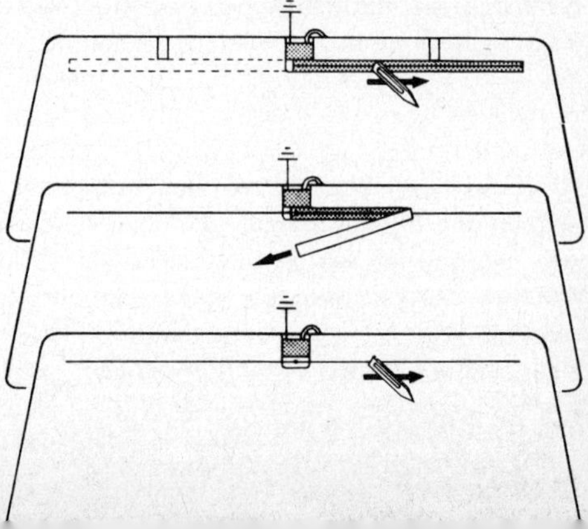

Fensterantennen, wie die Beta 5 der Firma fuba, lassen sich leicht montieren. Sie werden einfach innen auf die Frontscheibe aufgerieben. Sie können nicht abgebrochen werden.

Theorie für die Praxis

Auch ohne die theoretische Kenntnis dieser Dinge kann man sich in fast allen Fällen selbst helfen. Trotzdem, manchmal könnte man wenigstens die Grundbegriffe brauchen.

Die Spannung

Man kann sie auch als elektrischen Druck ansehen. Damit man nicht immer das Wort „Spannung" ausschreiben muß, hat man ihr das Formelzeichen U gegeben.

Die Stromstärke

Der elektrische Strom ist das, was in einer Leitung oder einem Stromverbraucher fließt. Das Formelzeichen hierfür ist I.

Der Widerstand

Eine sehr wichtige Erscheinung in der Elektrik: Der Widerstand verhindert den Strom daran, zu fließen. Das Formelzeichen ist R.

Die Leistung

Spannung und Strom ergeben miteinander multipliziert die elektrische Leistung. Ihr Formelzeichen ist (wie auch bei der mechanischen Leistung) das P.

Die Maßgrößen

Ebenso wie z. B. die Länge mit dem Formelzeichen l, z. B. die Maßgröße m (Meter) und die Zeit mit dem Formelzeichen t z. B. die Maßgröße h (hora = Stunde) hat, haben auch die elektrischen Werte ihre Maßgrößen.

Für die Spannung	U	ist es V (Volt)
Für die Stromstärke	I	ist es A (Ampere)
Für den Widerstand	R	ist es Ω (Ohm)
Für die Leistung	P	ist es W (Watt)

(Früher hatte die Leistung das Formelzeichen N.)

Zusammenhang zwischen Spannung, Strom und Leistung

Spannung mal Strom gleich Leistung
U x I = P. Umgekehrt ergibt sich:

$$\frac{P}{U} = I, \text{ bzw. } \frac{P}{I} = U.$$

Setzt man hier die Maßgrößen ein, so erhält man:
V x A = W. Umgekehrt errechnet sich:

$$\frac{W}{V} = A, \text{ bzw. } \frac{W}{A} = V.$$

Das Ohmsche Gesetz

Spannung, Strom und Widerstand hängen ebenfalls fest miteinander zusammen, und die Abhängigkeit voneinander wird durch das sogenannte „Ohmsche Gesetz" wie folgt ausgedrückt:
Fließt in einem Widerstand von 1 Ohm ein Strom von 1 Ampere, so wird dabei die Spannung von 1 Volt verbraucht. Ich würde einfach sagen:
1 Ohm ist der Widerstand, der beim Durchgang von 1 Ampere 1 Volt wegfrißt!

So kann man sich den durch einen Widerstand (schlechte Schalterkontakte, zu dünne Leitungen) verursachten Spannungs- und Leistungsabfall vorstellen. Wenn durch einen Widerstand von 1 Ohm ein Strom von 1 Ampere fließt, so fällt in diesem Widerstand eine Spannung von 1 Volt ab. Das Ergebnis ist eine Leistung von nur noch 5 Volt mal 1 Ampere = 5 Watt.

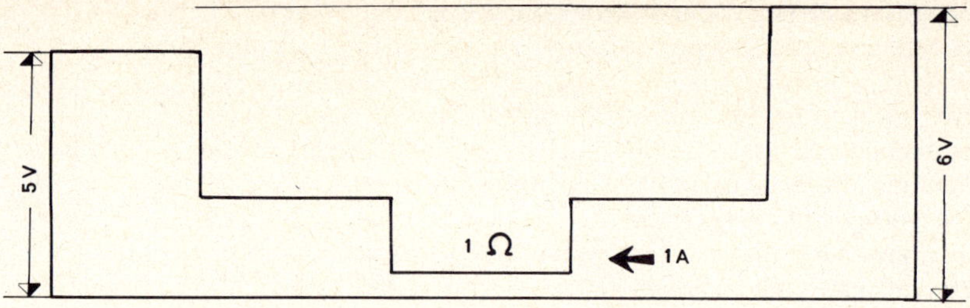

In der nüchternen Formelsprache der Technik sieht das Ohmsche Gesetz so aus:
Spannung in Volt = Widerstand in Ohm mal Stromstärke in Ampere.
$U = R \times I$, $V = \Omega \times A$.
(Nur durch die Eselsbrücke URI [nach dem Schweizer Kanton] kann ich mir diese Dinge merken. Vielleicht haben Sie ein besseres Gedächtnis, so daß Sie die folgenden Formeln auswendig behalten können.)
Durch Umstellen nach den Rechen-Regeln erhält man:

$$I = \frac{U}{R}, \quad A = \frac{V}{\Omega}$$

und $$R = \frac{U}{I}, \quad \Omega = \frac{V}{A}$$

Fließt bei einer Batteriespannung von 12 Volt in einer Leitung ein Strom von 1 Ampere, so wird – wenn diese Leitung einen Widerstand von 1 Ohm hat – 1 Volt aufgefressen.
Fließen 3 A, so werden durch diesen Widerstand 3 V aufgefressen.
Fließen 0,5 A, so werden durch diesen Widerstand 0,5 Volt aufgefressen.
Ausgangspunkt für einen Widerstand ist also immer die Stromstärke. Sie diktiert den Widerstand und damit den auftretenden Spannungsabfall. Ändert man die Stromstärke, so ändert sich auch der Spannungsabfall, und das ist in der elektrischen Anlage des Autos des Wesentliche.

Der Widerstand als Körper

Bis jetzt wurde der Widerstand als elektrische Größe betrachtet.
Daneben gibt es aber auch körperliche Widerstände, die direkt den Namen „Widerstand“ haben. Solche Widerstände sind z. B. Kohlewiderstände in Rundfunk- oder Fernsehempfängern oder Widerstände aus Widerstandsdraht.
Hierzu gehören auch die Drehwiderstände, die z. B. vor die Lampen der Instrumentenbeleuchtung geschaltet werden, damit die Helligkeit dieser Lampen geregelt werden kann. In diesen Widerständen wird ein Teil der elektrischen Energie in Wärme umgesetzt (nicht vernichtet!), so daß die Verbraucher eine geringere Spannung erhalten.
Fachleute sprechen zwar vielfach von „Vorwiderständen“ und „Nebenwiderständen“, doch allgemein sagt man ganz einfach „Widerstand“ dazu. Diese „Widerstände“ haben natürlich einen „Widerstandswert“, der in Ω ausgedrückt wird.
Einen elektrischen Widerstand als „Ding“ kann man sehen, einen elektrischen Widerstand (besser gesagt, einen Widerstandswert) als Begriff muß man mit einem Instrument messen oder errechnen!
Wie schon weiter vorn gesagt, kommt mancher auf den Einfall, z. B. die Wischergeschwindigkeit zu regeln oder die Beleuchtung des Instrumentenbretts damit abzudunkeln.

Grundsätzlich ist das natürlich möglich, doch um einen solchen „körperlichen Widerstand" ausrechnen zu können, braucht man leider einige Formeln.

Was ist Widerstand – elektrisch gesehen?

Was man in der Elektrik – also auch in der Autoelektrik – als „Widerstand" bezeichnet, ist in erster Linie nur etwas nicht gegenständliches – eine Einrichtung, die einen Spannungsabfall bewirkt.
Diese Widerstände kann man zuerst einmal in zwei Hauptgruppen unterteilen, die „gewollten" und die „ungewollten" Widerstände.
Zu den „gewollten" Widerständen kann man alle elektrischen Verbraucher wie Glühlampen, Anlasser, Scheibenwischermotoren usw. rechnen. Dadurch daß in diesen „Widerständen" Strom verbraucht wird (wie man umgänglich sagt), geben sie eine Leistung in Form von Licht oder Drehbewegung ab.
Als „ungewollte" (und unerwünschte!) Widerstände muß man die Widerstände in den elektrischen Leitungen ansehen; die Übergangswiderstände an Schalterkontakten und die Oxydationswiderstände an den Steck- oder Schraubverbindungen der elektrischen Leitungen.

Wie errechnet man einen Vorwiderstand?

Angenommen, man will einen Autoventilator, der für 6 Volt bestimmt ist, an einem Bordnetz mit 12 Volt betreiben. 6 Volt sind also zuviel und müssen durch einen Vorwiderstand vernichtet (richtiger: in Wärme umgesetzt) werden. Dieser Vorwiderstand wird mit dem Verbraucher (in diesem Fall dem Ventilator) in Reihe – also hintereinander – geschaltet. (Siehe auch das Schema der Hintereinanderschaltung in der Zeichnung auf Seite 58.)
Bei einer solchen Reihenschaltung ist es gleichgültig, ob der Vorwiderstand zwischen dem Pluspol der elektrischen Anlage und dem Verbraucher, oder zwischen dem Verbraucher und dem Minuspol der elektrischen Anlage angeordnet ist.
Wenn der Ventilator ein Typenschild hat, auf dem die Leistung vermerkt ist, so errechnet man zuerst den Strom.
Die Leistungsaufnahme sei z. B. 30 W:

$\frac{30\,W}{6\,V} = 5\,A$; 6 Volt sollen vernichtet werden, also ist der Widerstand R:

$\frac{6\,V}{5\,A} = 1{,}2\,\Omega$. (Siehe auch Ohmsches Gesetz.)

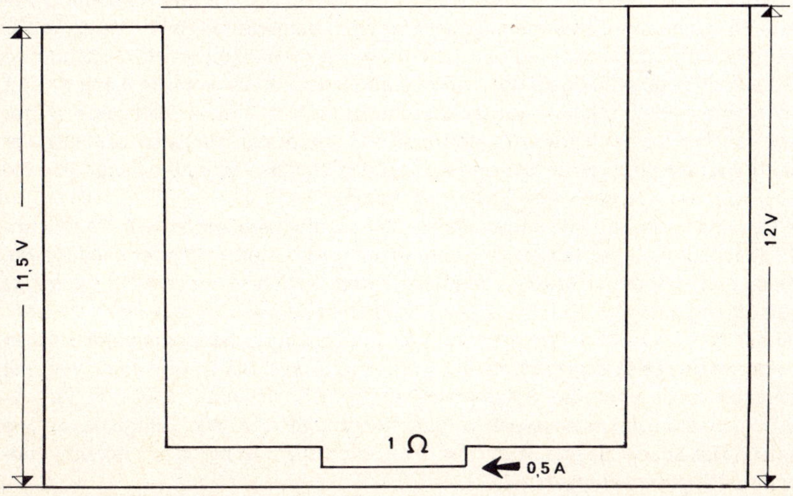

Beträgt die Betriebsspannung des Wagens 12 Volt, so wird zur gleichen Leistung nur ein Strom von 0,5 Ampere benötigt. In den gleichen Widerstand von 1 Ohm fallen jetzt nur 0,5 Volt ab. Die Leistung hinter diesem Widerstand ist also 0,5 Ampere mal 11,5 Volt = 5,75 Watt. Spannungs- und Leistungsverlust sind bei einer 12 Volt-Anlage also wesentlich geringer als bei einer 6 Volt-Anlage.

So sieht das Schaltbild zur Ermittlung der Stromaufnahme aus. Amperemeter A, Verbraucher und Batterie sind hintereinander geschaltet.

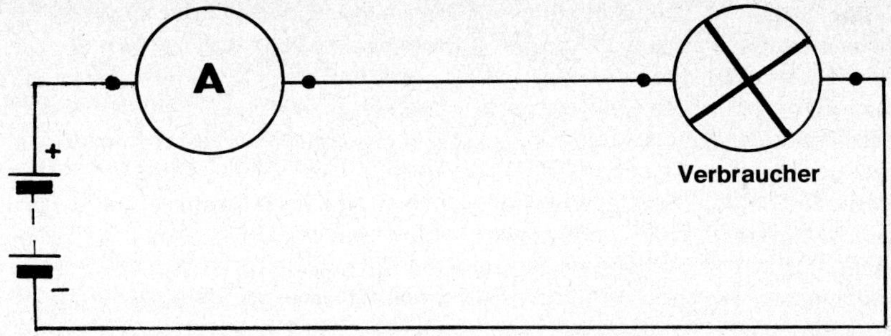

Da der Widerstand nicht zu warm werden darf, errechnet man noch die Leistung, die in ihm vernichtet wird. Sie ist 6 V x 5 A = 30 W. Man sagt, der Widerstand muß mit 30 Watt belastbar sein.
Wenn man die Stromaufnahme des Verbrauchers mit einem Amperemeter gemessen hat, so braucht man den Strom natürlich nicht nach der ersten Formel zu errechnen, da er schon gegeben ist.

Die Spannungs-„verteilung“

Hat man ein für 6 Volt bestimmtes Gerät mit einem Vorwiderstand ausgerüstet, so daß es am 12-Volt-Netz betrieben werden kann, dann müssen sowohl am Gerät selbst wie auch am Vorwiderstand jeweils 6 Volt „abfallen“.
Verständlicher ausgedrückt: Wenn man eine Anschlußklemme des Verbrauchers (im vorliegenden Fall den Ventilator) mit einer Klemme des Vorwiderstands verbindet, werden die freien Klemmen des Verbrauchers und des Vorwiderstands mit den beiden Batteriepolen verbunden. Einmal an Masse, einmal mit dem Pluspol. Jetzt müssen Verbraucher und Vorwiderstand zusammen 12 Volt aufzehren. Sofern der Vorwiderstand den richtigen Widerstandswert hat, müssen sowohl der Verbraucher wie der Vorwiderstand 6 Volt aufnehmen.

Messung der Spannungs-„verteilung“

Mit einem Voltmeter V kann man diese an den Klemmen des Verbrauchers durchführen. Es ist gleichgültig, wo die Messung vorgenommen wird, denn es handelt sich ja um eine Reihenschaltung von Widerständen. (Auch der Verbraucher gilt in diesem Fall als Widerstand.) Wird die Spannung z. B. an den Klemmen des Verbrauchers gemessen, so entfällt die Differenzspannung auf den Vorwiderstand. Mißt man an den Klemmen des Verbrauchers z. B. 6,2 Volt, so liegen am Vorwiderstand nur 5,8 Volt. Wenn man dagegen am Verbraucher 5,4 Volt mißt, so entfällt auf den Vorwiderstand eine Spannung von 6,6 Volt.
Allzu ängstlich braucht man dabei nicht zu sein; 1/2 bis 1 Volt Spannungsunterschied ist noch tragbar. Man muß nur bedenken, daß die Leistung des Verbrauchers geringer wird, wenn er nicht an der vollen Spannung liegt.

6-V-Geräte an 12 Volt

Wenn man von einem Wagen mit 6-Volt-Lichtanlage auf einen Wagen mit 12-Volt-Lichtanlage umsteigt, dann erhebt sich natürlich die Frage, was mache ich mit dem Zubehör, das ich für den Wagen mit 6-Volt-Anlage angeschafft habe. Schließlich wird das Zubehör beim Verkauf des alten Wagens längst nicht so hoch angerechnet, daß man sich die Sachen mit einem geringen Mehrpreis neu kaufen kann.
Immer wieder wird die Frage nach einem Transformator gestellt, der die 6-Volt-Bordnetzspannung auf 12 Volt hochtransformieren kann bzw. umgekehrt. Wie schon gesagt, geht das bei Gleichstrom leider nicht, so daß man andere Wege einschlagen muß.

Lohnt sich der Umbau überhaupt?

Diese Frage muß man sich auf jeden Fall bei Geräten stellen, die fest ins Instrumentenbrett eingebaut wurden und dabei kleinere oder größere Löcher hinterlassen. Hat man z. B. ein elektrisches Kühlwasser-Fernthermometer ins Instrumentenbrett eingebaut, so bringt der Ausbau aus dem alten Wagen und der Einbau in den „Neuen" nicht viel ein. Abgesehen von dem Loch im Instrumentenbrett (das beim Wiederverkauf des alten Wagens ein Minuspunkt ist), muß man die Arbeitszeit bedenken und man darf nicht vergessen, daß man das Instrument immer noch auf die andere Spannung umstellen muß. Hier lohnt sich der Aus- und Wiedereinbau auf keinen Fall. Bei teureren Instrumenten und Geräten liegt die Sache anders und hier gibt es vielleicht einige wirtschaftliche Umbaumöglichkeiten.

Die geteilte Batterie – 6 aus 12 Volt

Ganz allgemein gilt, daß man aus einer 12-Volt-Batterie auch 6 Volt entnehmen kann, wenn man sie entsprechend „anzapft". Schließt man an der dritten Polbrücke einer 12-Volt-Batterie eine Leitung an, so hat man hier den Pluspol für 6 Volt, die Minusklemme für 12 Volt ist auch weiterhin für 6 Volt die Minusklemme.
Legt man die Anzapfleitung an den Mittelpol einer Steckdose, deren Gehäuse an Masse liegt, so kann man hier ohne weiteres einen 6-Volt-Staubsauger betreiben. An diesem 6-Volt-Mittelpol könnte man überhaupt alle 6-Volt-Verbraucher anschließen, deren anderer Pol an Masse liegt.
Nach Anbohren der Bleibrücke der Batterie kann man ein Gewinde einschneiden und jetzt mit einer Schraube einen starken Polschuh anschrauben, an den man die 6-Volt-Plusleitung befestigt. Dauerhaft ist das Verfahren aber nur dann, wenn keine Säure an die Verbindung kommt, also bei Batterien, deren Pol-Brücken nicht in die Zellen eingegossen sind. Bei Batterien mit Kunststoffbehältern kann man die Polbrücken durch Anbohren der Zellendeckel erreichen. Immerhin – ein reines Vergnügen ist die Sache meistens nicht. Dauernde unsymmetrische Belastung der Batteriezellen verkürzt die Batterie-Lebensdauer sehr stark.

Von der Spannung unabhängige Geräte

Hierzu gehören nur das Amperemeter, Drehzahlmesser, die sowohl für 6 Volt wie für 12 Volt geeignet sind, sowie die Geräte, die von der Elektrik unabhängig sind.
Umschaltbare Geräte: Autoradios, Koffergeräte mit Anschluß für die Autobatterie, Autorasierer und Ventilatoren sind zum Teil von 6 auf 12 Volt umschaltbar oder können mit einem Adapter weiter betrieben werden.

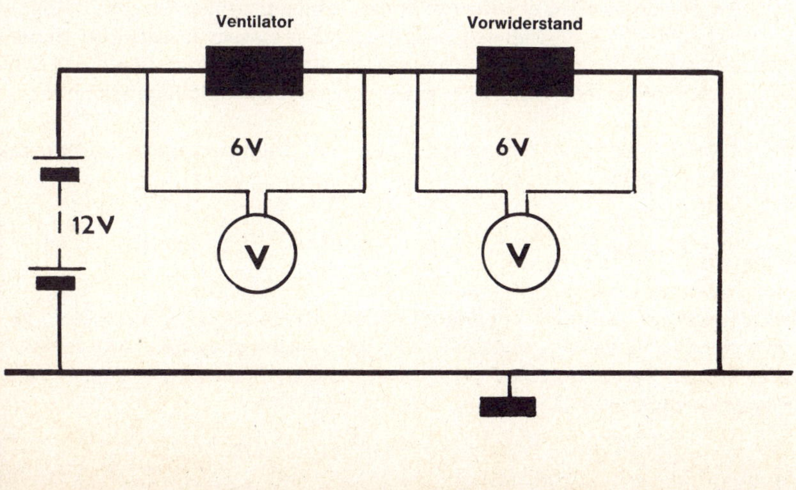

Ob der Vorwiderstand eines 6-Volt-Geräts, das an einer 12-Volt-Anlage betrieben werden soll, wirklich die richtige Größe hat, läßt sich auch durch Spannungsmessung an den Geräte- oder den Vorwiderstandsklemmen feststellen.

Scheinwerfer und Leuchten

Sie kann man durch Einsetzen anderer Glühlampen direkt weiterverwenden. Da Halogen-Glühlampen recht teuer sind, könnte man auch zwei 6-Volt-Lampen hintereinander schalten, wozu aber der eine Scheinwerfer isoliert montiert werden muß, da die Glühlampen mit einem Pol direkt an Masse liegen. Abgesehen davon, ist die Leistungsaufnahme der Glühlampen nur selten genau gleich, so daß die eine Halogenlampe vielleicht nur an 5,8 Volt liegt, die andere dagegen an 6,2 Volt (bei Nennspannung).
Wie schon früher erwähnt, sind Halogen-Glühlampen aber besonders empfindlich gegen Unterspannung, so daß man sie auf gleiche Stromaufnahme vergleichen müßte, was etwas umständlich ist. Schließlich leben die Glühlampen ja nicht ewig, und beim Übergang auf 12-Volt-Glühlampen müßte man das Gehäuse des isolierten Scheinwerfers wieder an Masse legen.

Hörner und Fanfaren

Doppel-Hörner oder Doppelfanfaren könnte man wiederum hintereinander schalten, doch gilt auch hier, daß sie kaum genau gleiche Stromaufnahme haben. Das eine Horn würde vielleicht eine etwas höhere Spannung erhalten wie das andere. Die Lebensdauer leidet allerdings nicht darunter, aber in den meisten Fällen übertönt das Horn, das den größeren Spannungsanteil erhält, das andere, so daß der Zweiklang-Effekt hinfällig wird. Durch die Hintereinanderschaltung der beiden Kontaktsysteme in den Hörnern ergibt sich ohnehin keine zufriedenstellende Funktion.
Der Motor der Kompressorfanfaren verlangt seine normale Spannung, so daß er nur an einem Batterieabgriff betrieben werden kann oder einen entsprechend stark belastbaren Vorwiderstand benötigt. Wenn der Widerstand an gut gekühlter Stelle angebracht wird (im Fahrtwind), so braucht er nicht so hoch belastbar zu sein wie bei Geräten mit Dauerbetrieb.
Da die Motoren der Kompressorfanfaren einen ziemlich hohen Strom aufnehmen, wird der erforderliche Widerstandswert ziemlich klein. Im Radiogeschäft ist so etwas nicht aufzutreiben, aber vielleicht als Glühkerzen-Vorwiderstand in Autoelektrowerkstätten.

Ventilatoren und Staubsauger

Ventilatoren und Staubsauger für 6 Volt kann man ohne weiteres an 12 Volt betreiben, wenn man die überschüssigen 6 Volt „vernichtet“, d. h. in Wärme umsetzt. Man benötigt nur einen entsprechenden Widerstand. Gelegentlich ist die Leistungsaufnahme oder der Stromverbrauch zwar auf diesen Geräten angegeben, aber genauer ist es, wenn man den im Betrieb an einer 6-Volt-Batterie aufgenommenen Strom mit einem Amperemeter mißt. (Notfalls muß man sich ein solches Gerät leihen oder die Stromaufnahme von einem Rundfunkmechaniker bzw. in einer Autoelektrowerkstatt messen lassen. Zum Rundfunkmechaniker nimmt man aber zweckmäßig eine Autobatterie von 6 Volt mit, denn es ist nicht sicher, ob er eine entsprechend leistungsfähige Spannungsquelle hat.)
Überschüssige Spannung dividiert durch die Stromaufnahme ergibt den erforderlichen Widerstandswert z. B.:

$$\frac{6\,\text{Volt}}{3\,\text{Ampere}} = 2\,\text{Ohm}$$

Der Widerstand muß aber entsprechend belastbar sein, d. h. er muß die zu „vernichtende“ Leistung verdauen ohne zu verschmoren. Die erforderliche Belastbarkeit ergibt sich aus der überschüssigen Spannung mal dem aufgenommenen Strom z. B.: 6 Volt x 3 Ampere = 18 Watt.

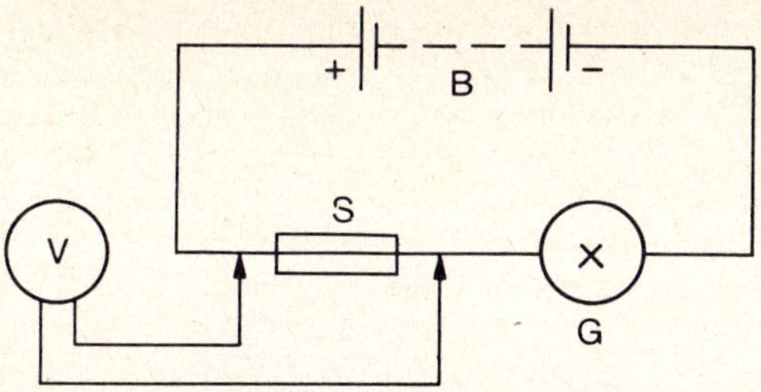

Prinzipschaltung für die Messung des Spannungsabfalls. Die Glühlampe G ist über die Sicherung S direkt an die Batterie B angeschlossen. Die Klemmbleche der Sicherung stellen einen – wenn auch geringen – Ohmschen Widerstand dar. Der fließende Strom bewirkt nun an den Klemmblechen der Sicherung einen Spannungsabfall. Je größer der Strom durch die Glühlampe ist, um so größer ist er auch über die Sicherung, er nimmt nicht ab oder zu, sondern ist an allen Stellen des Leitungszuges gleich. Je mehr Strom über den Widerstand der Sicherungsklemmen fließt, um so höher ist der Spannungsabfall, obwohl der Widerstand an den Sicherungsklemmen gleich bleibt.

Glühlampen als Vorwiderstände

Da entsprechende Widerstände vielfach schlecht aufzutreiben sind, kann man auch Glühlampen als Vorwiderstände verwenden. Die erforderliche Belastbarkeit ist hier automatisch gegeben. Zwar können Widerstandswerte erforderlich sein, für die es keine genau passenden Glühlampen gibt, doch eine Abweichung von 5 Prozent nach oben oder unten macht nichts aus. Welche Glühlampen in Frage kommen, zeigt die Tabelle.

Gemessene Stromaufnahme des Verbrauchers	Erforderlicher Widerstandswert	Geeignete Glühlampe
0,33 Ampere	18 Ohm	6 Volt / 2 Watt
0,5 Ampere	12 Ohm	6 Volt / 3 Watt
0,66 Ampere	9 Ohm	6 Volt / 4 Watt
0,84 Ampere	7,2 Ohm	6 Volt / 5 Watt
2,5 Ampere	2,4 Ohm	6 Volt / 15 Watt
3,0 Ampere	2 Ohm	6 Volt/ 18 Watt
3,5 Ampere	1,7 Ohm	6 Volt / 21 Watt
6,0 Ampere	1 Ohm	6 Volt / 35 Watt

Das sind die gängigsten Glühlampen, die man als Vorwiderstände verwenden kann. Ein Hintereinanderschalten von Glühlampen ergibt nicht den addierten Ohmwert (z. B. 18 + 12 = 30 Ohm), da sich der Widerstandswert bei Glühlampen stark mit der Temperatur ändert!

Transistor-Drehzahlmesser und Instrumente

Wenn die Spannung bei veränderlichem Strom weitgehend konstant bleiben soll, dann kommt man mit einem Vorwiderstand nicht mehr zurecht.
Will man an einem Widerstand eine vom Verbraucherstrom unabhängige Spannung abzweigen, so benötigt man einen Spannungsteiler. Das ist ein Widerstand, durch den dauernd ein Strom fließt, der wesentlich größer sein muß als der Verbraucherstrom. Zapft man den Widerstand in der Mitte an, so erhält man hier eine Spannung, die ungefähr der halben Spannung zwischen den beiden Endanschlüssen entspricht, bei 12 Volt also 6 Volt. Durch zwei hintereinander geschaltete Glühlampen von 12 Volt / 15 Watt fließt ein sogenannter Querstrom von etwa 0,8 Ampere oder 800 Milliampere. Da die Transistor-Drehzahlmesser höchstens bis zu 50 Milliampere aufnehmen, fließt durch die eine Glühlampe, die mit einem Pol an Masse liegt, ein nur unbedeutend höherer Strom, nämlich 800 mA + 50 mA = 850 mA, die nach dieser Glühlampe abgreifbare Spannung wird also von der Stromaufnahme des Drehzahlmessers kaum beeinflußt.

Messung von Spannungsabfällen

Zur Übertragung einer elektrischen Leistung benötigt man in einem 12 Volt-Bordnetz eine rund zwanzigmal höhere Stromstärke als im Haushaltsnetz, und hierbei können sich auch geringe Widerstandswerte in einem Leitungszug zwischen Spannungsquelle und Verbraucher, schon störend auswirken.

So geht man bei der Messung von Spannungsabfällen in einem Leitungszug vor: 1. Messung am Pluspol der Batterie B und am Plusanschluß der Glühlampe, man erhält den gesamten Spannungsabfall über den Lichtschalter L, den Abblendschalter A und die Sicherung S bis zur Glühlampe G. Aber wo ist der Wurm? 2. Messung am Lichtschalter, 3. Messung am Abblendschalter, 4. Messung an der Sicherung, 5. Bei Messung an Batterie-Minus und Lampenmasse ermittelt man den Spannungsabfall an Steckern und Schrauben der Masseleitung. Die Messung nach X zeigt keinen Spannungsabfall, sondern die an der Glühlampe liegende Spannung. Sie entspricht ungefähr der Batteriespannung und muß in einem höheren Meßbereich erfolgen. Das ist nie so genau wie die Messung der einzelnen Spannungsabfälle. Was soll's auch? Dadurch kann man den Sündenbock nicht ermitteln. Zur Messung des Spannungsabfalls wird die Plus-Prüfspitze des Instruments stets in Richtung von Plus-Batterie gelegt, die Minus-Prüfspitze in Richtung von Minus-Batterie.

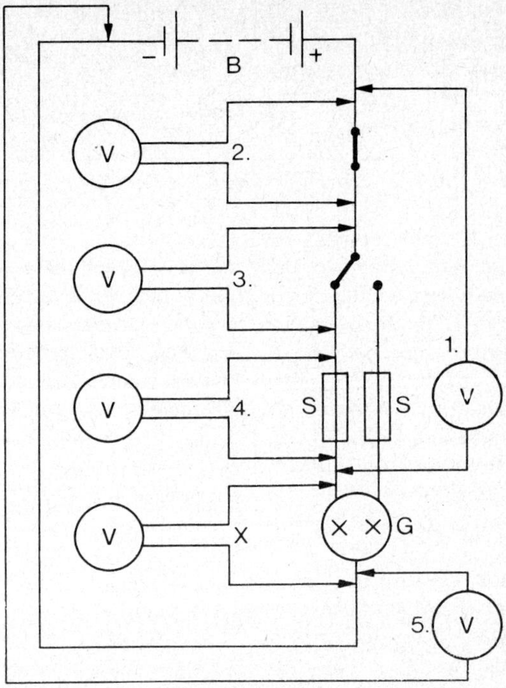

Anlasser, Gebläse und Heizscheiben etc. lassen sich selbst von 10% Spannungsabfall noch nicht beeindrucken, aber bei lichttechnischen Einrichtungen, vor allem bei Scheinwerfern, bringt ein Spannungsabfall von nur 5% einen vielfach höheren Lichtverlust mit sich.
„Spannungsfresser“ sind in erster Linie die Übergangswiderstände an Sicherungsklemmblechen, Schaltern, Leitungsverbindern oder Lampenfassungen. Elektrische Leitungen, deren Querschnitt so knapp wie nur eben möglich bemessen ist, gehören zwar auch dazu, aber sie lassen sich nur durch Einbau von Relais ausschalten, während sich die Übergangswiderstände an den aufgeführten Bauteilen meist durch Kontaktspray beheben lassen.
Übergangs„widerstand“, das hört sich so an, als könnte man seine Größe mit einem Ohmmeter ermitteln. Ist ein Widerstandswert in einem Leitungszug so groß geworden, daß er sich auf der Skala eines normalen Ohmmeters ablesen läßt, dann gibt der angeschlossene Verbraucher üblicherweise keine Leistung mehr ab. Wie groß der Widerstandswert im Leitungszug zu einem Verbraucher ist, interessiert aber nicht, wesentlich ist der Spannungsabfall, denn er ist es, der den Leistungsverlust bewirkt.
Zur Messung von Spannungsabfällen ist ein Voltmeter mit einem Meßbereich für möglichst kleine Spannungen erforderlich. Bei den Messungen schaltet man das Voltmeter zuerst grundsätzlich auf einen Meßbereich, der größer ist als die Bordnetzspannung. Erst dann wird zur Messung des Spannungsabfalles herunter in den kleinen Voltbereich geschaltet. Haben die Teile, an denen gemessen wird, nämlich einen Wackelkontakt, so daß der Stromübergang zeitweilig völlig unterbrochen wird, dann liegt an den Meßstellen die volle Bordnetzspannung und das Instrument wird überbelastet. (Modernen Instrumenten macht das nicht viel aus, sie sind unempfindlich dagegen, aber trotzdem sollte es nicht vorkommen.)

Welche Spannungsabfälle sind nun zulässig? Einheitliche Ansichten gibt's da nicht. In Scheinwerfer- und Blinkleuchtenleitungen sollten insgesamt 0,3 Volt bei 12-V-Anlagen nicht überschritten werden, weniger ist besser. Hohe Spannungsabfälle in Scheinwerferleitungen setzen die bei Nacht so wichtige Lichtleistung herab, in Blinkerleitungen (Hitzdrahtblinker) verlangsamen sie den Blinkrhythmus. Bei anderen Lampen, Ventilatoren, Scheibenwischern, Heizscheibe und Zündung sollten 0,5 Volt die obere Grenze des Spannungsabfalls sein.

Ende gut – alles gut

Wir haben versucht, Ihnen die „Verzweiflung" an der Elektrik des Autos zu nehmen. Oft werden Sie vielleicht sagen: „Das begreife ich nie". Warum? Schließlich haben Sie sicher auch schon einen defekten Lampenstecker ausgetauscht. Zwar scheint das Leitungsgewirr im Auto schier unübersichtlich zu sein, doch hängen die Baugruppen nur lose miteinander zusammen. Da sich ein Zündungsfehler nicht in den Scheinwerfern auswirkt bzw. umgekehrt, kann man sich bei Benützung von „Pfadfinder-Hinweisen" kaum verirren. Als „Pfadfinder-Hinweis" bieten die in diesem Buch gezeigten Schaltbilder, Schaltzeichen und Klemmenbezeichnungen die ersten Markierungen. Hat man dann noch den Schaltplan seines Wagens zur Hand, kann eigentlich nichts mehr schief gehen.
Für jeden Wagen, der in der Buchreihe „Jetzt helfe ich mir selbst" behandelt ist, findet sich dieser große „Pfadfinder-Hinweis".
Das in vorliegendem Band beschriebene Zubehör findet man im Zubehörhandel, in Kaufhäusern und in Versandkatalogen. Nicht zu vergessen: Die Anzeigen in „auto, motor und sport" und „mot – auto-journal" sind eine Fundgrube für Dinge, die nicht überall erhältlich sind.

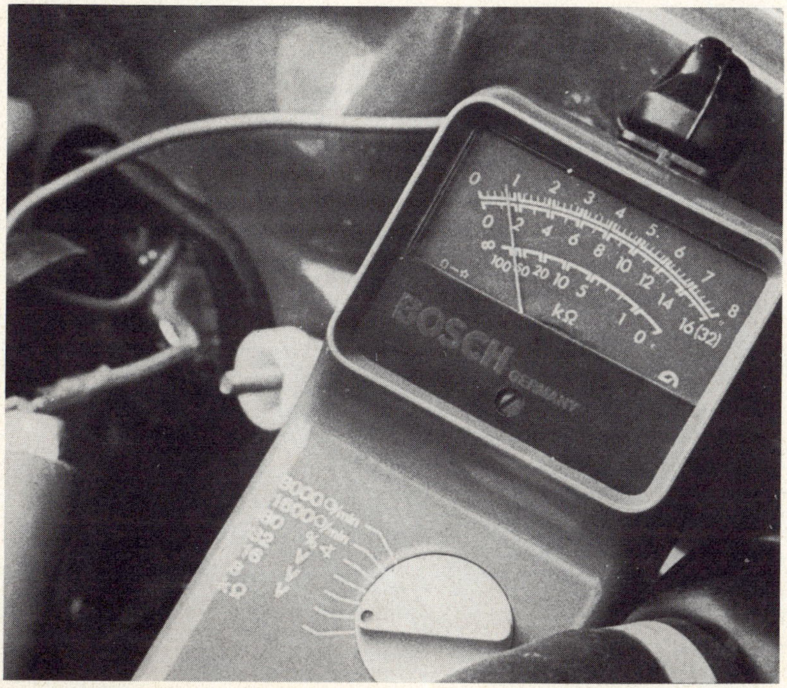

Zur Messung des Spannungsabfalls schaltet man den kleinsten Meßbereich ein (hier 8 Volt). Der angezeigte Spannungsverlust von knapp 0,9 Volt ist für Scheinwerferlampen viel zu hoch, 0,5 Volt sind bei 12 Volt-Anlagen schon die oberste Grenze!

Stichwortverzeichnis